Das große Buch der Pilze

Text:
Jakob Schlittler

Fotos und Illustrationen:
Fred Waldvogel

Herder Freiburg · Basel · Wien

Der Verkauf dieses Buches in der Schweiz und im Fürstentum Liechtenstein
ist untersagt

Freiburger Graphische Betriebe 1975
ISBN 3-451-17344-1

INHALT

II. Blätterlose Pilze

EINLEITUNG

Mit etwas Bedenken habe ich es unternommen, entsprechend dem Wunsch des Verlages, ein großes Buch über die einheimischen Großpilze zu schreiben. Die gestellten Forderungen, das Buch müsse ein leicht verständliches Nachschlagewerk für den praktischen Pilzsammler sein, es müsse die sicheren Kennzeichen der wichtigsten Pilze vermitteln und zugleich einen Beitrag zum allgemeinen Verständnis der Pilze liefern, machte die Aufgabe nicht leicht. Denn in der Gegenwart ist die Pilzkunde, wie so manches andere Wissensgebiet, im Umbruch begriffen. Neue Untersuchungsmethoden, teilweise sogar unter Anwendung chemischer Reagenzien, sind aufgekommen, welche auf eine gründlichere Unterscheidung der Pilze abzielen, als es früher der Fall war. Durch verfeinerte anatomische Untersuchungen werden bisher allgemein anerkannte Pilzgattungen und Großarten in Kleingattungen und Kleinarten aufgelöst. Bis dahin gut charakterisierte Pilzgruppen teilt man zufolge neu entdeckter Einteilungsprinzipien in verschiedene Familien auf. Auch die Chemie der Pilzgifte und Pilzfarbstoffe hat Fortschritte gemacht. Neue Forschungen im Bereich der Physiologie, der Zytologie, der Ökologie, Soziologie und Pflanzengeographie haben auch auf dem Gebiet der Pilze neue Gesichtspunkte gebracht.

Mit der fortschreitenden Erkenntnis muß auch die Nomenklatur der Pilze Schritt halten. Ihr Streben geht dahin, eine Stabilität der wissenschaftlichen (lateinischen) Namen zustande zu bringen. Aber gegenwärtig müssen wir uns damit abfinden, daß die Namengebung sich im Fluß befindet und wir leider für ein und denselben Pilz uns mit Vorteil zwei oder drei lateinische Namen merken müssen, um auf dem laufenden zu bleiben. Deutsche Namen besitzt der gleiche Pilz oft mehrere. Sie wechseln nicht selten von Ort zu Ort.

Zu den taxonomisch-nomenklatorischen Schwierigkeiten gesellt sich noch das ungelöste Artproblem. Über manche Art läßt sich diskutieren, ob es eine gute Art sei oder ob sie nur eine Unterart oder eine Form einer bekannten Spezies darstelle. Sommer- und Herbststeinpilz, die verschiedenen Birkenröhrlinge und Rotkappen und viele Täublinge sind nur biologische Rassen, auf Grund einer veränderten Symbiose zustande gekommen.

Daraus ergeben sich die klassifikatorischen Probleme. Es gibt verschiedene Pilzsysteme, künstliche und mehr oder minder natürliche. Kein System ist vollständig, noch allgemein anerkannt. Die in diesem Band vorgenommene Einteilung der Pilze in «Blätterpilze» und in «Blätterlose Pilze» ist eine rein willkürliche, welche auf das in die Augen springende Merkmal, ob Blätter (Lamellen) vorhanden sind oder fehlen, abstellt.

Daß es unter diesen Umständen nicht ganz einfach ist, ein Pilzwerk für Anfänger und Fortgeschrittene zu schreiben, versteht sich leicht. Fällt es zu wissenschaftlich aus, so geht es über die Voraussetzungen des gewöhnlichen Pilzfreundes hinaus. Eine zu weit gehende Vereinfachung läßt aber der derzeitige Stand der Pilzkunde nicht zu. Somit heißt es den goldenen Mittelweg finden, der dem Anfänger den Weg weist und zugleich dem Fortgeschritteneren doch noch etwas zu bieten vermag.

Das «große Buch der Pilze» soll nicht allein die Anfänge der Pilzkenntnis vermitteln und auch nicht etwa speziell dem nur kulinarisch interessierten Pilzler dienen. Dieses Buch soll mit den prachtvollen Bildern, vom Photographen, Herrn Waldvogel, stammend, auch die Augen fürs Schöne im Pilzreich öffnen, das Verständnis für die Vielfalt beibringen und die Hochachtung vor allen Lebewesen, sogar vor den giftigen, menschenfeindlichen wecken. Alle erfüllen in der Natur eine wichtige Aufgabe und sind daseinsberechtigt. Manche Leute sehen auf die Pilze ganz verächtlich herab. Wüßten sie mehr über sie, so würden sie die Pilze weniger mit den Füßen treten, noch mit dem Stock umschlagen, noch unnötig abreißen.

Abgesehen von der Verwendung der Pilze in der Küche, dienen sie noch vielerlei Zwecken, an die man vorerst gar nicht denkt, wovon man aber gelegentlich erfährt, wenn man mit Pilzlern ins Gespräch kommt. Immer wieder haben mir Leute erzählt, daß sie den Pilzen nachgehen, um den Spaziergängen einen Inhalt zu geben. Sie hätten dann, so sagten sie, immer etwas zu sehen und zu tun, und manchmal nähmen sie dann doch noch einige gute Schwämme mit. So ist's auch richtig. Die einen Pilzsammler sind Pensionierte, die einen Teil ihrer Zeit mit Spazieren verbringen, die andern sind Ferienleute, noch andere sind erholungsbedürftige Personen, denen der Arzt zur Gesundung mehr Aufenthalt an der frischen Luft und in der freien Natur verschrieben hat. Einer berichtete mir sogar, daß er zuckerkrank gewesen sei und nun das Übel durch das viele Gehen und Bücken verloren habe. Auch erinnere ich mich an Leute, die sich das karge Einkommen mit «Pilzlen» etwas verbessern wollten oder mit dem «Fleisch des Waldes» sich eine Ausgabe ersparen konnten. Träge Menschen können im Pilzwald plötzlich gehen. Auch Kinder kann man mit Pilzen begeistern, nur muß man ihnen gleich von Anfang an beibringen, nicht unnötig Schwämme zu sammeln. Viel lachende Eltern- und Kindergesichter sah ich während der Ferienzeiten, wenn sie mit einem Korb voll Pilze daherkamen. Wie groß war für viele aber auch die Enttäuschung, wenn auf der Kontrollstelle die ganze Ration, weil giftig oder ganz vermadet oder im Plastiksack erstickt, in den Abfallkübel wanderte. Dann gab es nicht nur lange Gesichter, sondern oft spornte sie das Mißgeschick an, von nun an sich mehr für die Kennzeichen der giftigen oder eßbaren Pilze zu interessieren.

Pilze sind ein Volk für sich. Man wird mit ihnen nie fertig. Sie wachsen rascher als unsere Pilzkenntnis. Wenn wir einen unter ihnen erkannt haben, ist er auch schon wieder für ein Jahr verschwunden. Mit der Launenhaftigkeit des Erscheinens lassen sie uns oft im Stich oder überraschen uns in einem Zeitpunkt oder an einem Ort, wo wir nicht an sie gedacht haben. Ihr wechselndes Aussehen verleitet uns nicht selten zu Trugschlüssen und gibt uns immer wieder neue Rätsel auf. In höheren Berglagen verzwergen sie gleich den andern Pflanzen, welche in diese kühleren Regionen hinaufsteigen. Mancher Tieflandpilz scheint in den Bergregionen zu fehlen, weil in normalen Jahren die Wärme nicht ausreicht, um ihn aus dem Boden zu locken. Nach Jahren, während eines heißen Sommers, kommt er dann als Rarität doch zum Vorschein. Gerade die Unzuverlässigkeit der Pilze verlangt von uns größte Zuverlässigkeit im Beobachten. Sie verlangt, die Pilze zu studieren, das Erkannte und Gesehene zu behalten. Das Studium der Pilzbücher, der eigenen Notizen, das Ordnen und Ergänzen selbstgemachter Zeichnungen oder Photographien verkürzen uns nicht nur den Winter, sondern vervollständigen das Rüstzeug fürs nächste Pilzjahr. So reift man im Laufe der Jahre zu einem Pilzkenner heran.

Der Spezielle Teil dieses Buches versucht zunächst einen Überblick über die wichtigsten Gruppen, Familien, Gattungen und Arten der «Blätterpilze», sodann der «Blätterlosen» zu geben. Statt ausführlicher Beschreibungen werden die Gruppen und Arten nur durch die wichtigsten Merkmale, auf deren Feststellung es in erster Linie ankommt, charakterisiert. Auf die variablen Merkmale, wie zum Beispiel die Größe, wird kaum eingegangen. Auch hier gilt: Pilzbücher sind lückenhafte Hilfsmittel zur Pilzkenntnis. Sie können bei der gewaltigen Vielfalt der Pilze nie vollständig sein. Sie ersetzen nie den Rat und die Erfahrung eines tüchtigen, zuverlässigen Pilzkenners. Darüber müssen wir uns klar sein. Dennoch leisten sie uns manchen Dienst. Mehr als Hinweise und Ratschläge darf man von ihnen aber nicht erwarten. Sie versuchen, Wege zu einer soliden Pilzkenntnis aufzuzeigen, eine Ordnung in die Pilze hineinzubringen, ihre Plastik zu begreifen. Wem es nach mühevoller, vielleicht jahrelanger Arbeit gelungen ist, ins Wesen der Pilze einzudringen, der hat sie für sich gewonnen. Mit dem Hinweis, sich durch die ersten Irrtümer nicht gleich entmutigen zu lassen, möchte ich dieses Buch den Filzfreunden zum Studium übergeben.

Verwiesen sei noch darauf, daß es in fast allen größeren Ortschaften unseres Landes «Pilzberatungsstellen» gibt. Wer seiner Pilzbestimmung nicht hundertprozentig traut, benütze diese Einrichtungen. Die Kontrolle dort kostet nur ein paar Pfennige oder nichts. Auch Pilzvereine helfen den Anfängern gerne.

ALLGEMEINER TEIL

Was sind Pilze?

Pilze werden gelegentlich als die Herbstblumen des Waldes bezeichnet. Die schönsten und merkwürdigsten unter ihnen, manche exotischen Arten, kennt man sogar unter der Bezeichnung «Pilzblumen». Sie sind das aber nur in übertragenem Sinn. Die herrlichen Farben und die Eigenschaft, daß sie sich in Feld und Wald erst richtig entfalten, wenn der Blütenflor der andern Gewächse fast vorüber ist, verlocken zu diesem Vergleich.

Wie märchenhaft schön wirkt doch zum Beispiel eine Fliegenpilzgruppe, wenn sie im tiefen Waldesschatten von einigen verirrten Sonnenstrahlen getroffen wird. Im Nachsommer und Herbst mischen sich die papageibunten Saftlinge ins satte Grün schattiger, taunasser Bergwiesen. Hell begeistern kann uns ein Trupp Eierschwämme, wenn sein Gelb im Sonnenlicht mit den bereits purpurn gewordenen Blättern der Heidelbeersträucher einen reizvollen Kontrast bildet.

In Wirklichkeit haben die Pilze mit Blumen und Blütenpflanzen nichts zu tun. Sie gehören zu den kryptogamen Gewächsen, den sogenannten Sporenpflanzen, die nie Blüten entwickeln und sich auch nicht durch Samen vermehren, sondern staubfeine Sporen als Verbreitungsorgane ausbilden. Im Gegensatz zu den Samen der Blütenpflanzen (Phanerogamen) sind die Sporen winzige, häufig nur aus einer einzigen Zelle bestehende Gebilde. Sie messen nur wenige Tausendstelmillimeter und verhalten sich wie Staub, der überall vorhanden ist und allerorts hingelangen kann. Sporen sind, was die Verbreitung anbelangt, noch funktionstüchtiger als die meisten Samen. Ihrer Ausbreitung sind keine Grenzen gesetzt. Die Pilze sind deshalb allgegenwärtig. Pilzsporen findet man im Wasser, im gesammelten Plankton wie im Staub der Luft, auf den höchsten Bergen wie auch in einigen tausend Meter Tiefe der Ozeane. Die niedrigsten, mikroskopisch kleinen Pilze leben im Wasser, meistens im Süß-, weniger häufig im Brack- und Meerwasser; die höher organisierten Pilze sind mehrheitlich Boden- und Holzbewohner. Sie ziehen, mindestens zu ihrer Entwicklungszeit, Feuchtigkeit vor, sind also dem Urelement des Lebens, dem Wasser, treu geblieben.

Bei einigen Becherpilzen läßt sich oft leicht erkennen, wie die Sporen in Menge, als flimmernde Wölklein, in die Luft geschleudert werden. Nähert man sich nämlich einem offenen Pilzbecher von oben her mit der Hand, so stäuben plötzlich feine Sporenwölklein in die Luft. Zugleich zieht sich der Pilzkörper mehr oder weniger zusammen. Die Handwärme hat genügt, um in den unzähligen, oberflächlich gelegenen Sporenbehältern Druckveränderungen hervorzurufen, welche sie zum Platzen brachten. Bei den Blätterpilzen werden die Sporen auch in die Luft geschleudert wie bei den zu den Schlauchpilzen gehörenden Becherlingen, aber im Experiment kann das nicht so leicht sichtbar gemacht werden. Unvorstellbare Sporenmengen, in die Milliarden gehend, werden während der Reifezeit von größern Fruchtkörpern auf diese oder andere Weise in Freiheit gesetzt.

Gewöhnlich rechnet man die Pilze zu den Pflanzen. Sie sind wie diese festgewachsen, ortsgebunden. Doch gibt es keinen Beweis, daß sie unbedingt von diesen grünen Gewächsen abstammen. Jedenfalls wäre ihre allfällige Verbundenheit mit den grünen Pflanzen in solcher Tiefe des Stammbaumes zu suchen, wo es überhaupt nicht mehr möglich ist, tierisches und pflanzliches Wesen auseinanderzuhalten. Mit gleichem Recht können wir sie von tierischen Urwesen ableiten. Sie stimmen mit Tieren in wesentlichen Punkten überein, zum Beispiel in der heterotrophen, das heißt unselbständigen, von bereits vorhandenen Stoffen abhängigen Lebensweise. Ihre Zellen besitzen zum Unterschied gegenüber tierischen Zellen zwar feste Zellwände; aber die Wandsubstanz besteht aus Chitin, einem im Tierreich verbreiteten Stoff. Zellulose, welche die Zellwände der grünen Pflanzen zusammensetzt, kommt unter den Pilzen nur ausnahmsweise vor. In den Pilzzellen wird Leberstärke, Glykogen, wiederum ein tierischer Stoff, gespeichert. Wenn wir an die kugeligen, hohlkugeligen und becherartigen Formen mancher Pilze denken, so gleichen sie den Blastula- und Gastrulaformen, die als Entwicklungsstadien im Tierreich auftreten; und die zahlreichen Pilze, welche bei ihrer Entfaltung aus Hüllen herausschlüpfen, erinnern an die Vorgänge bei einer Geburt. Mögen dieses auch nur Äußerlichkeiten sein, so sind es doch Bildungen und Vorgänge, die im Bereich der typischen Pflanzen fehlen.

Pilze sind weder Pflanzen noch Tiere. Sie nehmen eine eigenartige Mittelstellung ein. Man kann mit einem gewissen Recht von einem eigenen Reich, dem «Reich der Pilze», sprechen. Wenn wir die Pilze bis in die dunklen Anfänge zurückverfolgen, so sind ihre einfachsten Vertreter gleich wie die Urlebewesen, die Protobionten, organisiert, in denen tierische und pflanzliche Eigenschaften sich vereinigen, tierische und pflanzliche Lebensweise sich mischen!

Pilze sind Sporenpflanzen wie die Algen, die Moose, die Farne und Schachtelhalme. Bei einem Vergleich mit diesen unterscheiden sie sich, abgesehen von der ganz andern Gestalt, noch durch ein sehr wesentliches Merkmal. Den Pilzen fehlt nämlich im Gegensatz zu den erwähnten Sporenpflanzen das Blattgrün, das Chlorophyll. Damit einher geht eine ganz andere Lebensweise. Wir können uns die Frage vorlegen:

Wie leben die grünen, chlorophyllhaltigen Pflanzen und wie leben die chlorophyllfreien Pilze?

Die grünen Pflanzen führen ein völlig selbständiges Leben. Man nennt sie autotroph. Sie sind nicht nur befähigt, mit dem Bodenwasser die zum Leben notwendigen Mineralsalze aufzunehmen, sondern sie bauen, durch das Chlorophyll zur Photosynthese befähigt, auch die organischen Körpersubstanzen (Zucker, Stärke, Zellulose) aus anorganischen Bausteinen auf, nämlich aus dem Kohlendioxyd der Luft und aus Wasser. Energielieferant zu diesen Prozessen ist das Sonnenlicht.

Die eigentlichen Pilze hingegen, als chlorophyllfreie, oft ganz farblose Organismen, sind zu diesen Prozessen nicht befähigt. Sie sind wie die Tiere und der Mensch Konsumenten, also auf die von den grünen Gewächsen (den Produzenten) im Überschuß erzeugten organischen Stoffe angewiesen. Nur das Bodenwasser mit den darin gelösten Salzen können sie selbst aufnehmen. Die Ernährungsweise der Pilze ist heterotroph, unselbständig, was allerdings den Vorteil bringt, daß sie auch im Dunkeln, ohne Sonnenlicht, gedeihen können.

Die Pilze als heterotrophe Lebewesen kommen auf verschiedene Weise in den Besitz der organischen Stoffe. Man unterscheidet drei wesentliche Ernährungsgruppen:

1. Die Saprophyten oder Fäulnisbewohner. Sie beziehen die Nahrung aus toten Stoffen, indem sie Pflanzen- und Tierleichen mittels Fermenten zersetzen und die Lösungen resorbieren. Die Vorgänge der Vermoderung, Verwesung und Fäulnis gehen vor allem auf die abbauende Tätigkeit der saprophytischen Pilze zurück, wobei sie allerdings von noch primitiveren Lebewesen, den Bakterien und Bazillen, unterstützt werden. Zusammen verhindern sie die Ansammlung toter organischer Massen in der Natur. Die saprophytischen Pilze zersetzen Zellulose, den Zellwandstoff der höhern Gewächse, das Lignin, den Holzstoff (Holzpilze, Porlinge) sowie alle hornartigen Stoffe, wie Federn, Haare usw. Entgegengesetzt den grünen Pflanzen, welche mit ihrer Tätigkeit die Elementarstoffe binden, sie zum Aufbau komplizierterer Verbindungen benützen, zerlegen die Pilze letztere wieder in einfache Stoffe oder gar in die Elemente. Dabei zweigen sie einen Teil für ihren eigenen Aufbau und Lebensunterhalt ab. Mit der abbauenden Tätigkeit sorgen sie für den Kreislauf der Stoffe, insbesondere dafür, daß immer wieder genügend Grundstoffe für die Synthesen der grünen Gewächse zur Verfügung stehen. Den Fäulnis- und Verwesungsprozessen im Boden durch Mikroorganismen kommt hohe Bedeutung zu, da dadurch Kohlensäure, ein Ausgangsstoff für die höheren Gewächse, entsteht. Man nennt das Bodenatmung. Auch die Wurzeln der Bäume beteiligen sich dabei.

Gleichzeitig wie auf Erden aufbauende Organismen entstanden sind, traten die Pilze als Antagonisten, als Widersacher, auf. Aufbauen und Zerstören scheinen ein Urgesetz alles Lebendigen zu sein.

2. Die Parasiten oder Schmarotzer. Sie beziehen die Nahrung aus lebenden Organismen, die man Wirte nennt. Vielfach sind die Schmarotzerpilze auf ganz bestimmte Wirte spezialisiert. Man kennt fakultative und obligate Parasiten.

Erstere leben zuerst saprophytisch in irgendeinem Substrat und gehen nur bei günstiger Gelegenheit zum Parasitismus über. Man nennt sie auch etwa Saproparasiten. Statt nur im Boden, leben sie zuerst auch etwa auf verwelkten Blättern oder an Aststummeln und dringen von da aus ins lebende Gewebe des Wirtes ein. Zu diesen gehören viele holzzerstörende, an Bäumen wachsende Pilze. Manche sind nicht imstande, die intakte, gesunde Pflanze zu überfallen, sondern sie nützen, wie angedeutet, schwache Stellen, Verletzungen und dergleichen aus. Das hat ihnen den Namen Schwächeparasiten eingetragen. Solche Pilze treten oft einige Zeit nach Sturmkatastrophen oder nach Wintern mit grimmigem Frost oder großem Schneedruck auf, weil dann viele Bäume mit Riß- und Bruchwunden dastehen. Der Hallimasch, gewisse Rüblinge und Schüpplinge gehören unter den Blätterpilzen in diese Kategorie. Manche dieser Pilze lassen sich auf geeignetem Substrat verhältnismäßig leicht züchten oder wenigstens in Halbkulturen halten.

Auch unter noch niederen Organismen, den Bakterien, kennt man die Erscheinung des Saprophytismus schon. Zum Beispiel leben der Erreger des Wundstarrkrampfes (Clostridium tetani) und der Erreger des Typhus (Salmonella typhosa) zuerst saprophytisch.

Die gefährlichsten Parasiten schädigen den Wirt nicht allein, weil sie ihm Nährstoffe entziehen, sondern noch dadurch, daß sie Giftstoffe, sogenannte Toxine, in seinen Körper ausscheiden.

Parasitische Pilze beeinflussen sehr oft das Wachstum und die Färbung ihrer Wirte. Sie können das Wachstum in andere Bahnen leiten, beispielsweise die Verzweigung oder das Blühen des Wirtes hemmen, die Chlorophyllbildung beeinträchtigen, so daß der Wirt gelblich und bleich aussieht. Anderseits werden durch sie aber auch gewisse Wirtsorgane zu übermäßigem Wachstum angeregt, so daß «Pilzgallen» entstehen. Gut ans Wirtsleben angepaßte Parasiten schädigen den Wirt nur so weit, daß er in siechendem Zustand noch zu vegetieren vermag, wenigstens so lange, bis der Parasit seine Vermehrungsorgane ausgebildet hat.

Die Schmarotzer sorgen für das Gleichgewicht in der Natur. Denn viele Krankheiten und Epidemien werden an Tieren und Menschen durch die Bakterien und ähnlich schwerwiegende Schäden an Pflanzen durch die gefürchteten Brand- und Rostpilze hervorgerufen. Sie hemmen eine übermäßige Vermehrung der höhern Lebewesen.

3. Die Symbionten oder Gleichgewichtler. Pilze leben in diesem Falle mit andern Pflanzen zusammen im Verhältnis des Gebens und Nehmens. Wir nennen das eine Symbiose. Die Natur hat sich das Teamwork schon lange vor dem Menschen zunutze gemacht. Eine Symbiose gleicht in Wirklichkeit einem sehr labilen Gleichgewichtszustand. Sie steht mit dem Parasitismus in engem Zusammenhang. Man kann ebensogut auch von einem gegenseitigen Schmarotzertum sprechen, denn nur zu oft kommt es vor, daß der eine Teilhaber den andern etwas mehr beansprucht. Auf diese Weise kann die Symbiose leicht in einen Parasitismus ausarten. Wie oft ist es auch in der menschlichen Gesellschaft so, daß aus den Wechselbeziehungen ein einziger den Hauptnutzen zieht.

Symbiosen sind im Pflanzenreich verbreitet. Doch sind unsere Kenntnisse über die gegenseitigen Beziehungen der Partner sehr beschränkt. Das ist auch der Grund, warum bis heute die in Symbiose lebenden Pilze nicht mit durchschlagendem Erfolg gezüchtet werden können.

Man kennt unter den Pilzen drei Symbioseformen:

a) Die Symbiose von Pilzen mit mikroskopisch kleinen Blau- oder Grünalgen. Das sind die Flechten. Sie sind Doppelorganismen, bestehend aus Alge und Pilz. An Masse überwiegt gewöhnlich der Pilz. Man kann die Flechten auch als Zweigglieder der Pilze ansehen. Das Doppelleben erschließt ihnen neue Besiedlungsmöglichkeiten und spezifische Stoffsynthesen.

b) Die Symbiose von Pilzen mit den Wurzeln vieler Bäume, Sträucher und Kräuter und mit den Rhizoiden der Moose. Das sind die Mykorrhizen. Viele Blätterpilze, wie zum Beispiel die Täublinge und Milchlinge, die Knollenblätterpilze, die Ritterlinge, Fälblinge, Haarschleierlinge und Rißpilze – siehe Spezieller Teil I dieses Buches – sind solche Mykorrhizapilze, wie auch die im Speziellen Teil II über die «Blätterlosen Pilze» enthaltenen Röhrlinge.

c) Die Symbiose von Pilzen mit Insekten, mit im Holz wohnenden Pochkäfern, mit an Pflanzen saugenden Läusen und Zikaden.

Auch mit den Bakterien gehen die höheren Pflanzen ähnliche Symbiosen ein. Erinnert sei in diesem Zusammenhang an die Wurzelknöllchen, welche an den Wurzeln der Schmetterlingsblütler durch Rhizobium leguminosarum oder an den Erlen durch Actinomyces alni verursacht werden.

Niedere und höhere Pilze, Asco- und Basidiomyceten

Wir können uns fragen: Was für Pilze gibt es? Aus der Zeit, als die Großmutter uns Märchengeschichten erzählte und wir fest daran glaubten, ist in unserm Gedächtnis der Fliegenpilz haftengeblieben. Wir sahen als Kinder diesen feurigroten, weißgetupften Pilz zusammen mit Zwerg- und Rehfiguren und einem Hänsel-und-Gretel-Haus in manchen Gärten stehen. Noch heute können wir da und dort die gleiche Bildkombination und Varianten davon entdecken. Nur glauben wir nicht mehr an die Geschichten. Dafür verschicken wir die giftigen Fliegenpilze frischfröhlich auf Neujahrs- und Glückwunschkarten oder lassen sie als gutgemeinten Schmuck auf Geburtstagstorten anbringen. Sie sollen dem Empfänger Glück bringen. Vielleicht lernten wir, größer geworden, auch den Eierschwamm und den Zuchtchampignon kennen, möglicherweise mehr am Essenstisch als im Wald draußen. Auch wissen wir, daß es einen giftigen Satanspilz und, in Erinnerung an jene Märchen, auch einen Hexenpilz gibt. Das alles sind Hutpilze. Sie sind wohl für manchen der Inbegriff der Pilze überhaupt. Das ist eine einseitige oder gar falsche Vorstellung von den Pilzen. Die Welt der Pilze ist unüberblickbar mannigfaltig. Sie beginnt bei den mikroskopisch kleinen, nur nach Tausendstelmillimetern messenden Lebewesen und endet bei den uns bekannten, höchstentwickelten Formen der Hutpilze. Ein Blick ins Reich der Pilze zeigt uns folgende Hauptabteilungen:

I Pilzähnliche Lebewesen

A) Akaryonten (Zellen ohne Kern)

Spaltpilze (Bacteriophyta, Bakterien, Bazillen). Sie wurden früher auf Grund der teilweise heterotrophen Lebensweise und der an eine Querspaltung der Zelle erinnernden Vermehrungsweise mit Pilzen verglichen.

B) Karyonten (Zellen mit Kern)

Schleimpilze (Myxomycetes) oder Schleimtiere (Mycetozoa). Sie bilden kriechende Plasmamassen, Plasmodien genannt, und festsitzende Sporenkapseln aus.

Algenpilze (Oomycetes). Sie leben im Wasser und feuchten Substraten und bilden nebst festsitzenden ebenfalls bewegliche, begeißelte Stadien aus.

II Echte Pilze (Eumycetes, Eumycota, Fungi, Zellen mit Kern/Kernen)

Niedere Pilze. Sporen weder in typischen Asci noch an Basidien. Sie umfassen z. B. die mit beweglichen Stadien versehenen **Urpilze** (Chytridiales), die vorwiegend durch Sprossung sich vermehrenden **Hefepilze** (Saccharomycetes) und die **Köpfchenschimmelpilze** (Mucorales).

Höhere Pilze. Sporen in Asci oder an Basidien.
Sie gliedern sich in folgende Untergruppen:
Schlauchpilze (Ascomycetes) } wenn mit Algen in Symbiose
Ständerpilze (Basidiomycetes) } lebend = **Flechten** (Lichenes)

Untergruppen der Ständerpilze sind:

Holobasidiomycetes (mit einfachen Basidien). Dazu:

Bauchpilze (Gasteromycetes, Sporen im Pilzinnern eingeschlossen)

Hutpilze (Hymenomycetes, Sporen außen am Pilz, oft auf besondern Erhebungen, zum Beispiel auf Blättern (Lamellen) gebildet: **Blätterpilze.**

Phragmobasidiomycetes (mit quer oder längs gegliederten Basidien). Dazu gehören viele abweichend gebaute und stark reduzierte Formen: Zitter-, Rost- und Brandpilze.

III Unvollständig bekannte Pilze (Deuteromycetes)

Man kennt von diesen Pilzen nur gewisse Entwicklungsstadien.

Ergänzung zur Gliederung der Pilze

Beigefügt seien hier noch einige Bemerkungen zur voranstehenden Gliederung der Echten Pilze.

Die einfachsten Formen der Niedern Pilze stellen Zellen dar. Sie besitzen kein Mycelium. Zur Vermehrung werden bewegliche, mit Geißeln ausgerüstete, an die Flagellaten (Geißeltiere) erinnernde Zellen ausgebildet. Auch Fruchtkörper fehlen. Bei den meisten Hefen vermehren sich die Zellen durch Sprossung. Sie bilden lockere Zellverbände. Bewegliche Stadien fehlen. Sporen werden im Zellinnern gebildet. Die Lebensweise wird immer stärker ortsgebunden, festsitzend, pflanzenähnlich. Die Schimmelpilze schließlich entwickeln ausgedehnte Pilzfadengeflechte (Mycelien).

Die Geißeln der beweglichen Stadien (Gameten, Schwärmsporen) zeigen das gleiche Bauprinzip wie die Geißeln der beweglichen Stadien höher organisierter Lebewesen, also gleich wie die Geißeln der Farnspermatozoiden oder wie diejenigen tierischer oder menschlicher Spermien. Alle diese Geißeln bestehen aus 11 Eiweiß-Doppelfibrillen, 2 innern und 9 peripheren. Dieser Bauplan zeigt, wie durchs ganze Entwicklungsgeschehen ein roter Faden läuft, der die Pilze, obwohl weder Pflanze noch Tier, mit beiden verknüpft.

Der Körper der Höheren Pilze, Thallus oder Lager genannt, besteht aus mehr oder weniger verzweigten Hyphen (Pilzfäden), die zu einem Mycelium, einem Pilzfadengeflecht, verwoben sind. Die Hyphen sind meistens gegliedert (septiert) und ihre Zellen mit einem oder mehreren Kernen versehen. Weil das Mycelgewebe durch Verflechtung von Hyphenfäden zustande kommt, bezeichnet man es auch etwa als Flecht- oder Scheingewebe (Plektenchym), im Gegensatz zu den echten Geweben oder Parenchymen, die aus der fortgesetzten Teilung einer einzigen Zelle entstehen. Scheingewebe können aber oft so dicht verflochten sein, daß die Zellen der daran teilnehmenden Fäden sich gegenseitig abplatten, wodurch der Eindruck eines echten Gewebes hervorgerufen wird. Ein derartiges Scheingewebe wird dann als Pseudoparenchym bezeichnet. Hauptsächlich an den Oberflächen der Pilzkörper, den Stiel- und Hutaußenseiten, treten solche Pseudoparenchyme auf. Sie übernehmen die Rolle eines festigenden Abschlußgewebes.

Die Hyphenzellen der Echten Pilze (Eumycota) sind Euzyten, das heißt, sie enthalten Grundplasma, Zellkern oder einige Kerne (mit wenigen, nur 2–14 Chromosomen), endoplasmatisches Retikulum, Mitochondrien und Vakuolen, jedoch keine Plastiden (Farbstoffträger). Die Zellwände bestehen aus Chitin, einem aus Glucosamin aufgebauten Polysaccharid.

Bewegliche Geschlechtszellen sowie Geschlechtsorgane fehlen den Höheren Pilzen. Die Befruchtung vollzieht sich am Mycelium durch Verschmelzen gewöhnlicher Hyphenzellen. Man nennt das Somatogamie.

Typisch sind für die Höheren Pilze die Fruchtkörper. Sie treten in einer kaum übersehbaren Mannigfaltigkeit auf. An oder in ihnen entstehen die Vermehrungsorgane, Sporen genannt. Letztere bilden sich in oder an charakteristischen Sporenträgern, den Sporangien.

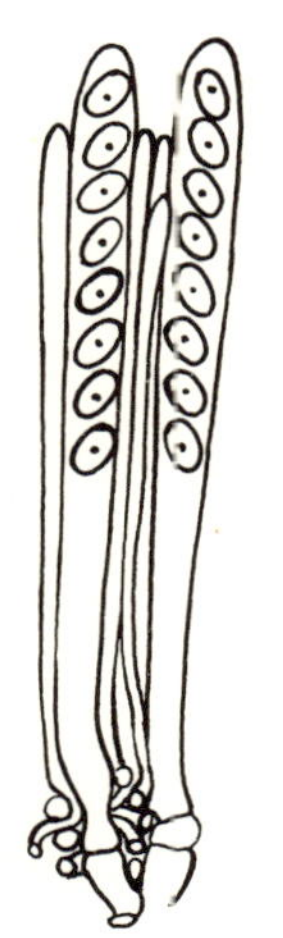

Schläuche (Asci) mit Ascosporen

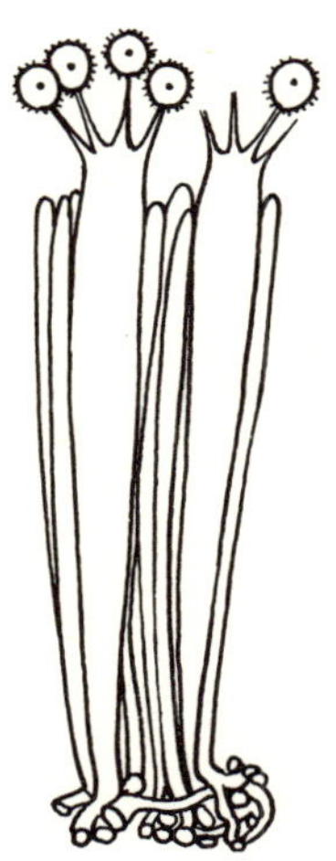

Ständer (Basidien) mit Basidiosporen

Von den Sporangien gibt es zwei Haupttypen. Das sind der Ascus oder Schlauch und die Basidie oder Ständer. Die Asci sind für die Ascomyceten und die Basidien für die Basidiomyceten kennzeichnend. Auf Grund dieser Organe werden die Höhern Pilze in die Schlauchpilze und Ständerpilze eingeteilt. In der Praxis nützen diese sehr wichtigen Unterscheidungsmerkmale jedoch nur demjenigen Pilzler etwas, der ein einfaches Mikroskop besitzt. Es gibt glücklicherweise aber Wege, die Pilzgruppen erkennen zu können, ohne auf diese mikroskopischen Unterscheidungsmerkmale zurückgreifen zu müssen. In kritischen Fällen kommt man ohne sie allerdings nicht aus.

Die *Ascomyceten* (Schlauchpilze) zeigen unter dem Mikroskop, vorausgesetzt, daß sie sporenreif sind, den Ascus mit den Sporen. Im protoplasmaerfüllten, jungen Ascus entstehen zuerst in freier Teilung 8 (selten weniger oder mehr) Kerne, welche sich auf die ganze Schlauchlänge verteilen und sich mit einer Plasmahülle und einer festen Wand umgeben.

Die *Basidiomyceten* (Ständerpilze) zeigen in der Basidie, die vorerst wie ein Schlauch aussieht, meistens 4 Kerne. Nun beginnt sich die Basidie zu verändern. An ihrem Scheitel bilden sich 4 fingerförmige Ausstülpungen (Sterigmen genannt), in welche je ein Kern mit Protoplasma hineinwandert. Das Ende der Ausstülpungen, mit Plasma und Kern versehen, schwillt bläschenförmig auf. An jedem Ende bildet sich nun, indem innerhalb der Bläschenwand noch weitere Wandschichten entstehen, eine Basidiospore aus. Die reifen Basidiosporen sind demnach von der Bläschenwand (Perispor) und innern Wandschichten (Endospor) umgeben. Bei genügend starken Vergrößerungen lassen sich die verschiedenen Wandschichten erkennen.

Wieviel Pilze gibt es und was kennt der Pilzler?

Was ist das für ein Pilz? Ich kenne sonst alle Arten, nur gerade dem bin ich noch nie begegnet. Recht oft beginnt auf einer Pilzkontrollstelle, im Anschluß an die Begrüßung, das Gespräch so oder ähnlich. Niemand braucht sich aber zu schämen, wenn er diesen einen Pilz auch nicht kennt.

Wir sind auf Schätzungen angewiesen, wenn wir über die Zahl der Pilzarten etwas aussagen wollen. Denn weder die unvollständig bekannte Pilzmaterie noch die verschiedenen Auffassungen des Artbegriffes lassen genaue Angaben über die Artenzahl der Pilze zu. Die Schätzungen der Echten Pilze gehen bis auf 100000 Arten. Recht unbestimmt sind die Angaben über die Niederen Pilze. Auch die Zahlen über die besser bekannten Höheren Pilze variieren stark. Die Zahl der Schlauchpilze wird mit etwa 20000 Arten angegeben. Die Ständerpilze sollen 15000 bis 20000 Spezies umfassen. Dazu kommen noch die Deuteromycetes, von denen man bald nur die Sporen, bald nur das Mycelium, nicht aber beides kennt. Diese «Unvollständigen» schätzt man wiederum auf ungefähr 20000 Arten, welche sich rund auf 1000 Gattungen verteilen sollen. Durch Forschungen auf diesem Gebiete stößt man zwar immer auf neue Deuteromycetes, aber man findet auch Zusammenhänge zwischen Sporen und Mycelien heraus, so daß die Zahl der Pilze dieser zweifelhaften Gruppe im Abnehmen begriffen ist.

Rechnet man zu den Pilzen noch die Flechten (Lichenes), so erhöht sich die Zahl ganz gewaltig. Denken wir nur daran, wieviel grüngelbe, graue, weiße und orangerote Krustenflechten im Gebirge auf Steinblöcken und Felsen wachsen. Dazu kommen in der Waldregion die vielerlei Blatt-, Becher- und Strauchflechten.

In diesem Pilzbuch machen wir nur mit den Schlauch- und Ständerpilzen nähere Bekanntschaft. Für unsere Gegenden wird die Artenzahl dieser mit zirka 2000 angegeben, etwa zwei Drittel soviel wie Blütenpflanzen. Von diesen wird ein eifriger Pilzler in einer Pilzsaison nur etwa fünfhundert zu sehen bekommen. Die andern sind seltener. Etliche werden sicher auch nur auf dem Papier existieren. Zahlreiche sind synonym mit anderen beschriebenen Arten oder so wenig verschieden, daß die Unterschiede äußerlicher, durch die Umwelt bedingter Natur sind. Witterungseinflüsse, wie Nässe und Trockenheit, Kälte und Wärme, Licht und Schatten, vermögen einen Pilz so abzuwandeln, daß man glaubt, eine andere Art vor sich zu haben. Wirklich unterscheidend sind aber nur die konstanten, nicht diese veränderlichen Merkmale. Von den 500 erwähnten Arten lassen sich etwa 200 bis 300 häufig auffinden. Nur etwa 100 davon sind gute oder einigermaßen gute Speisepilze. Aus ihnen rekrutieren sich die handelsfähigen Pilze, von denen ungefähr 100 Arten zum Verkauf zugelassen sind.

Unter den häufigen Pilzen gibt es an giftigen Arten einige Dutzend. Abgesehen von den giftigen Knollenblätterpilzen sind auch die Vergiftungen durch den Tigerritterling, die Rißpilze, den Herbströtling und andere ernst zu nehmen. Es gibt verschiedene Grade der Giftigkeit. Sicherheitshalber müssen alle diejenigen Pilze als giftig bezeichnet werden, welche in ihrem normalen Stoffwechsel Substanzen produzieren, die bei Genuß des Pilzes irgend jemand schädigen könnten.

Im Hinblick auf das ganze Pilzreich befaßt sich der Pilzler mit einem ganz kleinen Ausschnitt. Man treibt gewissermaßen Kleinkrämerei, und dennoch bereiten uns diese wenigen Pilze oft noch große Schwierigkeiten, um sie einwandfrei zu erkennen. Genaues Beobachten und sicheres Urteilen sind zwei wichtige Voraussetzungen, wenn man sich mit Pilzen befassen will. Wer sie zu Speisezwecken sammelt, der nehme von den guten nur die besten!

Bau und Vermehrung der Blätterpilze

Zu den Blätterpilzen gehören die meisten dem Laien als Schwämme bekannten Feld-, Wald- und Wiesenpilze. Was sind nun aber diese Schwämme? Sie stellen nichts anderes als die Fruchtkörper der eigentlichen Pilzpflanze dar, die unterirdisch, unsern Blicken gewöhnlich ganz entzogen, ihr geheimnisvolles Leben fristet. Nur etwa an unterspülten Wegböschungen oder an Stellen, wo Tiere den Boden aufgekratzt haben, sowie an alten Baumstämmen, deren Rinde abblättert, können wir die Pilzpflanze als weißliches, graues oder schwarzes Fadengeflecht, als sogenanntes Mycelium, sehen. Die Schwämme oder Pilze sind nur die «Früchte», welche am erstarkten Mycelium in größerer oder geringerer Zahl reifen. Man faßt alle, mögen sie noch so verschieden aussehen, unter dem Begriff Fruchtkörper zusammen. Wenn wir sie sammeln, ernten wir nicht die Pilzpflanze. Darüber müssen wir uns klar sein. Wir tun beim Pilzsammeln etwa das gleiche, wie wenn wir von einem Apfel- oder Birnbaum die Früchte wegnehmen. Je sorgfältiger wir dies ausführen, um so weniger wird die Pflanze geschädigt. Wenn wir Äpfel oder Birnen vom Baume reißen, kommen Zweiglein und Knospen mit. Wir schädigen ihn. Dasselbe widerfährt dem Pilzmycelium, wenn wir die Pilze aus dem Boden reißen, statt daß wir sie ganz am Stielgrunde anfassen und sorgsam vom Mycel abdrehen oder abkneifen. Auf letztere Weise kommen wir noch in den Besitz weiterer Vorteile. Wir haben nicht nur den ganzen Pilz in den Händen, sondern wir können seine Merkmale genau nachkontrollieren. Das schließt gefährliche Verwechslungen aus. Auswählendes Pilzsammeln bewahrt uns davor, törichten Raubbau unter den Pilzen zu treiben.

Die Sporen

Goldgelber Ziegenbart

Mehlschwamm

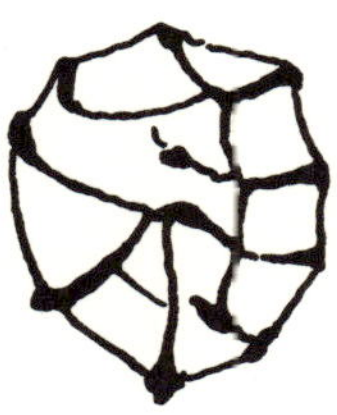
Goldtäubling

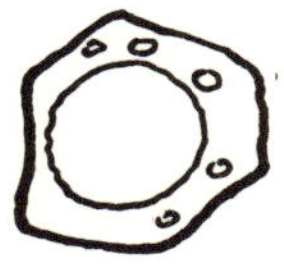
Rötlinge

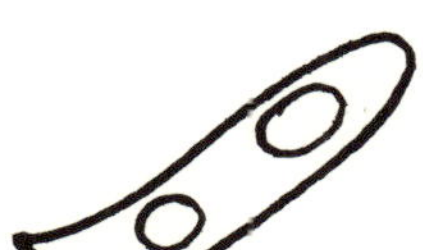
Goldröhrling

Ledertäubling

Grünling (Ritterlinge)

Grüner Knollenblätterpilz

Die Sporen sind die einfachsten Gebilde, welche die Pilze erzeugen. Wie und wo sie entstehen, haben wir im Kapitel «Niedere und Höhere Pilze, Asco- und Basidiomyceten» (S. 13) erfahren. Bei den Pilzen sind die Sporen vorwiegend einzellig, bei den lichenisierten Pilzen, den Flechten, hingegen sehr oft zwei- oder mehrzellig. Ihre Größe, bei verschiedenen Dimensionen ihre Länge und Breite, gibt man in Tausendstelmillimetern (μ) an.

Oft ist die Sporenmembran glatt, oft aber auch skulpturiert, mit Stachelchen, Wärzchen oder einer wabenartigen Netzzeichnung versehen. Verschieden ist auch ihre Gestalt, bald rund, elliptisch, eiförmig, länglich oder eckig. Dazu sind sie von verschiedener Farbe, bald hyalin, weiß, braun, rosa, purpurn oder schwarz.

Größe, Oberflächenstrukturen, Gestalt, Farbe und Inhaltseinschlüsse (z. B. Öltropfen) sind wichtige Unterscheidungsmerkmale. Sie spielen namentlich eine Rolle, wenn bei eingetretenen Pilzvergiftungen nachträglich die Pilzart festgestellt werden soll, welche die Vergiftung verursacht hat.

Gewisse Sporen, die man als «amyloid» bezeichnet, geben mit jodhaltigen Reagenzien eine Blauviolettfärbung. Sogar blaut amyloides Sporenpulver, so behandelt, vor unsern Augen.

Innerhalb der Wand enthalten die Sporen Plasma, Zellkern, Reservestoffe, letztere oft als Granula oder Tröpfchen.

Wieviel Sporen produziert ein reifer Pilz?

Die Sporenproduktion der Pilze erreicht astronomische Zahlen. Ein reifer Feldchampignon erzeugt schätzungsweise 1800000000 Sporen. Er schleudert pro Stunde bis 40000000 Sporen vom Hut ab. Auch von blätterlosen Pilzen kennt man die ungefähre Sporenproduktion. Ein Riesenporling reift bis zu 11 Milliarden Sporen. Der Riesenbovist, dessen Kugeln bis ½ Meter dick werden können, hat besonders kleine Sporen, die mutmaßlich in einer Menge von 1500 Billionen entstehen. Das gäbe eine Sporenkette, die am Äquator fünfzehnmal um die Erde reichen würde.

Man könnte deshalb glauben, daß es überall nur so von Pilzen wimmeln würde. Daß dem nicht so ist, beruht auf verschiedenen Ursachen. Erstens sehen wir für gewöhnlich die Pilzpflanzen nicht, sondern nehmen den Pilz erst wahr, wenn er Fruchtkörper bildet. Dann ist die Keimungsrate der Pilzsporen klein. Viele verlangen zum Keimen ganz spezielle Bedingungen. Ferner ist der Entwicklungsgang von der Spore bis zum Fruchtkörper recht kompliziert und von Zufällen abhängig.

Die Sporen der meisten Pilze werden durch die bewegte Luft verbreitet (anemochor). Wenige Pilze sind zoochor, zum Beispiel die Stinkmorchel, die Aasinsekten anlockt, welche die Sporen vertragen.

Von der Pilzspore zum Mycelium

Die Spore ist die Verbreitungseinheit der Pilze. Bei der Keimung wächst aus ihr ein feiner Pilzfaden, die Hyphe, heraus. Durch fortgesetzte Zellteilungen verlängert und verzweigt sie sich. Die einzelnen Hyphenfäden sind zellulär gegliedert. Das verzweigte Pilzfadengeflecht heißt Mycelium. Die Mycelien durchwuchern das Substrat nach allen Richtungen. Sie sehen spinnfaden-, strang- oder hautartig aus. Bei kleinen und kleinsten Pilzen beschränken sie sich auf einige modernde Blätter, auf ein Häufchen Nadeln, einen Zapfen oder ein Zweigstück. Eine weitere Ausdehnung erreichen die Mycelien der Großpilze. Sie durchspinnen den Boden auf vielen Quadratmetern oder Aren und durchwuchern Baumstämme und -strünke.

Das Pilzmycel, eine chemische Fabrik

Die Fruchtkörper beziehen die Nahrung für ihr Wachstum aus dem weitverzweigten Mycelium (siehe Saprophyten, Parasiten, Symbionten). Dieses ist vergleichbar einer kompliziert arbeitenden chemischen Fabrik, welche die Rohstoffe aus dem Substrat bezieht und in verschlungenen chemischen Vorgängen einen Teil davon in pilzeigene Substanz umsetzt. Diese wird in den Zellen gespeichert. Je größer die Anreicherung der Stoffreserven im Pilzmycelium ist, um so mehr erstarkt es. Alsdann sind nur noch günstige Außeneinflüsse, vor allem Feuchtigkeit, Wärme und Substratveränderungen, notwendig, um die Fruchtkörperbildung einzuleiten. Weil die Nährstoffe für die Fruchtkörper in den unterirdischen Zellagerräumen schon in gewaltigen Mengen aufgestapelt sind, ist es möglich, daß nach warmen Sommergewittern die Pilze wie auf einen Zauberschlag hin sich aus dem Boden recken. Namen wie «Donnerpilz» für den Hexenröhrling deuten darauf hin. Dem Schopftintling und andern vergänglichen Pilzen kann man bei günstigen Wachstumsbedingungen tatsächlich zusehen, wie sie aufschirmen.

Andere Pilze, wie der Eierschwamm, die Ziegenbärte, der Mönchskopf, wachsen gemächlicher. Wenn von den Pilzen gewöhnlich behauptet wird, daß sie über Nacht aus dem Boden schießen, so gilt dieser Ausspruch doch nicht für alle in gleichem Maße.

Allgemein gilt, daß zarte, weichfleischige Pilze rascher wachsen als zähfleischige. Dafür haben erstere auch ein kürzeres Leben. Die harten werden gewöhnlich älter, sind auch haltbarer. Lederige und holzige Baumschwämme sind sogar ausdauernd. Sie wachsen über Jahre weiter und ergänzen sich jährlich durch einen mehr oder weniger deutlich erkennbaren Jahrring. Ihr Körperinneres ist geschichtet.

Wir müssen bei den Pilzen solche unterscheiden, die eine ausgesprochene, rasch ablaufende Streckungsphase zeigen, und solche, bei denen diese Streckungsphase weniger ausgeprägt ist.

Während der Entwicklungsgang von der Spore zur Hyphe und zum Pilzmycelium ziemlich einfach ist, so führen in manchen Fällen recht verwickelte Vorgänge zur Fruchtkörperbildung.

Befruchtung und Fruchtkörperbildung von Zufällen abhängig

Vielfach sind die Pilzsporen und die aus ihnen hervorgehenden Mycelien geschlechtlich differenziert. Man kann in solchen Fällen von weiblich und männlich veranlagten Sporen und Mycelien sprechen, oder man spricht nur von Plus- und Minus-Mycelien, weil zwischen den beiden Geschlechtern äußere, gestaltlich sichtbare Unterschiede fehlen. Diese Mycelien sind gewöhnlich außerstande, Fruchtkörper zu bilden. Man nennt sie, weil sie als erstes entstehen, Primärmycelien oder, weil in ihren Zellen unter dem Mikroskop nur ein einziger Zellkern feststellbar ist, auch Einkernmycelien.

Sp = Plus- und Minusspore
P = Primär- oder Einkernmycel
F = Fusionszelle
S = Sekundär- oder Paarkernmycel
St = Stiel
H = Hut
B = Basidien in verschiedenen Entwicklungsstadien

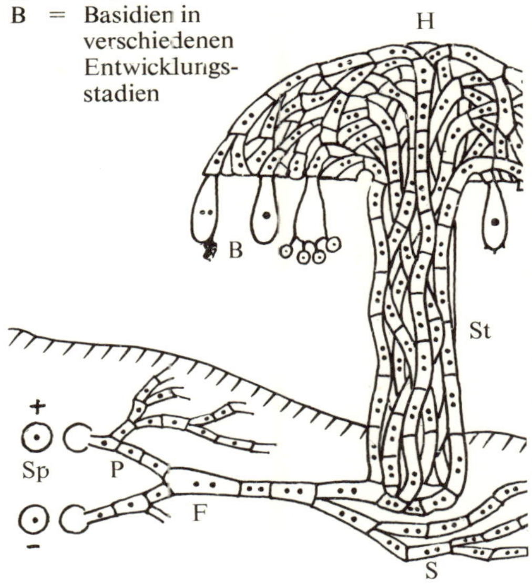

Zur Fruchtkörperbildung bedarf es einer vorausgehenden Verschmelzung (Fusion) zweier verschiedengeschlechtiger Fadensysteme. Diese Fusion ist vom Zufall abhängig. Jedes der unbegrenzt wachstumsfähigen Einkernmycelien wird nach geraumer Zeit irgendwo im Waldboden mit seinen Hyphenenden auf eine Hyphenspitze des andersgeschlechtigen Myceliums stoßen. Alsdann lösen sich zwischen den berührenden Zellen die Trennungswände auf, und die protoplasmatischen Inhalte verschmelzen miteinander. Mit dieser Fusion hat der Sexualakt begonnen. Aber er verläuft im folgenden anders als bei den meisten anderen Gewächsen. Bei letzteren vereinigen sich beim Sexualakt gewöhnlich die Plasmata und die beiden Kerne sogleich miteinander. Das Verschmelzen der Kerne entspricht der vollzogenen Befruchtung. Nicht so ist es bei den Pilzen. Hier tritt vorerst nur Protoplasmaverschmelzung, sogenannte Somatogamie, ein, nicht aber die Kernverschmelzung, die Karyogamie. Darin liegt wiederum ein fundamentaler Unterschied zwischen Pilzen und den meisten übrigen Lebewesen. Statt miteinander zu verschmelzen, legen sich die beiden Geschlechtskerne in der Verschmelzungs-(Fusions-)zelle nur paarweise nebeneinander. Das Kernpaar besteht aus zwei verschiedengeschlechtigen Kernen. Aus der Fusionszelle entwickelt sich nun durch fortgesetzte Zellteilung und gleichzeitige, sogenannte konjugierte Teilungen des Kernpaares das Sekundär- oder Paarkernmycel. Jede Zelle dieses Myceliums besitzt, unter dem Mikroskop besehen, zwei Kerne. Auch dieses Mycelium hat unbegrenztes Wachstum. Es kann über viele Jahre hindurch im Substrat weiterwachsen, ohne Pilze zu bilden. Hunderttausende von Zell- und konjugierten Kernteilungen finden statt, bis dieses Mycelium, unter steter Aufspeicherung von Reservestoffen, so weit erstarkt ist, daß es unter dem Einfluß günstiger Außenbedingungen und bestimmten Wuchsstoffen sich zur Produktion von Fruchtkörpern anschickt. Genau wie der Sexualakt durch Zufall eingeleitet wurde, ist auch die Fruchtkörperbildung weitgehend von Zufälligkeiten abhängig. Nun wissen wir, wie lange und verschlungen der Weg ist, bis ein Pilz zustande kommt, den wir innerhalb von Sekunden ernten und in den Sammelkorb stecken.

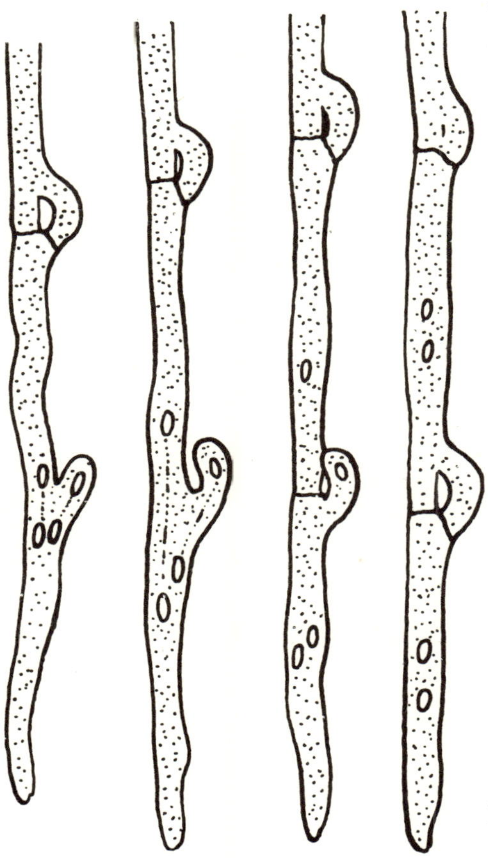

Schnallenmycel und Vorgang der Schnallenbildung

In Wirklichkeit gibt es im Wachstum der Pilzmycelien noch weitere Komplikationen. Die Sekundärmycelien bilden in der Regel im Zusammenhang mit der Zell- und Kernteilung sogenannte Schnallen aus. Diese sonderbaren Gebilde gleichen fast einem Brückenbogen. Je zwei durch eine Querwand voneinander getrennte Hyphenzellen werden durch einen bogenartigen seitlichen Auswuchs miteinander verbunden. Da die Schnallen sozusagen nur an Sekundärmycelien entstehen, nennt man letztere auch Schnallenmycelien. Unter dem Mikroskop läßt sich also anhand dieser Schnallen feststellen, mit was für einem Mycelium wir es zu tun haben.

Falls endlich Fruchtkörper entstehen, so bilden sich am Sekundärmycel vorerst dicht verflochtene, kugelige Hyphenknäuel aus, die nach einiger Zeit stecknadelkopfgroß und damit von bloßem Auge sichtbar werden. Unter stetem Wachstum vergrößern sich diese aus zweikernigen (dikaryotischen) Hyphen bestehenden Fruchtkörperanlagen zu Erbsen-, Haselnuß-, Kirschen- und Pflaumengröße, wobei das im Innern zuerst wirr verlaufende Hyphengeflecht einen geordneten, gerichteten Verlauf anzunehmen beginnt. Zugleich setzt eine Differenzierung in Stiel und Hut ein. Im Stiel ordnen sich die Hyphenfäden mehr oder weniger parallel aufstrebend, im Hut dagegen springbrunnenartig auseinanderweichend (Fig. oben). In den darauf entstehenden Blättern nehmen die Fäden entweder unregelmäßig gewundenen (irregulären) Verlauf an, oder sie ordnen sich parallel der Lamellenoberfläche. In andern Fällen strahlen sie von der Lamellenmitte nach beiden Seiten aus oder gerade umgekehrt, von den Lamellenflächen nach innen. Bei den Täublingen und Milchlingen bilden sich im normalen Hyphengewebe größere Blasenzellen (Sphaerocysten) aus, welche die Brüchigkeit des Fleisches dieser Pilze erzeugen. Auch der Milchsaft ergießt sich bei den Milchlingen aus solch besondern Hyphensystemen.

Die ganze, nun differenzierte Pilzanlage ist sodann bei gewissen Pilzen von einer hautartigen Hülle umschlossen, so daß, ganz ähnlich wie bei einem Ei, die Frucht im Innern heranreift.

Wir wollen diese Entwicklungsstufe eines Pilzes, gleichgültig, ob sie von Hüllen umgeben ist oder nicht, Eistadium oder Pilzei nennen. In dieser Phase schaut die Pilzanlage gewöhnlich aus dem Boden hervor oder wirft einen kleinen Erdhügel auf oder schiebt die Hindernisse beiseite. Wiederum sind es unter den Pilzen Namen wie «Erdschieber», welche auf dieses Geschehen hinweisen.

Vom Pilzei zum Pilz,
Velum universale und Velum partiale

Die vollständigsten Pilzeier entwickeln die Knollenblätterpilze. Bei diesen grenzt eine weiße Haut, das Velum universale (Haupthülle, Gesamthülle, Eihülle), das Pilzei gegen außen ab. Im Inneren ist es bereits in den Hut (mit Blättern auf dessen Unterseite) und in den noch kurzen Stiel (mit der knollenförmigen Basis) gegliedert. Trotzdem das Ei äußerlich mehr oder weniger kugelig ist, zeigt es innen Polarität. Dem aus dem Erdreich strebenden Scheitel liegt die Basis als Verbindungsstelle mit dem Mycelium gegenüber. Zieht man es aus dem Boden, so kommen mit der Basis oft faserige Mycelstränge mit.

Ein Längsschnitt, vom Scheitel zur Basis geführt, zeigt uns die innere Gliederung besonders deutlich. Wir erkennen am Längsschnitt die Anlagen der Blätter, welche als wichtige, später die Sporen erzeugenden Organe noch von einer besondern, vom Stiel zum Hutrand verlaufenden Hülle geschützt sind. Diese Haut nennt man das Velum partiale (Nebenhülle, Teilhülle, Blätterhülle). Meistens liegt sie an den jungen Pilzen den Blättern dicht an. Sie ist in die Kuppel des jungen Hutes hochgestülpt, so daß sie auf diesem Entwicklungsstadium gerne übersehen wird (Bild S. 65, rechts unten und Mitte). Man glaubt irrtümlich einen ringlosen Pilz vor sich zu haben.

Was wird aus dem Pilzei und
seinen Hüllen?

Innerhalb der Hüllen beginnt nun der eigentliche Pilzfruchtkörper, im wesentlichen aus Stiel und Hut bestehend, zu wachsen. In erster Linie verlängert sich der Stiel (Streckungsphase). Dadurch werden die Hüllen, welche nicht entsprechend mitwachsen, gedehnt und gesprengt. Sie zerreißen. Der Pilz schlüpft hutvoran aus dem Ei heraus. Das Durchbrechen der Hüllen geschieht nun nicht bei allen Pilzen gleich, was den ausgewachsenen Pilzen ein verschiedenes Aussehen verleiht.

Die Scheide (Volva)

Beim Grünen Knollenblätterpilz, beim Gewöhnlichen Scheidenstreifling und beim Scheidling erfolgt das Herausschlüpfen so, daß die ziemlich feste Eihaut (Velum universale) am Scheitel aufreißt (siehe Bilder S. 98 unten). Das ganze Velum universale bleibt bei diesen Pilzen deshalb am Stielgrunde als häutiger, gelappter Becher, als Volva, zurück. Die Hüte dieser Pilze sind deshalb frei von Velumresten. Sie sind kahl, nicht beschüppelt. Nur gelegentlich kommt es vor, daß vom Velum universale vereinzelte größere oder kleinere Fetzen auf dem Hut kleben bleiben. Die becherartige Volva am knolligen Stielgrund schrumpft später bald zusammen, verdünnt und bräunt sich, wird bisweilen recht unansehnlich.

Die Hutschuppen
des Fliegen- und Pantherpilzes

Etwas anders vollzieht sich das Herausschlüpfen beim Fliegen- und Pantherpilz oder ähnlichen Arten. Die jungen Hüte dieser Pilze sind mit weißlichen, abwischbaren Schuppen bedeckt, welche zum Beispiel dem Fliegenpilz während der Entfaltung sein wunderschönes Aussehen verleihen. Bei diesen Pilzen ist das Velum universale lockerer, fast mehlig-häutig. Beim Ausweiten des Hutes bleibt die obere Partie des Velum universale auf dem Hute kleben und reißt von der untern, die Knolle umgebenden Velumpartie los. Ganz junge, noch fast kugelige Hüte des Fliegenpilzes sind deshalb fast vollständig vom weißen Velumfilz überzogen (S. 68). Sie gleichen äußerlich fast Bovistkugeln. Sobald sich nun aber das Hutdach stärker auszuweiten beginnt, wird der anklebende Velumbelag immer mehr in einzelne Flocken zerrissen. Auf diese Weise kommen die Flocken oder Schüppchen zustande, die auf dem hochroten Fliegenpilzhut oder auf dem mattgelben Dach des Blaßgelben Knollenblätterpilzes (S. 67) verteilt sind.

Diese Schuppen sind, das ist das Wesentliche, den Hüten nur aufgeklebt, nicht aber fest der Huthaut angewachsen. Sie sind auch, weil der organische Zusammenhang fehlt, von der Ernährung abgeschnitten, können sich also nicht vergrößern. Im Gegenteil, bei trockenem Wetter schrumpfen sie bald oder werden mißfarbig. Man kann sie nicht nur mit der Hand entfernen, sondern die schweren Tropfen starker Gewitterregen können sie von den Hüten spülen. Alte Hüte des Fliegen- und des Pantherpilzes und verwandter Arten verkahlen rasch. Sie werden schuppenlos, wodurch eines der charakteristischen Erkennungsmerkmale verlorengeht.

Die Hutschuppen der Schirmlinge und anderer fest beschuppter Arten

Bei den großen Schirmlingen und ähnlichen schuppenhütigen Pilzen ist das Velum universale mit der Hutoberhaut fest verwachsen. Es löst sich bei der Ausweitung des Hutes zwar auch in gröbere oder feinere, meistens faserige Schuppen auf. Im Bereich des Hutscheitels bleibt es aber gewöhnlich intakt, geschlossen. Diese Schuppen können wir nur mit einigem Reißen lösen. Sie können bei heftigen Regengüssen auch nicht so leicht von den Hüten gewaschen werden. Die Hüte dieser Pilze behalten die Schüppelung deshalb länger bei, wobei allerdings je nach dem Wachstum des Hutes gewisse Zonen (z. B. der Rand) mehr oder weniger schuppenlos werden können. Auch können bei feinschüppeligen Hüten die Schüppchen im Alter zerfasern, sich auflösen, so daß dann immer mehr der oft andersfarbige Hutuntergrund zum Vorschein kommt. Bei solchen Hüten hat man die Grundfarbe des Hutes (z. B. weiß oder gelb) von der Schuppenfarbe (braun, rot, gelb) zu unterscheiden (z. B. Purpurfilziger Ritterling, nebenan).

Schuppung, Faserung, Körnung der Hüte deuten auf Reste eines Velum universale hin. Sie können in verschiedenen Abstufungen, gröber oder feiner, lockerer oder fester verwachsen, heller oder dunkler gefärbt vorliegen. Je nachdem geben sie den ausgewachsenen Pilzen ein verschiedenes Gepräge.

Der Ring (Anulus, Manschette oder Kragen)

Bis jetzt haben wir nur das Verhalten des Velum universale betrachtet. Aber auch das Velum partiale, das vom obern Stieldrittel zum Hutrand zieht, wird, sobald der Hut sich ausweitet, gedehnt. Normalerweise reißt es am Hutrand ab. Dann bleibt es als Ring am Stiel zurück. Zuerst steht der Ring wie ein aus- oder gar hochgestülpter Kragen ab (Bild S. 74), dann wird er schlaffer und beginnt zu hängen. Nicht selten trocknet er rasch zu einem schrumpfeligen Häutchen zusammen. Lag das Velum partiale am jungen Pilz den Lamellen eng an, so finden sich nicht selten die Lamellenschneiden auf der Ober-(Außen-)seite des Ringes abgezeichnet (längsgeriefte Manschette). Je nach der ursprünglichen Festigkeit des Velum partiale ist der Ring dauerhaft oder vergänglich. Auch kann er sich vom Stiel in der Weise lösen, daß er verschiebbar, beweglich wird. Dann rutscht er nicht selten, wie etwa beim Riesenschirmling, am Stiel herunter.

Es kommt auch vor, daß das gedehnte Velum partiale unregelmäßig zerreißt, sich nicht sauber vom Hutrande löst. In diesem Fall bleiben Reste davon sowohl am Hutrand wie am Stiel zurück. Der Ring ist dann schwächer ausgeprägt, kann unter Umständen fast verschwinden, wogegen am Hutrand Fetzen, Flocken oder Fasern wahrgenommen werden können (S. 24, Kleinbild unten). Man spricht in solchen Fällen von einem flockig behangenen oder fransigen Hutrand und von einem flüchtig ausgeprägten Ring. Seltener kommt es zu Abnormitäten, daß zum Beispiel das Velum partiale sich am Stiel statt am Hutrand löst und in diesem Fall eine an und für sich beringte Pilzart ohne Ring auftreten kann (siehe Bild S. 65).

Der Hautschleier und der Haarschleier (Cortina)

Bei den braunsporigen Pilzen unterscheidet man zwei Gruppen, nämlich die Hautschleierlinge und die Haarschleierlinge. Wieder ist es das Verhalten des Velum partiale, das zu dieser Einteilung Anlaß gibt. Bei den Hautschleierlingen und andern Arten ist die Teilhülle so locker und dünn gewoben, daß sie zur Zeit des Aufschirmens nur noch als durchsichtige oder lockerfaserige Haut vorhanden ist. Verquellen und verschleimen die Haarfasern, so kann sie sogar glasartig durchsichtig werden, wie zum Beispiel beim Hartpilz oder beim Gelbfuß (Bild S. 122). Wie durch ein Fenster kann man darunter die Blätter sehen. Bald bekommt sie Längsspalten und Risse, löst sich in Bänder und Fetzen auf, bleibt teils am Stiel, teils am Hutrand kleben. Bei dieser hauchdünnen Ausbildung sind die Reste an den erwachsenen Pilzen nicht immer leicht feststellbar.

Noch lockerer ist das Velum partiale bei den Haarschleierlingen gesponnen. Hier bildet es zur Zeit des Aufschirmens keine geschlossene Haut mehr, sondern besteht nur noch aus vielen, vom Hutrand zum Stiel ziehenden Fäden und Fasern, fast Spinnfäden gleichend. Je mehr der Hut sich dehnt und der Stiel sich streckt, zerreißen die Fäden. Sie bleiben am erwachsenen Pilz als feinste, oft dunkler verfärbte Fäserchen sowohl am Hutrande wie am Stiel zurück. Den Namen haben diese zum größten Teil nicht genießbaren, in vereinzelten Fällen stark giftigen Pilze (Cortinarius orellanus) von diesem häufig unbeachteten Haarschleier. Man nennt ihn Cortina.

Cortina

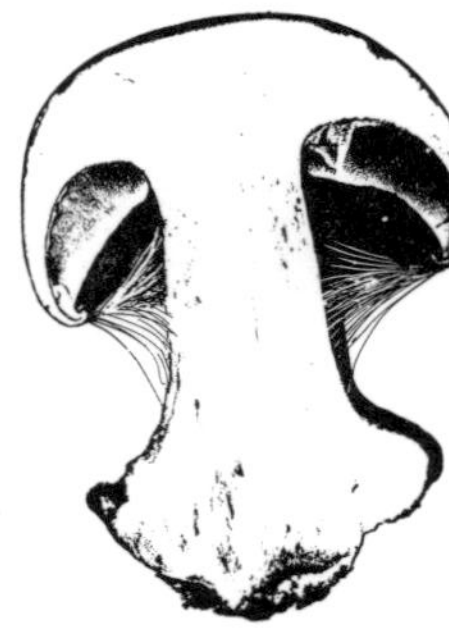

Die Velumfäden verfärben sich während des Aufspannens des Hutes recht häufig. Vorerst sind sie blaß, weißlich, bläulich, gelblich oder hellbraun. Dann werden sie tief rostbraun oder fast schwärzlich. Das rührt daher, weil an den feuchten, klebrigen Fäden der braune Sporenstaub, welcher aus dem reif gewordenen Hut stäubt, haften bleibt. Bleiben bei gewissen Haarschleierlingen unter der weißlichen Stielspitze viele mit Sporenpulver bepuderte Fasern haften, so kann es zur Andeutung einer Ringzone kommen (Bild S. 91).

Um die Faserreste an erwachsenen Haarschleierlingen immer wahrzunehmen und die Pilze als Angehörige dieser Sippe zu erkennen, braucht es einige Übung. Dem Schwachsichtigen sei sogar die Verwendung einer Lupe empfohlen, um die Faserreste zu erkennen. Wer es aber einmal los hat, der wird in seinem Leben nie mehr die blauvioletten, ungenießbaren Haarschleierlinge mit dem schmackhaften Violetten oder Nackten Ritterling (Lepista nuda) verwechseln. «Nackt» will in diesem Fall besagen, daß bei diesem letztern zum Unterschied zu den Haarschleierlingen gar keine Fasern zu erkennen sind.

Zusammenfassend läßt sich aus den Betrachtungen des Velum universale und des Velum partiale erkennen, daß diese Hüllen innerhalb der Blätterpilze immer mehr aufgelockert, reduziert werden, bis sie ganz verschwinden. Der Nachweis ihrer Spuren bringt uns beim Pilzbestimmen oft aber auf die richtige Spur!

Hüllenlose Pilze

Am Ende dieser reduzierenden Entwicklung stehen alsdann hüllenlose Pilze. Scharf kann man sie von den behüllten Arten nicht trennen. Aber an ihnen ist, wenigstens im ausgewachsenen Zustand, nichts oder nur wenig mehr von eigentlichen Hüllen zu erkennen. Zum Beispiel kann aber Klebrigkeit, Schleimigkeit oder Faserung noch auf Hüllen hindeuten.

Bisweilen findet der Übergang von behüllten Formen zu unbehüllten innerhalb derselben Gattung statt. Die Ritterlinge, Trichterlinge und Rüblinge sind überwiegend unbehüllte Pilze, aber sie besitzen einige beringte Arten als Übergangsstadien zu behüllten Pilzen. So sind auch bei fransigen Milchlingen, bei stark klebrigen oder schüppeligkörnigen Dickblättlern und bei beschüppelten Eierschwämmen Reste der Hüllen zu erkennen.

Die Hexenringe

Nicht selten begegnet man in Wiesen und Wäldern merkwürdigen Pilzringen. Man könnte fast glauben, die Pilze seien von unsichtbarer Hand hingesetzt worden. Auf solche Zauberei nimmt auch der Name Bezug. Man sah bei den Ringen auch abgestorbene Gräser, Kräuter und Blumen, was Anlaß gab, diese Erscheinungen auf das Einwirken böser Geister zurückzuführen. Die Ringe waren die Tanzböden der Hexen, welche die Blumen und Gräser zertrampelten und die Kinder des Dunkels, die Pilze, hervorzauberten.

Von jeher haben die Pilzringe die Aufmerksamkeit auf sich gezogen. Obwohl wir zwar in der heutigen modernen Zeit nicht behaupten können, der Teufels- und Hexenwahn sei ganz vorbei, so wissen wir aber über die Entstehung der Hexenringe doch Genaueres. Bis in die Einzelheiten ist das Phänomen aber auch heute noch nicht geklärt.

Wie es etwa dazu kommt, zeigt uns ein oberflächlich wachsendes Pilzmycel. Oft erkennt man an Mycelien, die auf moderndem Laub wachsen, den Beginn eines Hexenringes. Die Pilzfäden breiten sich in solchen Fällen von einem Punkt allseitig strahlenförmig aus. Es entsteht eine mehr oder weniger kreisförmige, geschlossene Mycelfläche. Sobald das zarte Gewebe eine gewisse Größe erreicht hat, beginnt es im Zentrum abzusterben. Auf diese Weise kommt der Ring, allerdings noch ohne Fruchtkörper, zustande.

Nicht nur Pilzmycelien, sondern auch andere niedere, ja sogar höhere Gewächse bilden bei ihrer Arealbesiedlung zuerst geschlossene Kreisflächen und dann, infolge des Absterbens innerer Partien, Hexenringe. Schöne Kreisflächen und Hexenringe bilden besonders auch die Krustenflechten an Felsen und Rinden. Darüber brauchen wir uns nicht zu wundern, denn die Flechten (Lichenes) sind nur in Symbiose lebende Pilze. Ihr Körper (Thallus) breitet sich nach Art der Pilzmycelien aus. Unter den Moosen sind es zum Beispiel einige Lebermoose, wie die an Baumrinden wachsenden braungrünen Frullania-Arten oder die hellgrünen Radula-Pflänzchen, welche zuerst Kreise und dann Hexenringe bilden. Das Absterben der inneren Partien beruht auf Überalterung, auf Nahrungsmangel oder Erfrieren. Auch menschliche Siedlungen gleichen, wenn sie zu groß werden, den Hexenringen.

Kehren wir wieder zu den Hexenringen der Pilze zurück. Hutpilze aus den Familien der Blätter-, Röhren-, Stachel-, Keulen- und Rindenpilze nehmen daran teil. Ihre unterirdischen Mycelien sind, wie wir wissen, aus verschiedengeschlechtigen Sporen hervorgegangen. Sie sind meistens eingeschlechtig und unfähig, Fruchtkörper zu bilden. Es bedarf ihrer Verschmelzung, um ein fruchtbringendes sekundäres, hexenringbildendes Mycelium zu erzeugen. Mindestens je eine männliche und eine weibliche Spore sollten so nahe beieinander auskeimen, daß die wachsenden eingeschlechtigen Mycelien sich über kurz oder lang ins Gehege kommen. Die beiden Mycelien durchschlingen sich dann, und die Spitzenzellen des männlichen und weiblichen Mycels verschmelzen miteinander, allerdings ohne daß Kernverschmelzung stattfindet. Aus diesen Paarkernzellen entsteht darauf das Sekundär- oder Paarkernmycel. Es breitet sich allseitig gleichmäßig aus. Seine Peripherie bildet einen Kreis, die inneren Partien sterben allmählich ab. Sobald es erstarkt ist, treten an seinem Außenrande die Fruchtkörper auf.

Partie eines Pilzringes

Bei der ungeheuren Sporenzahl, welche die Pilze ausbilden, ist es sicher selten, daß nur eine einzige Spore irgendwo landet. Ziemlich sicher werden etliche Sporen verschiedenen Geschlechtes nicht allzuweit voneinander entfernt niedergehen, so daß trotz des hereinspielenden Zufalls die Gewähr für die Entstehung eines pilzbildenden Paarkernmyceliums gegeben ist.

Kleine Pilze erzeugen kleine, große Pilze große Hexenringe. Die Kreise können zwei, drei, zehn, zwanzig, ja hundert Meter Durchmesser haben. Je größer der Ring wird, um so mehr stößt er während der Ausbreitung auf unterirdische Hindernisse, zum Beispiel auf Baumwurzeln, Steinblöcke, auf wachstumsfeindliche kiesige oder sandige Stellen. Seine gleichmäßige Ausbreitung wird dadurch lokal behindert oder verhindert. Wo solche Hindernisse aus dem Boden ragen, kann man seine Auflösung direkt beobachten. Daher sind große Pilzringe nicht sehr häufig. Sie sind meistens mehrfach unterbrochen. Sie sind in leicht gebogene oder fast gerade erscheinende Pilzlinien aufgelöst. Pilzreihen sind häufig nur die Überbleibsel eines ehemaligen Hexenringes.

Am Außenrande des Hexenringes wachsen die Spitzen der Pilzhyphen ständig weiter. Sie stoßen auf diese Weise in frisches Erdreich vor. Stets sind sie auf der Suche nach neuer Nahrung, nach unverbrauchtem Boden. In dieser, im nährstoffreichen Substrat liegenden Wachstumszone bilden sich am Mycelium dann auch die Fruchtkörper aus. Der jährliche Zuwachs des Pilzmyceliums ist je nach Art und Vitalität des Pilzes und den äußeren Umständen entsprechend verschieden. Der Zuwachs kann wenige Zentimeter bis über einen halben Meter betragen. Wir sehen bei ausdauernden Mycelien in jeder folgenden Pilzsaison die Fruchtkörper etwas weiter außen aus dem Boden hervorbrechen. Ein Mycelium kann aber auch «verunglücken», geschädigt werden, in sehr kalten Wintern bei fehlender Schneedecke und tiefem Bodenfrost erfrieren.

Kennt man den Radius eines Hexenringes in Zentimetern oder Metern und hat man durch Beobachtungen den jährlichen Zuwachs feststellen können, so läßt die einfache Rechnung, Radiuslänge dividiert durch den jährlichen Zuwachs, Rückschlüsse auf das ungefähre Alter eines Hexenringes zu. Man ist zu ganz erstaunlichen Alterszahlen gekommen, nach welchen große Hexenringe einige hundert Jahre alt sein sollen.

Während im laubbedeckten Waldboden die Hexenringe erst auffallen, wenn die Pilze aus der Erde hervorragen, so kann man auf kahlen Böden oder in Wiesen und Matten die Hexenringe schon vorher erkennen. Auf fast nackter Erde schauen bisweilen weißliche Mycelpartien ringartig aus dem Boden heraus. In Wiesen und Weiden nimmt das Gras im Bereich des unterirdischen Mycelringes eine andere Farbe und höheren Wuchs an als umliegend. Ein Hexenring des Mairitterlings kann in einer Wiese, schon lange ehe die Pilze erscheinen, durch eine Zone sattgrünen, kräftigen Grases auffallen. Die Erscheinung ergibt sich daraus, daß das Pilzmycel infolge seiner intensiven chemischen Tätigkeit Ammoniakverbindungen in den Boden ausscheidet. Diese wirken, im Verein mit Nitratbakterien, welche sie in das für die Pflanze verwendbare Nitrat (NO_3) überführen, düngend, wachstumsfördernd. Das Gras ist an diesen Stellen sattgrün und dicht.

Schenken wir einem solchen Grasring für einige Zeit unsere Aufmerksamkeit, so werden wir es erleben, daß nach einer lauen Regennacht plötzlich ein Kranz Pilze dasteht. Kräftige Hexenringe bringen Dutzende, sogar Hunderte von Pilzen hervor. Beim Rasigen Schwindling, einem Moderbodenpilz, sind es nicht Einzelpilze, sondern Pilzbüschel, die im Ringe stehen.

Während am Rand der Ringe, sofern sie in Grasgelände auftreten, die Gräser kräftig, hoch und sattgrün sind, da die Pilze in manchen Fällen sogar wachstumsfördernde, zumindest die Nährstoffe des Bodens aktivierende Substanzen ausscheiden, ist das Ringinnere gerne von serbelnden, verdorrenden Pflanzen besetzt. Das deutet auf Nahrungs- und Feuchtigkeitsmangel hin, verursacht durch die alle Stoffe an sich reißenden Pilzmycelien. Von manchen Pilzen ist aber auch bekannt, daß sie Stoffe ausscheiden, welche andere Lebewesen schädigen, ja auf die Mikrolebewesen des Bodens tödlich, wie Antibiotika, einwirken. Selbst Hexenringe zweier verschiedener Pilze, die sich in die Quere kommen, können sich bekämpfen.

Manche Pilze zeigen eine besondere Neigung zur Bildung von Hexenringen, andere nicht. Bei den Trichterlingen ist die Tendenz zu Ringen groß. Außer dem Mönchskopf treten auch der Gebuckelte Trichterling, der Fuchsige Trichterling, der Anistrichterling und der Weiße Riesentrichterling und noch andere in Hexenringen auf.

Bei den Rüblingen trifft man den Gemeinen Rübling (Laubfreund), den Horngrauen Rübling und den Gefleckten Rübling oft in Hexenringen an.

Auch der Feldchampignon bildet ergiebige Ringe. Seltener trifft man sie bei den Korallenpilzen, den Ziegenbärten. Auch den Grünen Knollenblätterpilz kann man, wenn auch nicht gerade häufig, in Ringen wachsend vorfinden.

Den Reigen der Pilzringe eröffnet gewöhnlich der Mairitterling im Frühling, und den Pilztanz setzen andere Arten bis in den späten Herbst hinein fort. Noch am Nikolaustag können, mildes Wetter vorausgesetzt, Pilzringe ihre Auferstehung feiern. Spät erscheinende Pilzringe kennt man vom Mönchskopf, dem Veilchenritterling, dem Nackten Ritterling und andern Herbstpilzen. Überrascht aber der Frost die Pilzanlagen, so bleiben sie im Boden stecken, und etwelche, die den Winter überdauern, mischen sich dann, obwohl sie Herbstpilze wären, unter die Frühlingspilze. Man muß also gewappnet sein, im Frühling hie und da Pilze zu finden, von denen in den Pilzbüchern zu lesen steht, sie seien ausgesprochene Herbstpilze.

Die Gestalt der Blätterpilze

Ihr Kennzeichen: Blätter oder Lamellen

Wie erkennt man die Blätterpilze? Ganz einfach, man schaut auf die Hutunterseite. Sind dort Blätter oder Lamellen in strahliger Anordnung vorhanden, so handelt es sich um einen Vertreter aus dieser Familie. Einzig beim Eierschwamm und seinen Verwandten springen die Blätter weniger weit vor. Sie präsentieren sich dort nur als leicht erhabene, gegabelte Leisten. Alle Eierschwammartigen faßt man deshalb innerhalb der Blätterpilze als Gruppe der Leistlinge zusammen. Auch einige Übergangsformen zwischen Blätter- und Röhrenpilzen können in der Zuteilung eventuell Schwierigkeiten bereiten (siehe Kapitel: Übergangsformen zwischen Blätter- und Röhrenpilzen S. 26).

Bei Hutpilzen ist ganz allgemein das Aussehen der Hutunterseite wichtig. Sind dort Löcher oder Poren zu sehen, so gehören die Pilze zur Familie der Löcherpilze (Porlinge, Röhrlinge). Weist die Hutunterseite pfriemenförmige, stachelähnliche Auswüchse auf, so handelt es sich in der Regel um Stachelinge.

Die Hauptteile am Fruchtkörper der Blätterpilze sind der Stiel, der Hut und die Blätter. Nebengebilde sind die Scheide, der Ring, die Hutschuppen. Anschließend wollen wir uns der Gestalt der Hauptteile zuwenden. Die Nebengebilde werden bei denjenigen Pilzen erwähnt, wo sie typisch ausgebildet und für deren Erkennung wesentlich sind.

Der Stiel

Seine Hauptformen sind:

zylindrisch – überall fast gleich dick und drehrund, Bild S. 99
spindelig – nach oben und unten verdünnt
keulig oder zwiebelig – am einen Ende (meist unten) allmählich verdickt, angeschwollen, Bild S. 74
nagelförmig – nach unten ausspitzend, Bild S. 77
wurzelnd – mit in den Boden hineinreichender, wurzelähnlicher Verlängerung versehen.

Nicht selten zeigt die Stielbasis besondere Formen:

knollig – mehr oder weniger kugelig verdickt, Bild S. 71
gerandet-knollig – die Knolle wird von einem mehr oder weniger ausgeprägten, scharfen Rand umzogen, Bild S. 91 unten
abgestutzt – Stielunterende wie quer abgeschnitten, Bild S. 92

Hutbeschaffenheit (Konsistenz)

Nach dem Fleisch unterscheidet man:

dickfleischig, dickhütig – der Hut besteht aus einer dicken Fleischmasse, S. 82
dünnfleischig, dünnhütig – der Hut hat eine dünne Fleischschicht, S. 100

häutig – wenn der Hut, gegen das Licht gehalten, durchscheinend ist, S. 109
weichfleischig – Fleisch leicht zusammendrückbar
hartfleischig – Fleisch bei Druck kaum nachgebend
spröd, gebrechlich – Fleisch oder Lamellen leicht zerbröckelnd
faserig – Fleisch läßt sich in Fasern auflösen
blasig-körnig – Fleisch der Täublinge und Milchlinge, das nie Fasern zeigt, sondern muschelig bricht
hygrophan, wasserzügig – Fleisch stellenweise stark wasserhaltig, mit auspreßbarem Wasser; an diesen Stellen meistens anders, gewöhnlich dunkler gefärbt, entweder zonenweise oder fleckenweise. Bild S. 97.

Der Hut

kugelig

halbkugelig

polsterförmig

gebuckelt, geschweift-gebuckelt

spitzgebuckelt, zitzenförmig

kegelig-geschweift

glockenförmig

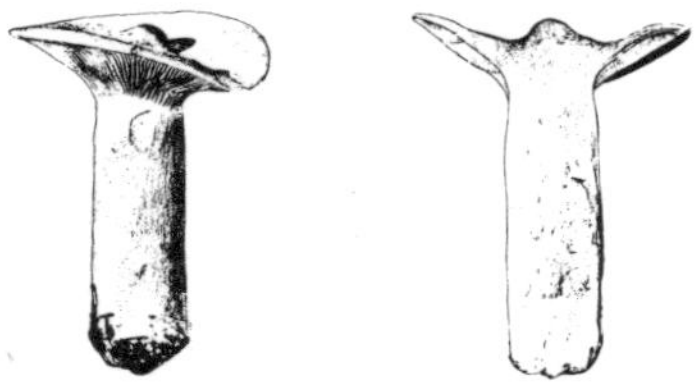
trichterförmig-gebuckelt

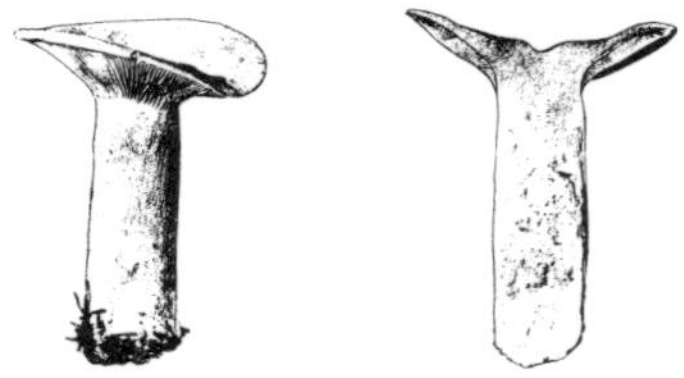
trichterförmig-genabelt

verflacht, tellerförmig, scheibenförmig

vertieft, niedergedrückt, eingedellt

zentral-gestielt, zentrisch

seitlich gestielt, exzentrisch

am Rande gestielt, stark exzentrisch, gestielt-zungenförmig

ungestielt-zungenförmig, sitzend

Die Hutoberfläche

radialfaserig längsfaserig

faser-schuppig

angewachsen-schuppig

aufgeklebt-schuppig

felderig-rissig

konzentrisch gezont

hygrophan wasserzügig

Der Hutrand

ganzrandig

gerieft

perlig-gerieft

flatterig

eingerissen

eingerollt

fransig-behangen

Form und Bau der Blätter (Lamellen)
Trama, Hymenophor, Hymenium

Gesamthaft bilden die Blätter oder Leisten das Fruchtlager oder Hymenophor. Die Blätter sind die Träger der Fruchtschicht, des Hymeniums. Es besteht zur Hauptsache aus den mikroskopisch kleinen, sporenbildenden Basidien und ähnlichen sterilen Organen, die man Paraphysen, Saft- oder Stützschläuche nennt. Diese Organe stehen dicht parallel, wie Pfähle nebeneinander, zusammen eben die Fruchtschicht bildend. Zu ihnen gesellen sich oft noch keulenförmige Gebilde, die Cystiden (Fig. S. 26/27).

Als Trama wird das Fleisch der Fruchtkörper bezeichnet. Je nach den Teilen, die sie aufbaut, unterscheidet man Stiel-, Hut- oder Blättertrama. Sie besteht meistens aus verschiedenartigen und verschieden verlaufenden Hyphen. Aus ihrem mikroskopischen Bau ergeben sich oft wichtige Anhaltspunkte zur Erkennung einer Pilzart. Die Blättertrama, die das innere Gerüst der Blätter aufbaut, sieht bei manchen Pilzen recht verschieden aus.

Anheftung der Blätter

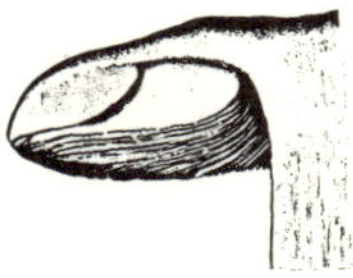
frei, d. h. nicht am Stiel befestigt

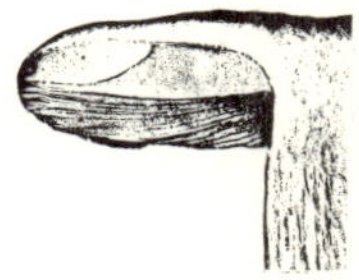
angewachsen

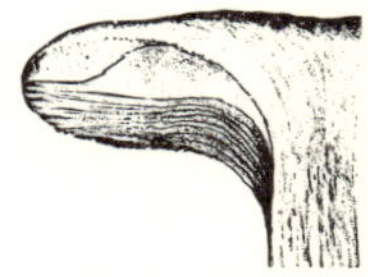
herablaufend

Stellung der Blätter

weit, locker gleichlang

eng, gedrängt

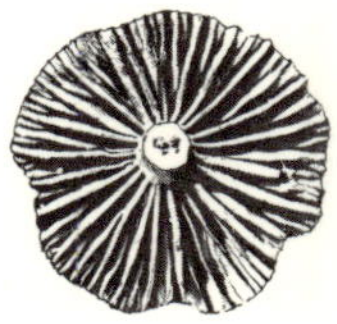
weit, ungleichlang, untermischt

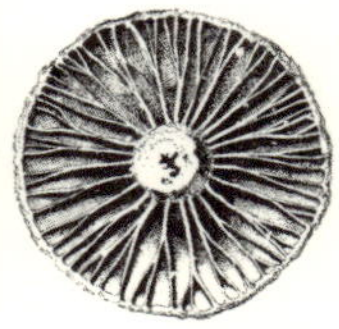
gegabelt

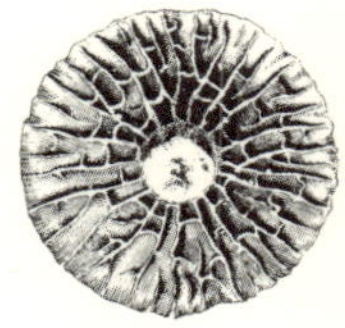
anastomosierend, d. h. durch querverlaufende Adern oder Leisten verbunden

Querschnitte durch die Lamellen mit verschieden gebauter Trama: (schematisiert)

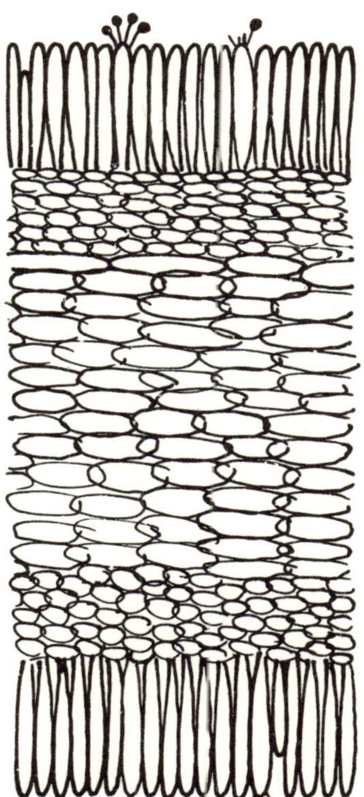
Trama regelmäßig, z. B. Schirmlinge

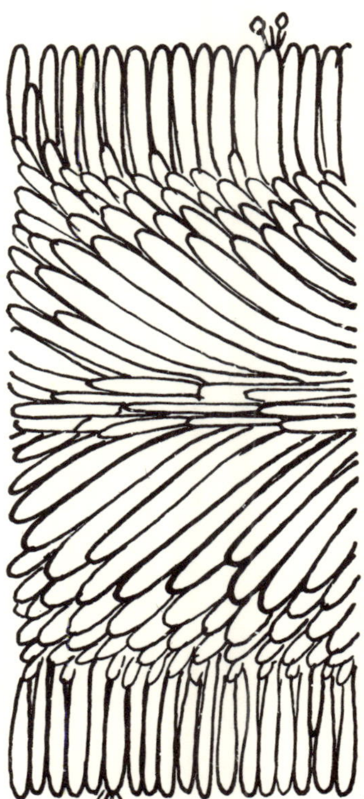
Trama zweiseitig, z. B. Wulstlinge

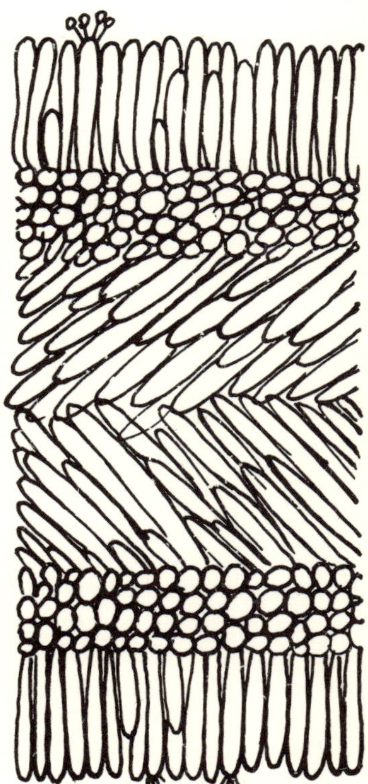
Trama invers, z. B. Scheidlinge, Dachpilze

Übergangsformen zwischen Blätter- und Röhrenpilzen

Unsere Begriffe und Systeme sind künstliche Gebilde, selbst wenn die Einteilungen Natürlichkeit anstreben. Wir brauchen sie, um uns in der Vielfalt der Natur zurechtzufinden, um uns über ein Naturobjekt verständigen zu können. In Wirklichkeit kennt die Natur in ihrer schöpferischen Gestaltung keine Grenzen. Sie hat nicht allein Blätter-, Röhren- und Stachelpilze hervorgebracht, sondern auch Zwischenformen entstehen lassen. Unsere Willkür teilt diese Mittelformen bald der einen, bald der andern Gruppe zu, je nach Ansicht des Forschers. Den klassifikatorisch arbeitenden Systematiker stellen solche Formen mit Doppelgesicht vor Probleme, denn sie durchbrechen das System. Dem Stammesgeschichtler sind sie sehr willkommene Objekte, weil sie die Brücke von einer zur andern Gruppe schlagen. Den Anfänger können sie zum Verzweifeln bringen. Sie passen nirgends.

Die Blättlinge (Lenzites), die Wirrlinge (Daedalea) und der Goldblätterige Krempling (Paxillus, Phylloporus) sind solche Mittelformen zwischen Blätter- und Röhren- oder Löcherpilzen. Bei den lederig-korkigen, blattartig vom Substrat abstehenden Blättlingen sind die scharfschneidigen Blätter löcherig verbunden. Beim oft hufförmigen, saftlosen Eichenwirrling bildet das Fruchtlager labyrinthisch gewundene, lamellenartige oder löcherähnliche Gänge. Am Goldblätterigen Krempling sind die leuchtendgelben Blätter durch Querleisten verbunden. Frühere Mykologen zählten ihn als Krempling zu den Blätterpilzen. Die Vertreter der modernen «natürlichen Systeme» stellen ihn als Phylloporus (Blattporling) zwischen Blätter- und Röhrenpilze oder lassen letztere Familie mit diesem Vertreter beginnen.

Die Blätterpilze kann man sich aus den Röhrenpilzen dadurch entstanden denken, daß erstens einmal die Zahl der Röhren oder Löcher stark vermindert worden ist und sich diese Gebilde radial zu strecken begannen, so daß sich ihre ausgezogenen Seitenflächen nur noch in Stielnähe und am Hutrande berühren oder bloß noch nähern und wir sie als Lamellen ansehen.

Auch die Leistlinge sind eine Sippe, die zu gewissen «Blätterlosen» enge Beziehungen aufweist, sobald die Leisten anastomosieren (Bild S. 128).

Unterseite des Eichenwirrlings
Daedalea quercina L.

Die Stellung der Blätterpilze im Pilzsystem

Die Blätterpilze sind die größte und markanteste Familie der Basidiomyceten (siehe Seite 12), aber nicht die einzige. Auch die nachstehend verzeichneten Familien 2–10 sind Basidiomyceten, da sie trotz ihres oft ganz anderen Aussehens durch gleiche einfache oder aber durch quer- oder längsgegliederte Basidien gekennzeichnet sind. Die Ständerpilze umfassen folgende Sippen:

1. Blätterpilze, Agaricales 2. Röhrenpilze, Polyporales 3. Stachelpilze, Hydnales	Vorwiegend Hutpilze	Mit einfachen Basidien, Holobasidiomycetes
4. Keulenpilze, Clavariales 5. Rindenpilze, Thelephorales 6. Bauchpilze, Gasteromycetes	Vorwiegend hutlose Pilze	
7. Zitterpilze, Tremellales 8. Ohrmuschelpilze, Auriculariales 9. Rostpilze, Uredinales 10. Brandpilze, Ustilaginales		Mit quer- oder längsseptierten Basidien, Phragmobasidiomycetes

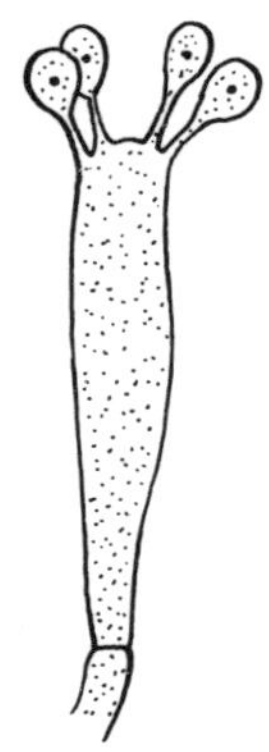

Einfache Basidie

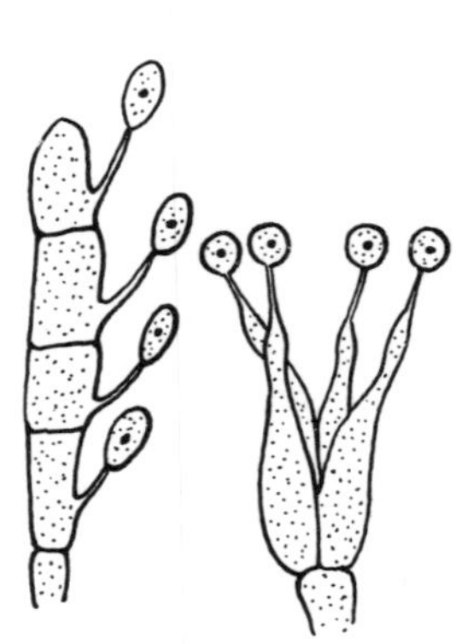

quergeteilte und längsgeteilte Basidie (Phragmobasidien)

Die Blätter-, Röhren- und Stachelpilze sind überwiegend Hymenomyceten (Hutpilze). Die übrigen sind größtenteils hutlos. Bei den Bauchpilzen sind die Basidien in den kugeligen Fruchtkörper eingeschlossen. Die Zitterpilze

Cystide

unterscheiden sich von den vorgenannten durch gallertige Fruchtkörper und übers Kreuz längsgeteilte Basidien. Bei den Ohrmuschelpilzen entwickelt der fast häutige Fruchtkörper quergeteilte Basidien. Rost- und Brandpilze sind Schmarotzer in und auf Pflanzen. Ihre Mycelien und Fruchtkörper sind mehr oder weniger reduziert. Die Basidien sind quer unterteilt.

Die Blätterpilze sind die höchstentwickelten Pilze. Es gibt über ihre Entstehung verschiedene Ansichten. Doch deutet vieles darauf hin, daß Bauchpilze (mit bovistähnlichen Fruchtkörpern) ihre Vorgänger sind. Die vergänglichen Hüllen der Blätterpilze (Velum universale und Velum partiale) sind als Überreste der bei den Bauchpilzen dauernd vorhandenen Hüllen anzusehen.

Noch primitiver als die Bauchpilze sind die Ascomyceten (Schlauchpilze). Der Schlauch (Ascus) ist, wie wir gesehen haben, nur eine Vorstufe der Basidie, oder, anders ausgedrückt, die Basidie ist nichts anderes als ein fortentwickelter Ascus.

Die Anordnung der Pilze in diesem Buch erfolgt in erster Linie nach praktischen Bedürfnissen und erst in zweiter Linie nach verwandtschaftlichen Gesichtspunkten.

Als umfassendste Pilzfamilie sind die Blätterpilze vorangestellt. Das System ist damit absteigend. Es leitet von höher entwickelten Formen zu den primitiveren «Blätterlosen» über, mittels der Zwischenformen (Seite 91 oben) zu den Röhrenpilzen, dann zu den Bauchpilzen und zuletzt zu den Ascomyceten. In umgekehrter Richtung gelesen, ist das System aufsteigend.

Die Bildserie beginnt mit den Knollenblätterpilzen, weil die Kenntnis dieser für jeden praktischen Pilzsammler am bedeutsamsten ist. Anschließend folgen weitere Pilze, gewöhnlich nach Familien- und Gattungszugehörigkeit, aber auch nach Verwechslungsmöglichkeiten und ästhetischen Gesichtspunkten zusammengestellt.

Die Zuordnung in die Familien, Untergruppen und Gattungen ist aus den Textübersichten im speziellen Teil ersichtlich.

Im ganzen trägt die Anordnung der Blätterpilze den Veränderungen des Pilzcharakters Rechnung, ausgehend von doppeltbehüllten Pilzen zu einfach behüllten und hüllenlosen. Letztere nehmen immer mehr Trichter- oder Kreiselformen an, werden dick- und lockerblättrig. Bei den Kremplingen, Seitlingen und Leistlingen treten infolge vermehrter Anastomosen die ersten Andeutungen des Röhrensystems der Röhrlinge auf. Im Bereich der Eierschwämme geht die typische Lamellenstruktur verloren. Sie ist nur noch durch gabelige Leisten angedeutet. Verschwinden auch diese noch, so tritt der blätterlose Fruchtkörper in Erscheinung.

Das Sporenbild und die Farbe der Blätter und Sporen

Im Gegensatz zu den Farben der Pilzhüte, die sehr veränderlich sein können, sind die Farben der Sporen konstanter. Sie sind deshalb für die Erkennung vieler Pilze maßgebend. In manchen Fällen stimmen die Farben der Blätter und Sporen überein. Wenn jedoch die Sporen eine intensive Eigenfarbe entwickeln, dann ändern die Blätter ihre Farbe während der Sporenreife. Zum Beispiel erzeugen die Champignons und Schwefelköpfe purpurbraune Sporen. Daher wechselt bei den Champignons die Blätterfarbe aus Blaß an jungen Pilzen in Rosa, Violettbraun bis Kaffeebraun an erwachsenen Hüten. Bei jungen Schwefelköpfen sind die Lamellen grünlichgelb. Sie werden, sobald die Sporen reifen, grau oder oliv- bis purpurbraun. Der Nackte Ritterling (Lepista nuda) hat jung schön amethystblaue Blätter. Die Sporen sind rötlich. Die Lamellenfarbe ändert daher nur wenig.

Wie die Sporen eine Eigenfarbe haben können, so sind oft auch in die Lamellen Farbstoffe eingelagert. Die meisten Ritterlinge haben weiße Blätter.

Der Purpurfilzige Ritterling (Tricholomopsis rutilans) hat dagegen gelbe Blätter. Ihre Farbe wechselt bei der Sporenreife nur wenig, weil die Sporen hyalin (durchscheinend) sind.

Stark ändert die Lamellenfarbe dagegen bei vielen Haarschleierlingen, da viele intensiv rostbraune Sporen ausbilden. An den Blättern junger Haarschleierlinge nehmen wir oft einen schön blauen Farbton wahr. Sobald sie sich aber mit reifenden Sporen bedecken, schlägt die Blätterfarbe in Schmutzig-Blaubraun, Olivblau oder Rostgelb um. Die Lamellenfarbe entspricht dann einer Summationswirkung der braunen Sporen und der oft ebenfalls noch veränderlichen Eigenfarbe der Blätter.

Die Sporenfarbe läßt sich nicht, wie man meinen könnte, unter dem Mikroskop am besten bestimmen, weil durch die Belichtung und Vergrößerung eine starke Aufhellung und allerlei Lichtreflexe eintreten, welche die Farbe verändern. Viel geeigneter zur Bestimmung der Sporenfarbe sind Sporenanhäufungen, wie sie entstehen, wenn der Pilz in Menge Sporen auf eine geeignete Unterlage abschleudert, bis dort ein mehliger Belag entsteht. Man nennt dies das Sporenbild. Wichtig ist, daß auch das Sporenbild im normalen, diffusen Tageslicht und nicht bei künstlicher Beleuchtung, bei zu grellem oder zu schwachem Licht beurteilt wird.

Nicht nur die Sporen, sondern auch die Farben der Pilze ganz allgemein sollten bei normaler Tagesbeleuchtung beurteilt werden. Bestimmungen der Pilze bei künstlichem Licht können zu irrtümlichen Beurteilungen der Farben und der Pilze führen.

Erzeugung des Sporenbildes

Voraussetzung dafür ist ein sporenreifer Pilzhut. Zu junge oder überalterte Hüte eignen sich nicht. An den jungen sind die Sporen noch nicht ausgebildet, an den alten dagegen abgeschleudert.

Zur Erzeugung des Sporenbildes trennt man den Hut sorgfältig vom Stiel. Alsdann legt man ihn, mit den Blättern nach unten, auf ein flaches Papier. Nach einiger Zeit hebt man den Hut, ohne zu verschieben, sachte vom Papier hoch und sieht dann, wenn das Sporenbild gelungen ist, den pulverigen Sporenbelag und, darin abgezeichnet, wie die Speichen eines Rades, die Lamellen (Bild S. 89). Das heißt dort, wo die Lamellenschneiden dem Papier aufgelegen sind, konnte kein Pulver hinkommen. Je nach dem Reifezustand des Pilzes wird es mehr oder weniger lange dauern, bis ein schönes vollständiges Sporenbild vorliegt.

Man kann Sporenbilder auch fixieren und dauerhaft machen, wenn man das dazu verwendete Papier unterseits mit einem farblosen, eindringenden Klebstoff, der bald eintrocknet, versieht.

Selbstverständlich braucht es zur Herstellung des Sporenbildes nicht immer einen ganzen Pilzhut, ein Aus- oder Abschnitt davon genügt auch.

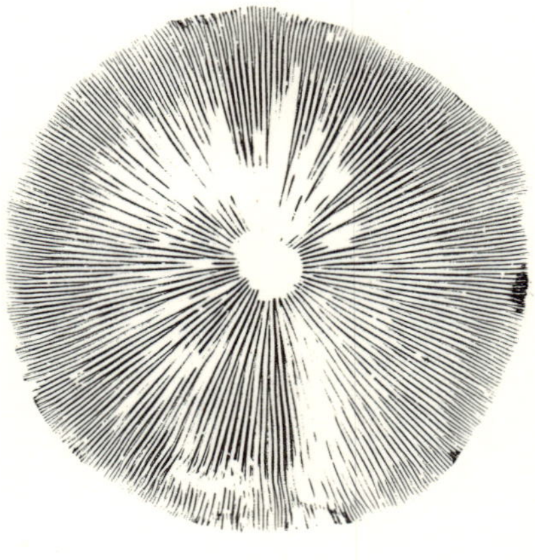

Sporenbild

Da es Pilze mit weißen, rosenroten, braunen und schwarzen Sporen gibt, nimmt man für die Erzeugung des Sporenbildes als Unterlage Papiere verschiedener Farbe. Aus der allgemeinen Regel, daß in vielen Fällen die Lamellen- und Sporenfarben übereinstimmen, läßt sich etwa abschätzen, welche Papierfarbe sich am besten eignet, eine weiße oder schwarze. Vermutet man, der Pilz habe weiße Sporen, so nimmt man mit Vorteil ein schwarzes Papier als Unterlage. Für die andern Farben eignet sich ein weißes Papier am besten als Untergrund. Abzuraten ist von blauen, braunen, roten oder gemischtfarbigen Papieren, weil der Ton des Unterlagepapieres nicht ganz ohne Einfluß auf das schließliche Aussehen der Sporenfarbe ist. Zu berücksichtigen ist auch, daß die Augen und das Farbgefühl bei den verschiedenen Pilzlern bald besser, bald schlechter entwickelt sind.

Nur erwähnt sei noch, daß man mehr oder weniger vollständige Sporenbilder auch in der Natur draußen sehen kann. Zum Beispiel können Pilzhüte im Walde draußen ihren Sporenstaub auf dürre Laubblätter abschleudern. Diese sind dann mit einem weißen oder andersfarbigen, abwischbaren Belag bedeckt. Oder, wenn viele Pilzhüte übereinanderstehen, wie beim Hallimasch oder dem Stockschwämmchen, so schleudern die höherstehenden

Hüte den Sporenstaub auf die unteren ab. Man kann bei solchen Pilzen deshalb nicht selten sehen, wie die Dächer der unteren einen Sporenbelag aufweisen. Beim Hallimasch ist er weiß. Gerne wird er vom Laien für Schimmel gehalten, letzterer hätte aber fädige und nicht pulverige Struktur.

Stockschwämmchenhüte sind oft mit ihrem eigenen, bräunlichen Sporenpulver belegt. Bei den Schwefelköpfen (Bild S. 103) sieht der Pulverbelag auf den Hutdächern dunkel aus. Natürlich wirken auch hier allerlei äußere Umstände verändernd auf das endgültige Aussehen des natürlichen Sporenbildes ein, weshalb beim Beurteilen Vorsicht am Platze ist. Aber recht oft können uns diese in der Natur entstandenen Sporenbeläge gute Hinweise geben.

Auch wenn Pilzhüte im Sammelkorb liegen, kann es innert der kurzen Zeit des Transportes zur Entstehung von Sporenpulverbelägen kommen.

In der Natur können Staubbeläge auf Pilzhüten auch entstehen, wenn sie in der Nähe der Straßen wachsen. Auch von trockenen Äckern kann in windreichen Gebieten Erdstaub auf die Hüte gelangen. In Gegenden mit viel Rauch und Ruß in der Luft kann der Niederschlag dieser Herkunft sein. Auch giftige Spritz- und Stäubemittel können auf Pilzhüte kommen.

Weil der richtige Farbton nicht immer so leicht und einfach feststellbar ist, wie man annimmt, werden für die Beurteilung der Pilze nur die Hauptfarbtöne herangezogen.

Alle fünf Sinne sind zum Erkennen der Pilze nötig

Um die Pilze richtig zu beurteilen, braucht man nicht nur das Auge, sondern auch die Nase, die Zunge, den Gaumen, das Ohr, Hände und Finger. Alle fünf Sinne, der Gesichts-, Gehör-, Geruch-, Geschmack- und Tastsinn, müssen herhalten. Farbblindheit ist ein starkes Hindernis, wenn man sich mit Pilzen beschäftigen möchte. Aber der Wille bringt vieles zustande. Der Schreibende hat einen Farbblinden gekannt, der sich intensiv mit Pilzen befaßte und solche sogar kontrollierte! Es gibt folgende Probeverfahren:

1. Die Geruchsprobe
2. Die Geschmacks- oder Kostprobe
3. Die Schnittprobe
4. Die Bruchprobe
5. Die Tastprobe
6. Die Druckprobe
7. Die Reibprobe
8. Das Abziehen der Hutoberhaut

Anschließend soll die Ausführung und Bedeutung dieser Proben etwas erläutert werden:

1. Die Geruchsprobe

Der Geruch ist für viele Pilze sehr bezeichnend. Wie ihn der Einzelne aber empfindet, darüber läßt sich streiten. Je nachdem, ob einer eine gute oder schlechte Nase hat, empfindet er ihn stärker oder schwächer, so oder anders, oder nimmt überhaupt nichts wahr. Auch kommt es auf den Gesundheitszustand des Ausführenden an. Bei Schnupfen empfinden wir Gerüche weniger. Mit der Pfeife oder Zigarette im Mund werden wir sie anders wahrnehmen als ohne diese. Dazu kommt der Zustand des Pilzes. Auch der Pilz ändert nicht selten den Geruch, je nach Feuchtigkeitszustand und Alter. Die wichtigsten Gerüche, die auch schlechte Nasen einigermaßen gleich und ohne Zweifel empfinden, sind folgende:

Mehlgeruch – nach feuchtem Mehl, feuchtem Brot riechend, Mehlschwamm, Mairitterling

Rettichgeruch – nach Rettich riechend, Rettichhelmling, Gemeiner Fälbling

Lauchgeruch – nach Knoblauch oder Zwiebeln riechend, Knoblauchschwindling

Anisgeruch – nach Anis duftend, Anistrichterling, Dünnfleischiger Champignon

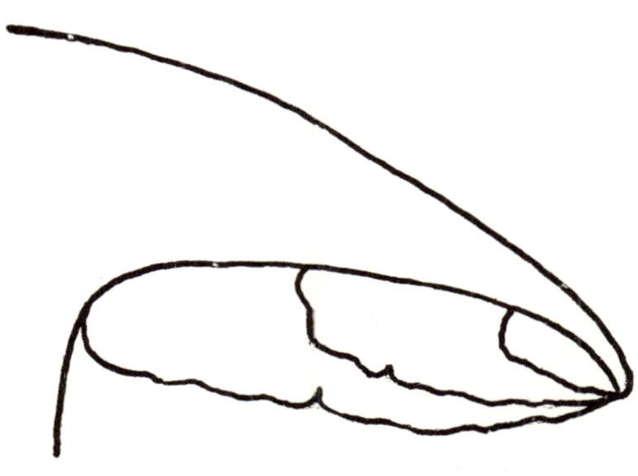

Wellig-kerbige Lamellenschneiden eines älteren Riesenrötlings (siehe Abb. S. 99)

Fenchelgeruch – nach Fenchel duftend, Fencheltramete
Mandelgeruch – nach Bittermandeln riechend, Wurzelfälbling
Obstgeruch – nach Äpfeln oder Birnen duftend, Duftender Rißpilz
Gas- oder Karbidgeruch – leuchtgasartig riechend, Schwefelritterling, Leuchtgasschirmling
Kampfergeruch – nach Kampfer riechend, Kampfermilchling (getrocknet)
Karbolgeruch – nach Karbol stinkend, Karbolchampignon (nicht immer)
Aasgeruch – leichenartig riechend, Stinkmorchel

2. Die Geschmacks- oder Kostprobe

Sie hat zu entscheiden, ob ein Pilz mild, herb, bitter, kratzend, säuerlich, scharf oder pfefferartig-brennend schmeckt. Wie über den Geruch, so kann man sich auch über den Geschmack streiten. Raucher sind oft nicht imstande, feine Geschmacksnuancen wahrzunehmen. Besonders läßt ihr Urteil über geringe Bitterkeits- und Schärfegrade zu wünschen übrig. Unsere Geschmacksempfindung wird vorübergehend auch abgeschwächt, wenn wir mehrere Male hintereinander Pilze mit verschiedenem Geschmack oder «Brennendscharfe» probiert oder aber gewürzte Speisen oder aromatische Getränke zu uns genommen haben.

Ausführung der Geschmacksprobe: Ein Stückchen gesundes Pilzfleisch aus dem Hutinneren wird zwischen den Zähnen zerkaut und mit der Zunge betastet. Nach dem Kosten werden die Pilzreste wie der Speichel ausgespieen. Sofern nichts geschluckt wird, kann die Probe ohne Schaden beliebig wiederholt werden. Allerdings, wenn man mehrere Male einen «Scharfen» erwischt hat, hört man gerne auf und nimmt sich um so eher vor, die Pilze an ihren gestaltlichen Merkmalen kennenzulernen.

Manchmal kommt auch der beste Pilzkenner nicht um die Geschmacksprobe herum.

Pilze, die keinen besondern Geschmack aufweisen, bezeichnet man als «mild». Außer den «Milden» gibt es viele bittere und scharfe Arten. Der bittere Geschmack kann sehr ausgeprägt, zusammenziehend, aber auch nur schwach, bitterlich oder gar nur herb sein. Bei manchen brennend-scharfen Pilzen tritt das Brennen auf der Zunge nicht sofort, sondern erst nach einer halben Minute, aber dann oft um so heftiger ein. Das bedeutet, daß man bei der Kostprobe das Pilzstückchen nicht nur einen Moment, sondern etwas länger auf die Zunge einwirken lassen soll.

3. Die Schnittprobe

Die Schnittprobe wird angewendet, wenn man prüfen will, ob das Pilzfleisch an der Luft sich verfärbt oder ob seine Farbe unverändert bleibt. Schnittproben dienen aber auch, um die eßbaren, innen gleichmäßig weißen Boviste von kugeligen Eistadien der giftigen Knollenblätterpilze zu unterscheiden. Ein Fliegenpilzei zeigt im Gegensatz zu einem Bovist innen nicht nur die Differenzierung in Stiel, Blätter und Hut, sondern auch noch eine orangegelbe Randzone.

Bei der Ausübung der Schnittprobe ist zu beachten, welche Farbe das Pilzfleisch im Moment des Anschneidens hat und wie es sich eventuell an der Luft verändert. Meistens handelt es sich um das sogenannte «Blauen» des Fleisches an der Luft, seltener tritt ein Grauen oder Schwärzen ein oder eine noch andere Verfärbung.

Zu berücksichtigen ist auch die Tatsache, daß die Verfärbungen intensiver ausfallen, wenn der Pilz gut durchfeuchtet ist. Zur Zeit längerer Schönwetterperioden, wenn die Pilze langsamer und trockener wachsen, lassen die Farbveränderungen oft auf sich warten und fallen schwächer aus. Bei ohnehin sich wenig verfärbenden Arten können sie sogar ausbleiben.

Beim Rüsten der Pilze für die Küche machen wir unbewußt solche Schnittproben und können daraus allerlei lernen.

4. Die Bruchprobe

Sie dient zu ähnlichen Feststellungen wie die Schnittprobe, läßt in manchen Fällen aber noch mehr erkennen. Man bedient sich mit Vorteil der Bruchprobe, wenn man sehen will, ob ein Pilz Milchsaft enthält, ob sein Fleisch blasig-körnig (Täublinge) oder faserig bricht, ob der Hut sich gut oder schlecht vom Stiele abtrennen läßt, ob er spröde oder elastisch ist.

Bei ausfließendem Milchsaft achte man, ob er an der Luft seine Farbe beibehält oder verändert, zum Beispiel aus Weiß in Gelb, Violett oder Rot verfärbt. Auf die Bruchprobe hin werden nur im Saft stehende Milchlinge stark «milchen» oder «bluten». Alte oder trocken gewachsene Milchlinge sind oft fast saftlos. Die Bruchprobe gibt uns deshalb auch Auskunft über die Qualität dieser Pilze. Wenn sie keinen Milchsaft mehr enthalten, sind selbst solche, die als eßbar gelten, nicht mehr zu verwenden. Sie sind dann nämlich überaltert.

Die Bruchprobe kann auch unser Gehör in Anspruch nehmen. Die Geselligen Ritterlinge (Raslinge) erkennen wir beispielsweise recht gut daran, daß ihre Hüte, wenn wir sie brechen und mäuschenstill sind, ein deutlich wahrnehmbares Knacken hören lassen.

Das Anbrechen und Anschneiden geben auch über die Madigkeit eines Pilzes Aufschluß.

5. Die Tastprobe

Sie läßt uns fühlen, ob die Hutoberfläche eines Pilzes samtig, schmierig, klebrig-fadenziehend oder glatt ist.

6. Die Druckprobe

Diese Probe, obwohl der vorigen ähnlich, gibt noch über etwas mehr Auskunft. Mit leichtem Drücken kann festgestellt werden, ob ein Pilzhut hart- oder weichfleischig, gesund oder madig ist. Bei starker innerer Vermadung bricht der Pilzhut auf Druck hin gewöhnlich ein. Bei gesunden hartfleischigen Pilzen geht das Fleisch nach dem Drücken wieder in seine ursprüngliche Lage zurück, bei kranken, aber natürlich auch bei sehr weichfleischigen bleibt eine Eindellung zurück.

Ein fester Pilzhut, am Rand gefaßt und auf- und abwärtsgebogen, bricht gewöhnlich, ein elastischer dagegen nicht. Auch diese Erscheinung dient zur Erkennung mancher Arten, so z. B. des Kuhröhrlings.

Zahlreiche Pilze reagieren an den Druckstellen mit einer Farbveränderung. Drückt man mit Daumen und den übrigen Fingern zum Beispiel auf die holzbräunlichen Lamellen des Empfindlichen Kremplings, so laufen die Druckstellen dunkler an. Bei gewissen Ritterlingen blauen oder schwärzen die Blätter auf Fingerdruck. Auch Stiel und Hutpartien können auf Druck hin andere Farben annehmen.

Durch seitlichen Druck, mit dem Daumennagel gegen die Blätter der Hutunterseite, lassen sich diese bei gewissen Pilzen, zum Beispiel beim Nebelgrauen Trichterling, leicht abstreifen, bei andern dagegen nicht.

Streicht man mit Daumen oder Zeigefinger forsch über die Blätter mancher Täublingshüte hinweg, so splittern die Blätter. Diese große Brüchigkeit der Lamellen ist für die meisten Täublinge sehr bezeichnend. Nur beim Violettgrünen und beim Grasgrünen Täubling splittern die Blätter nicht und beim fleischrötlichen Speisetäubling wenig. Diese drei Täublinge machen unter ihresgleichen eine Ausnahme. Sie haben biegsamere Blätter.

7. Die Reibprobe

Unter den Champignons gibt es eine bei vielen Personen giftig wirkende Art. Das ist der Karbol- oder Giftchampignon. Der Karbolchampignon gleicht im Aussehen den eßbaren Champignon-Arten. Er unterscheidet sich von diesen aber dadurch, daß die mit den Fingern geriebene Hutoberhaut oder auch die geriebene Stielbasis an den Reibstellen chromgelb anlaufen. Diese Anlauffarbe ist ein gutes Erkennungs- und Unterscheidungsmerkmal. Aber auch da gilt: An feucht gewachsenen Karbolchampignons treten die Anlauffarben rascher und intensiver auf als an trocken gewachsenen, wo sie ausbleiben können. Meistens kommen noch andere Unterscheidungsmerkmale hinzu, wie die kreideweiße Hutfarbe, der etwa trapezförmige Hutumriß (abgeplatteter Scheitel, besonders im Längsschnitt gut erkenntlich), der unangenehme Karbolgeruch, welcher uns zwar oft erst beim Kochen in die Nase steigt und uns in letzter Minute vor diesem unbekömmlichen Pilz warnt.

Das Gelbanlaufen durch vorangegangenes Reiben ist streng zu unterscheiden vom natürlichen allmählichen Gilben mancher Champignonhüte. Die gilbenden Arten, zu denen zum Beispiel der Dünnfleischige Champignon und der Ackerchampignon gehören, nehmen mit zunehmendem Alter auf dem Hut ganz allmählich eine Gelbtönung an. Sie unterscheiden sich vom Karbolchampignon ferner durch den feinen, angenehmen Anisduft, wenn wir sie an die Nase halten und durch den feinen Anisgeschmack, sofern man sie kostet.

8. Probe durch Abziehen der Hutoberhaut

Diese Probe wird hauptsächlich zur Unterscheidung des eßbaren Perlpilzes vom giftigen Pantherpilz angewendet. Beim Perlpilz ist das Hutfleisch unter der abgelösten Hutoberhaut rötlich durchzogen, beim giftigen Pantherpilz dagegen weiß. Auch zur Identifizierung braunhütiger Formen des Fliegenpilzes wendet man diese Methode an, weil alsdann unter der braunen Hutoberhaut das Gelborange des typischen Fliegenpilzes zum Vorschein kommt. Fliegenpilze im Eistadium sehen Bovisten recht ähnlich. Auch hier kommt nach Abstreifen des Velumbelages der rotgelbe Farbton zum Vorschein.

Das Abziehen der Oberhaut dient aber nicht allein Kontrollzwecken. Bei Pilzen mit sehr schmieriger, klebriger Oberhaut, wie zum Beispiel beim Gelbfuß, seiner Schleimigkeit halber auch Kuhmaul genannt, dient es, um dem Pilz die Klebrigkeit zu nehmen. Man zieht ihm schon beim Sammeln die Huthaut ab, damit er im Korb nicht alles klebrig macht.

Die Bewertung der Pilze

Das Werturteil über Pilze muß eindeutig sein. Die Bezeichnung «verdächtig», wie sie manchmal für einen Pilz gegeben wird, ist nicht zulässig, weil sie nichts Bestimmtes über die Eßbarkeit oder Giftigkeit aussagt, ja noch den Anstoß geben kann, einen so bezeichneten Pilz doch zu versuchen. Um in diesem wichtigen Punkt Klarheit zu schaffen, gelten in diesem Buch folgende Bewertungsstufen:

Giftig bedeutet, daß der Pilz im normalen Stoffwechsel Giftstoffe erzeugt und in sich speichert, die den menschlichen Körper schädigen oder gar töten. Unter diesen Begriff fallen auch solche Pilze, welche nach Anwendung gewisser, oft empfohlener Entgiftungsmaßregeln doch noch giftig sein könnten. Von solchen Entgiftungen giftiger Pilze ist ganz abzuraten. Man treibt damit ein Spiel auf Leben und Tod.

Eßbar bedeutet, daß der betreffende Pilz für jeden gesunden Menschen, in mäßigen Mengen gegessen und richtig zubereitet, verträglich ist. Kranke Leute, insbesondere Magen- und Darmleidende, sollten keine Pilze essen, da alle Schwämme schwer verdaulich sind. Das Prädikat «eßbar» wird nicht sehr freizügig ausgeteilt.

Ungenießbar bedeutet, daß der betreffende Pilz zwar nicht giftig ist, aber sonst Eigenschaften aufweist, die ihn von der Verwendung als Speise ausschließen. Mit «ungenießbar» werden zum Beispiel die zähen, lederigen oder holzigen Pilze bezeichnet, welche selbst nach längerem Kochen noch so zäh wie Schuhsohlen bleiben, ferner Pilze mit Aufstoßen erregendem, unangenehmem Geruch oder herbem, bitterem oder säuerlichem Geschmack sowie viele brennend-scharfe Pilze.

Wertlos bedeutet, daß der Pilz seiner Unergiebigkeit (Kleinheit, Dünnfleischigkeit) wegen als Speisepilz kaum in Betracht kommt.

Schützenswert bedeutet, daß man den Pilz überhaupt stehen lassen soll, weil er zum Beispiel sehr selten ist, eine Kuriosität oder eine besondere Zierde unserer Wälder ist. Schützenswert sind heutzutage eigentlich alle Pilze!

Auf die meisten Pilze kann diese einfache Bewertungsskala angewendet werden. Es gibt aber auch solche, die an der Grenze zwischen genießbar und ungenießbar stehen. Über deren Verwendung gehen die Ansichten oft weit auseinander. Hier entscheidet die allgemeine Erfahrung und nicht die Ansicht des Einzelnen über die Verwendbarkeit.

Wieder andere Pilze eignen sich nur für bestimmte Zubereitungsweisen, oder sie sind nach dem Ernten nur kurze Zeit haltbar. Von manchen Sorten ist nur der zarte Hut, nicht aber der zähe Stiel verwendbar. In diesen Fällen sind ergänzende Bemerkungen notwendig, wie zum Beispiel:

Dörrpilz, für solche, die sich ganz besonders oder nur dazu eignen.

Sofort verwenden, für sehr vergängliche Pilze, wie Schopftintling, Boviste.

Nur eßbar, solange innen weiß, für Boviste, um sie einerseits in ihrer Qualität zu kennzeichnen, als sie auch der Art nach vom innen violettblauen, giftigen Kartoffelbovist und von «Fliegenpilzeiern» zu trennen.

Nur milchend verwendbar, gilt für alle eßbaren Reizker (Milchlinge).

Nur Hut eßbar, Stiel zäh, gilt zum Beispiel für den Mönchskopf, den Riesen- und Safran-Schirmling, den Hallimasch.

Eßbar nach Abbrühen, gilt für Pilze, welche erst nach kurzem Abkochen in siedendem Wasser, das darauf wegzugießen ist, weiter verwendet werden können. Gewöhnlich handelt es sich um Pilze dritter Qualität, über deren Güte sich auch nach dem Abkochen noch streiten läßt. Das Abkochen nimmt ihnen etwas von der Schärfe (Pfeffermilchling) oder vom herbsäuerlichen Geschmack (Hallimasch) oder von der Bitterkeit.

Mischpilz, gilt für Pilze, die, vorteilhaft nur in kleinen Mengen verwendet, meist mit besseren zusammen zu einem Gericht gekocht werden. Man kann sie nehmen, wenn man nichts Besseres findet. Dazu zählen der Nebelgraue Trichterling, der Isabellrötliche Schneckling und andere mehr.

Ein Wort zur Nomenklatur (Benennung) der Pilze

Zur Benennung eines Pilzes genügt die deutsche Bezeichnung allein nicht, obwohl viele von uns sich damit zufrieden geben werden. Aus diesem letzteren Grund ist sie in diesem Pilzbuch auch vorangestellt. Aber diese volkstümlichen Namen ändern sich nach Gegenden. Der gleiche Pilz segelt unter verschiedenen Namen.

Zur eindeutigen begrifflichen Festlegung ist in der Pilzkunde, wie in der Botanik und Zoologie, eine, gewöhnlich aus zwei Wörtern bestehende lateinische Bezeichnung üblich. Das ist der wissenschaftliche Name.

Leider sind gegenwärtig auch die lateinischen Namen nicht in jedem Falle eindeutig. Der gleiche Pilz führt oft gar mehrere solche. Um diesem Übelstand bis zu einem gewissen Grade abzuhelfen, sind häufige Synonyme erwähnt.

Was bedeuten die Namen der lateinischen Bezeichnung? Lernen wir das am Beispiel Tigerritterling, Tricholoma pardinum Quél., kennen:

Das erste Wort des lateinischen Namens (hier Tricholoma) ist immer ein Substantiv. Es bedeutet die Gattung (Genus), umfaßt also alle Pilze des gleichen Geschlechtes, mit gleichen Hauptmerkmalen. Das folgende Adjektiv (pardinum) gibt die Art oder Spezies an. Man schreibt es, den heute gültigen Regeln entsprechend, klein. Bisweilen folgt auf die Artbezeichnung noch der Name für eine Unterart (Subspecies, ssp.) oder eine Varietät (var.) oder eine Form (f.).

Hinter dem Artnamen fügt man meist noch den Urheber des Namens, oft abgekürzt, bei, hier Quél. = Quélet (1832–1899). Sehr häufig sind zwei oder mehr Autoren mit dem Pilznamen oder der Beschreibung des Pilzes (denn zu jedem lateinischen Namen gehört noch eine lateinische Diagnose) verknüpft. Dann schiebt sich noch ein Klammerautor ein. Ein Synonym von Tricholoma pardinum Quél. ist Tricholoma tigrinum Schff.

Die Nomenklatur ist ein Wissenszweig für sich. Er konnte schon des beschränkten Raumes wegen hier nur bis zu einem gewissen Grade berücksichtigt werden. Auf die in der Gegenwart üblichen Namensänderungen, bald Kreierung eines neuen wissenschaftlichen Namens, bald seine Einziehung oder Umbenennung, konnte nur wenig Rücksicht genommen werden.

Der Pilzkalender

Wann gibt es Morcheln, wann Eierschwämme und Steinpilze? Das sind drei Hauptfragen, die an Pilzkundige gestellt werden. Denn diese Pilze gehören zu den begehrtesten. Ihnen wird am meisten nachgestellt. Für sie langt man am tiefsten in den Geldbeutel. Nicht selten werden sie vom Publikum zur Unzeit verlangt, zum Beispiel die Morcheln als ausgesprochene Frühlingspilze im Herbst und die Eierschwämme als Sommerpilze schon auf Ostern. Kurzum, viele haben keine Ahnung, wann die wichtigsten Pilze auftreten, geschweige denn, wann die anderen zu finden sind. Wir wollen deshalb die vier Jahreszeiten einmal nach Pilzen durchgehen. Wir unternehmen in Gedanken eine Wanderung durch das Pilzjahr.

Im großen und ganzen läßt sich für die meisten Pilze eine bestimmte Zeit des Auftretens angeben. Doch variiert diese nach dem Witterungsverlauf. Man kann allerlei Überraschungen erleben. Darüber müssen wir uns von vornherein klar sein. Am meisten Aussicht, stets Pilze zu finden, hat derjenige, der noch etwas naturverbunden ist, die Zeichen in der Natur zu lesen versteht. Denn jede Jahreszeit hat ihr eigenes Gesicht, anders ausgedrückt ihre eigene Phänologie.

Frühling

Beginnen wir mit unserer Wanderung im Frühling. Er meldet sich bei uns gewöhnlich Anfang März, wenn die ersten gelinden Sprühregen fallen oder wenn föhndurchrauschte Nächte uns den Schlaf rauben. Vorfrühling ist es, wenn die Haseln stäuben, wenn die Schnee- und Märzglöckchen läuten, wenn die Leberblümchen ihre blauen Augen öffnen und das Scharbockskraut an Zäunen die gelben Blütensterne entfaltet. Dann wird es an sonnigen Stellen im tannendurchsetzten Laubwald auch dem Märzellerling im Boden drin zu warm. Er hebt das Laub- und Erddach seines Treibhauses empor, traut aber gewöhnlich der Launenhaftigkeit des Wetters nicht und blickt nur halbverdeckt aus der Erde hervor. Der Verlagerung des Frühlingwerdens von den Sonnenseiten auf die Schattenseiten und von der Tiefe in die Höhe folgt auch der Märzellerling. Je nach der örtlichen Lage und der Gunst oder Unbill des Wetters findet man ihn da früher, dort später. Nicht der März, sondern die Märzstimmung in seinem Wohngebiet ist für seine Anwesenheit bezeichnend.

Mit dem Erblühen der zeitigen Obstbäume, wie dem der Kirschen, Pflaumen und Birnen und der Schlehen am Waldrand, geraten wir unverhofft in die Morchelzeit hinein. Nun gilt es, Waldränder, Hecken, Gebüsche, Flußauen, Raine und Böschungen abzusuchen. Oft stehen die schönsten Kerle am Wegrand, weil die Blicke der Morcheljäger darüber hinauseilen. Mit ihrer dem dürren Laub und dem ausapernden Boden gleichenden Schutzfarbe treibt die Morchel mit uns gerne ein Versteckenspiel. Alte Brandstellen sind oft günstige Morchelplätze. Denn die Morchel gilt als Brandpilz. Der durch das Feuer veränderte Boden scheint sich auf ihr Gedeihen günstig auszuwirken. Etliche Waldbrandgebiete und das heute verbotene «Falchern», das regelmäßige Abbrennen von dürren Grasbeständen, beweisen das. An derartig verbrannten Stellen tritt die Morchel während den darauf folgenden Jahren oft in Menge auf. Später verschwindet sie mitunter wieder ganz. Überhaupt haben die Morchelplätze ihre Tücken. Gerne tritt die Morchel nicht Jahr für Jahr an der gleichen Stelle auf, sondern in der näheren oder weiteren Umgebung Die Spitzmorcheln finden sich gern in etwas höheren oder feuchteren Lagen.

Poren des Erlengrüblings

Die Morchelzeit kreuzt sich auch mit der Zeit des Mairitterlings. Wer auf das Blühen des Löwenzahns achtet, der wird auch Mairitterlinge finden. Aber auch da gilt, je höher die Lage, desto später wird es «Mai». Auf hohen Alpweiden, wo der Frühling und der Herbst sich fast die Hände reichen, kann der Mairitterling beispielsweise erst im August und noch später auftreten. Fällt seine Entfaltungszeit mit der Eiablage und der Brutzeit bestimmter Insekten zusammen, so ist er häufig innen ganz vermadet. Trifft es der Pilz in eine andere Phase, so können ganze Hexenringe lauter einwandfreie Stücke liefern.

Der Frühling ist die artenarme Vorsaison der Pilzzeit. Ohne Vollständigkeit anzustreben, begegnen wir vom Frühling bis zum Vorsommer noch folgenden Arten: Gift unter die Frühlingspilze streut der Weiße Knollenblätterpilz! In Fichten- und Föhrenwäldern stoßen wir oft schon sehr früh im Frühling, wenn der Boden vom Winter her noch gut durchnäßt ist, auf die Zapfenrüblinge. Zu den frühen Pilzen zählt auch der mattfarbige, bröckelige Voreilende Schüppling. Auf Gartenland, Abraumhaufen, Friedhöfen und Holzabfällen gefällt es um diese Zeit manchen Scheidlingen. Im Walde treiben aus Hölzern schon früh die Dachpilze hervor. Auf grasigen Plätzen und an Wegrändern sind Nester des Nelkenschwindlings zu sehen. Auffällige Holzpilze wie zum Beispiel der über einen halben Meter groß werdende Schuppenporling beginnen an den vom Winter her durchnäßten Hölzern bei einsetzender Wärme zu wachsen. Wenn der Saft in die Bäume steigt, beginnt an Kirsch- und andern Obstbäumen der weithin sichtbare Schwefelporling seine wulstigen Fruchtkörper aufzublähen. Frühlingspilze sind auch die Frühlingslorchel, der Kronbecherling und verwandte Becherlinge.

Nicht vergessen wollen wir, daß während des Frühlings auch verspätete Herbstpilze wie Nebelgrauer Trichterling und Violetter Ritterling oder gar vereinzelte Mönchsköpfe uns überraschen können. Immer treffen wir natürlich die Ganzjahrespilze an, die, wie manche Porlinge, ausdauernd sind oder als «Winterpilze» zur kalten Jahreszeit wachsen und noch bis in den Vorsommer hinein ausharren.

Sommer

Zwischen der Vor- und Hauptsaison der Pilze macht sich deutlich eine Pilzlücke bemerkbar. Sie ist dadurch gekennzeichnet, daß die eigentlichen Frühlingspilze vorüber sind, die Sommerpilze aber noch auf sich warten lassen. Dieses Loch verspürt man sogar im Frischpilzhandel. Es wird aber heutzutage durch importierte Pilze, hauptsächlich Eierschwämme, mehr oder weniger gestopft.

Zu den ersten Sommerpilzen gehören der Eierschwamm und eine hellbraune Rasse des Steinpilzes, der Sommersteinpilz. Während der Steinpilz im Vorsommer gewöhnlich nur ein kurzes Gastspiel gibt, dauert die Eierschwammzeit meistens länger an. Sie beginnt in den Wäldern der tieferen Lagen im Juni und macht sich gegen Ende der großen Ferienzeit auch in der Region der Alp- und Bergweiden bemerkbar. Hier, in der Nadelwaldregion, gedeiht im Juli und August bis zu den ersten Schneefällen und Reiftagen des Herbstes der Eierschwamm reichlich. Er zieht baumbestandene Borstgraswiesen, moosige Stellen zwischen Heidelbeer- und Alpenrosengesträuch vor. Er liebt warmfeuchte Witterung. Trockenperioden können sein Wachstum ins Stocken bringen, und die Ergiebigkeit mancher Plätze kann unter solchen Umständen nachlassen oder sich verschieben. Die gleichen Stellen schmückt der Fliegenpilz, und an den nämlichen Orten stehen im August und September wie Könige die braunschwarzen Bergsteinpilze. Sie unterscheiden sich gewöhnlich durch festes, kerngesundes, schneeweißes Fleisch von den häufig stark vermadeten Sommersteinpilzen.

Der Eierschwamm tritt in feuchten Sommern in größerem Reichtum auf als in trockenen, wogegen der Steinpilz, wenn es ein «Steinpilzjahr» geben soll, seinem Erscheinen vorgängig eine warme, trockene Sommerperiode vorzieht, an die sich ein milder Herbst anschließen muß.

Etwa Ende Juni, Anfang Juli, nach dem Hochstand der Wiesen und der eigentlichen Blütezeit der Gräser, wenn der Laubwald aus dem hellen Maiengrün ins dunklere Sommergrün verfärbt, setzt die Hauptsaison der Pilze ein. Sie dauert vom Juli bis zum Oktober, wobei gewöhnlich der September der Hauptpilzmonat ist. Seltener sind der August oder erst der Oktober die Monate, in denen die Pilze arten- und mengenmäßig überwiegen. Ist die Hochsaison der Pilze auf wenige Wochen zusammengedrängt, so erleben wir es, daß die Schwämme zur Schwemme werden.

Etwa Anfang der Sommerferien marschiert das Pilzheer aus den Bodentiefen ans Tageslicht. Täublinge, Milchlinge, der Perlpilz und der giftige Pantherpilz geben sich in den Wäldern ein Stelldichein. Nasse Jahre sagen dem Perlpilz ganz besonders zu. Man kann im Erscheinen der Sommerpilze wohl eine Reihenfolge erkennen. Aber der Ablauf wird allzusehr von den örtlichen Bedingungen, vor allem den Witterungseinflüssen, bestimmt, als daß es tunlich wäre, einen Zeitplan aufzustellen. Laue Gewitternächte und schwüle Tage zaubern die Pilze plötzlich hervor.

Die meisten Pilze sind Nachsommer- und Herbstpilze. Manche zeigen einen schwachen Schub im Sommer und einen Hauptschub im Herbst. Das hängt bei den in Symbiose lebenden Pilzen vielfach mit Stoffwechselvorgängen zusammen. In auffälliger Weise ist das bei zahlreichen Röhrlingen aus der Verwandtschaft des Lärchenröhrlings der Fall. Aber auch parasitische Pilze zeigen oft einen schwachen Sommer- und einen starken Herbstschub. Zum Beispiel kann man den Hallimasch vereinzelt im Juli oder August schon finden, aber in Masse gedeiht er erst im Herbst.

Ein Teil der Pilze erscheint in größeren Mengen nur in Sommern mit längeren Schönwetterperioden, während denen der Boden gründlich durchwärmt wird, so zum Beispiel der Feld- und Ackerchampignon. Auch etliche Röhrlinge verlangen einen warmen Verlauf des Sommers und genügend Feuchte gegen den Herbst. Den Satanspilz, den Hasenröhrling und andere seltenere Pilze findet man nur in solchen, nicht aber oder nur vereinzelt in feuchtkühlen Jahren. Beobachtungen über die Zusammenhänge zwischen Witterung und dem Auftreten der Pilze sollte sich jeder Pilzler selber notieren. Der beste Pilzkalender ist immer der eigene.

Herbst

Wenn auf den Wiesen die Herbstzeitlosen und auf mageren Matten und in Birkenwäldchen die Heidekräuter in zartem Rosa zu dominieren beginnen, ist es Frühherbst geworden. Der tagsüber an schattigen Stellen haftende Tau und die neblige feuchte Luft geben manchen zarten Pilzen neue Chancen. In moosigen Wiesen mischen sich nun die hochroten oder leuchtendgelben, gebrechlichen Saftlinge oder Glaspilze immer zahlreicher ins Grün des Grases. Auch dem Moosräsling (Mehlschwamm) begegnen wir in besonders kräftigen Exemplaren. Auf Borstgrasmatten, zwischen Silberdisteln und dem rosa blühenden Heidekraut, schwellen jetzt die getäfelten Kugeln des Hasenstäublings zu Faustgröße auf. Auch die Zeit der Riesenboviste ist in den Gebieten, wo sie heimisch sind, gekommen. Noch manche Champignons schlüpfen an sonnigen Hängen der Bergweiden aus dem Boden, als wüßten sie, daß in den Ferienorten die meisten Gäste und Pilzjäger ihre Koffer längst gepackt haben und heimgereist sind. Bald beginnt an den Bäumen das Laub bunt zu werden. Immer mehr Blätter, gelbe, braune, rote, fallen raschelnd zu Boden. Der Spätherbst kündigt sich an. Die Pilzsuche wird immer schwieriger und spannender. Denn nun beginnen die Pilze, zwischen und unter dem Laub, mit uns ein Versteckenspiel zu treiben. Jetzt braucht es gute Augen und ein Fingerspitzengefühl, um sie zu entdecken. Stellenweise dominieren noch die Täublinge, wenigstens mit einzelnen Arten, wie etwa mit dem für den Herbst charakteristischen ungenießbaren Weißgelben Täubling. Allerlei Ritterlinge, wie der «Violette», der Veilchenritterling, der Frostrasling, gehören nun zu den häufigeren. Letzterer tritt oft noch so spät auf, daß nachts seine wasserreichen Hüte gefrieren und in Splittern aufplatzen. Es scheint, als sei er explodiert. Auch die Raslinge entfalten sich an geschützten Stellen noch zu Hunderten. Ein Spätherbstpilz der Erlen-Eschenbrüche ist der Mönchskopf. Noch im November kommt er, wenn es mild ist, mitunter in kerngesunden Stücken auf den Markt. Der Spätherbst ist auch die Zeit der klebrigen Schnecklinge und der mattfarbigen Ellerlinge. Es scheint fast, wie wenn mit der immer grauer und eintöniger werdenden Jahreszeit auch das Modekleid der Pilze schritthalten würde: der Nebelgraue Trichterling, der mattfarbige Trompetenpfifferling, die Totentrompete und der ähnlich düstere Graue Leistling weisen auf das nahe Ende der Pilzsaison hin.

Winter

Für die meisten Pilzfreunde geht die Pilzsaison im Laufe des Spätherbstes zu Ende. Wer sich aber den Holzschwämmen, den vielerlei Porlingen, den Blättlingen und den eigentlichen Winterpilzen, die an milden Tagen dennoch wachsen, zuwenden will, hat stets etwas zu tun. Mancher wird aber an den langen Winterabenden nun auch sein eigenes Pilznotizheft durchblättern, da und dort eine Skizze vervollständigen oder eine Bemerkung ergänzen. Der Winter ist aber auch die Zeit, wo wir anhand der Pilzbücher unsere theoretischen Kenntnisse auffrischen und erweitern können. Nun haben wir Zeit, unsere Pilzerlebnisse innerlich zu verarbeiten, in Gedanken die Pilzfülle des Sommers an uns vorüberziehen zu lassen, um im neuen Jahr mit reichern Kenntnissen und besserer Erfahrung auf Pilzsuche zu gehen.

Mykorrhizapilze

Die Mykorrhiza ist eine besondere Form der Pilzsymbiosen (siehe S. 10), bei der die Pilzmycelien mit den feinsten Wurzelauszweigungen höher organisierter Gewächse in Verbindung treten. Den Pilzsammler interessiert hauptsächlich die Wurzelverpilzung an Waldbäumen. Denn, wenn gewisse Pilzarten durch die Symbiose an bestimmte Waldbäume gefesselt sind, kann der pflanzenkundige Pilzler aus dem Baumbestand eines Waldes schließen, welche Pilze zu gewissen Zeiten darin zu erwarten sind.

Die Mykorrhiza beziehungsweise den Kontakt der Pilzmycelien mit den feinsten Auszweigungen der Wurzelfasern bekommt man zu Gesicht, wenn man dort dem Wurzelwerk nachgräbt, wo es am feinsten verzweigt ist. An jungen Bäumchen, die man verpflanzt, kann man den Mycelfilz am Ende der feinen Wurzeln oft ganz gut von Auge erkennen. Bei den Bäumen ist die sogenannte äußere (ektotrophe) Mykorrhiza am verbreitetsten. Zum Beispiel werden bei jungen Weißtännchen die Wurzelspitzen vom Mycelium wie von einem Strumpf überzogen. Bei der Waldföhre sind die Wurzeln, wo sie Mykorrhizen bilden, etwas deformiert. Sie verzweigen sich büschelig (buschige Mykorrhiza) oder schwellen knotig an (knollige Mykorrhiza). Noch in andern Fällen schwellen die Endauszweigungen keulenförmig auf, oder sie gabeln sich (keulige oder gabelige Mykorrhiza).

Bisweilen kann man auch nur feststellen, daß die Pilzmycelien zwischen den Wurzelfasern wuchern, ohne damit in direkten engen Kontakt zu treten. Man nennt dies peritrophe Mykorrhiza. Auch diese kann dem Baum nützen, indem die Mycelien ätzende Stoffe, zum Beispiel Säuren, in den Boden ausscheiden. Sie zersetzen und lösen die Mineralbestandteile. Die Lösungen werden von den Baumwurzeln aufgenommen. Die Pilze ermöglichen in solcher Form den Bäumen oft noch das Fortkommen auf Böden, wo sie sonst nicht wachsen könnten.

Der engste Kontakt zwischen Pflanze und Pilz tritt bei der inneren (endotrophen) Mykorrhiza ein. Der Pilz dringt ins Innere der Wurzeln ein, breitet sich beispielsweise in den Interzellularräumen aus oder treibt sogar Fortsätze in die Zellen hinein.

Man kennt vielerlei Übergänge zwischen lockerer und enger Mykorrhiza, ja bis zu solcher, wo der Pilz zerstörend auf das Wurzelsystem des Baumes einwirkt und sich wie ein Parasit zu benehmen beginnt.

Durch den Kontakt der Rhizosphäre des Baumes mit den Pilzmycelien wird nicht nur der Einzugsbereich des Wurzelsystems erweitert, sondern auch die Intensität der Stoffaufnahme erhöht. Aber auch der Pilz bezieht vom Baum organische Stoffe, ohne die er nicht auskommen könnte. Wer des andern Vasall ist, läßt sich nicht so leicht abschätzen.

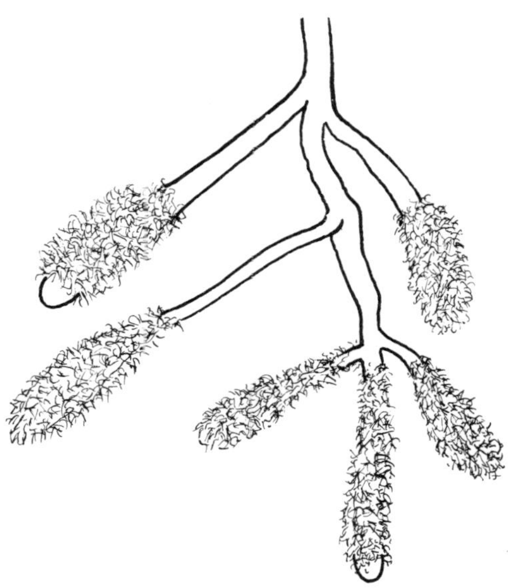

Mykorrhiza an den feinsten Auszweigungen einer Föhrenwurzel

Mancherlei Blätterpilze, wie Amanitaarten, Täublinge, Reizker, Schleierlinge und auch vielerlei Röhrlinge, aber auch Schlauchpilze, wie zum Beispiel die Trüffeln, sind an den Mykorrhizen beteiligt. Sehr spezifische

Mykorrhizen gehen zahlreiche Röhrlinge ein. Unter letzteren gibt es Arten, die sozusagen nur mit einer einzigen Baumart zusammenleben, wobei dieser Baum seinerseits aber Mykorrhizen mit verschiedenen Pilzen eingehen kann.

Ein solcher Baum ist beispielsweise die Föhre. Mit ihr leben zusammen der Körnchenröhrling, der Maronenröhrling, der Brennende Ritterling, der Erdritterling, der Gebrechliche Täubling und andere.

Viele Pilze beherbergt auch die Lärche. Von diesen sind durch die gelbe Färbung am auffallendsten der Goldröhrling, der Lärchenmilchling und der Lärchenschneckling. Aber auch noch etliche weniger auffällige findet man unter diesem Baum, wie den Hohlfußröhrling, den Lärchenröhrling und den Rostroten Röhrling.

Auch die Birken und Pappeln scharen Pilzgesellschaften um sich.

Allgemein faßt man die Pilze, welche so streng an eine Baumart gebunden sind, als «Föhrenpilze», «Lärchenpilze», «Birkenpilze» oder die letzteren auch als «Heidepilze» zusammen.

Andere Pilze sind nicht so streng an eine bestimmte Baumart gebunden. Ihr Siedlungsbereich ist weiter. Der echte Reizker lebt beispielsweise mit der Rottanne, der Föhre und dem Wacholder zusammen. Er bildet etwas different aussehende biologische Rassen, die man als Rottannen- oder Föhrenreizker oder als Wacholderschwamm bezeichnen kann. Solche Rassen werden manchmal zu Arten erhoben. Der Fliegenpilz ist unter Fichten (Rottannen), Birken und Lärchen zu finden, wie übrigens auch der Steinpilz im Nadel- und Laubwald auftritt. Gleich ist es auch beim Eierschwamm. Dieses Trio zeigt losere Symbioseansprüche, aber doch so fixiert, daß es an ähnlichen Standorten mit verschiedenen Rassen seiner Vertreter auftritt.

Sehr schön erkennen wir den Zusammenhang zwischen Pilz und Baum dort, wo zum Beispiel auf offener Flur oder mitten in einem Buchenwald einige Föhren, Lärchen oder Birken vorkommen. Nur da sind die entsprechenden Pilze zu finden und nur so weit, als der Wurzelbereich dieser Bäume geht.

Solche Mykorrhizapilze harren oft noch einige Zeit aus, wenn die Schutzbäume schon vor geraumer Zeit geschlagen worden sind. Die Pilze treten als Baumzeugen auf, wenn wir nur noch den Strunk vorfinden.

Auch auf Parkgelände oder in Wäldern, wo fremde Bäume angepflanzt worden sind, können plötzlich fremde Pilze auftreten. An die Weymouthskiefer, die als nordamerikanischer Nadelbaum bei uns oft gepflanzt wird, ist der Elfenbeinröhrling gebunden.

Den Mycelien im Waldboden kann man natürlich nicht ohne weiteres ansehen, zu welchen Pilzen sie gehören. Um sicher zu sein, daß dieser oder jener Pilz wirklich an der Symbiose beteiligt ist, kann man Mycelreinkulturen anlegen. Diese müssen aber erst noch, was gar nicht leicht gelingt, zur Fruktifikation gebracht werden. Dann erst kann man anhand der Fruchtkörper eindeutig bestimmen, was für ein Pilz vorliegt. Solche Kulturversuche sind zum Beispiel von Melin (1917–1925) erstmals in größerm Umfange durchgeführt worden. Er züchtete aus Mykorrhizapilzen Mycelien und Fruchtkörper und konnte nachweisen, daß der Goldröhrling an die Wurzeln der Lärche gebunden ist. Seither weiß man über Mykorrhizapilze wohl mehr, aber es ist noch nicht gelungen, sie wie saprophytische Pilze, wie Champignons, in künstlichen Kulturen in Masse und auf Termin zu züchten. Welch ein gutes Geschäft ließe sich so mit dem Steinpilz, den Morcheln und dem Eierschwamm machen. Es gelingt auch umgekehrt, Mycelien aus Pilzreinkulturen auf die Wurzeln verschiedener Gewächse zu übertragen und die Mykorrhiza künstlich zu erzeugen

Mykorrhizapilze sind im Hervorbringen der Fruchtkörper bis zu einem gewissen Grad von der Periodizität des Baumwachstums abhängig. Nach der winterlichen Ruhe beginnen die Baumwurzeln bis gegen den Sommer, bis zur vollen Entfaltung des Laubes zu wachsen. In dieser Zeit größerer Wurzeltätigkeit legt auch der Lärchenröhrling seine ersten Fruchtkörper an und

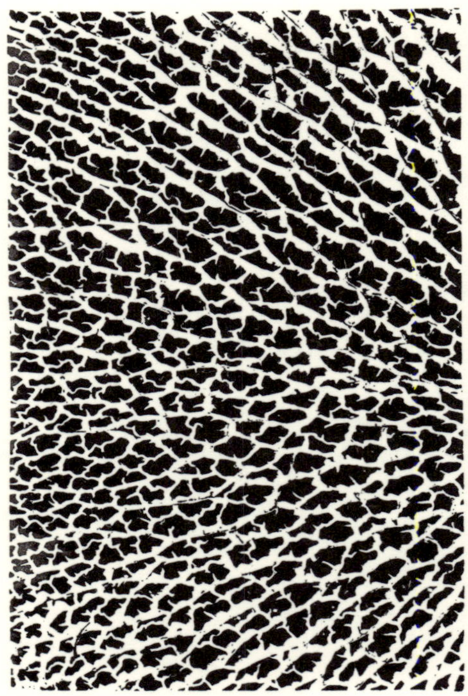

Poren des Hohlfußröhrlings

bringt sie in einem schwachen Sommerschub aus der Erde. Vor dem Laubwurf im Herbst steigt die Intensität der Stofftransporte im Baum nochmals an und gibt Anlaß zum spätsommerlichen oder herbstlichen Hauptschub der Pilze. Durch besondere Witterungseinflüsse können die Zusammenhänge zwischen Baum- und Pilzwachstum allerdings stark verwischt werden.

Die günstige Wirkung der Mykorrhiza auf das Baumwachstum findet ihre Bestätigung erst recht darin, wenn wir auf altem Ackerland einen Baumbestand anlegen wollen. Das Wachstum der jung gepflanzten Bäumchen gerät auf dem Ackerboden gewöhnlich nach einiger Zeit ins Stocken. Ein Teil der Pflanzen beginnt zu kränkeln oder geht gar ein. Diese Krise wird erst überwunden, wenn im Wurzelraum die Mykorrhizapilze sich eingestellt und derart vermehrt haben, daß sie die Bäumchen im Lebenskampf unterstützen können.

Das gleiche beobachtet man oft, wenn man einen Stock einer mykorrhizabedürftigen Pflanze ohne Erdballen in den Garten setzt. Sie siecht dahin oder geht ein. Wir wissen nicht warum. Es fehlen ihr die Pilze. Bei mit Ballen verpflanzten Gewächsen tritt das Stocken weniger ein. Nadelhölzer und Ericaceen, zu welch letzteren Rhododendren, Erika, Heidekraut, Heidelbeersträucher und viele andere kleine Sträuchlein gehören, sind aus diesem Grunde besonders empfindlich. Auch müssen die Böden, in die sie versetzt werden, einen bestimmten Säuregrad aufweisen, der für die Entwicklung der Mykorrhizapilze günstig ist.

In der Orchideenzucht spielen Mykorrhizapilze eine Hauptrolle. Sie fördern das Wachstum der Orchideen von der Samenkeimung weg bis ins blühfähige Alter.

Wälder, Bäume, Pilze -- oder welche Pilze finde ich wo?

Auf Grund dessen, was wir über die Mykorrhiza erfahren haben, sind wir in der Lage, die Wälder bis zu einem gewissen Grade auf ihre Pilzflora hin zu beurteilen. Natürlich nicht ganz, denn es kommen noch die saprophytischen und parasitischen Pilze und allerlei unberechenbare Faktoren hinzu. Manche Pilze sind nur vorwiegend an eine Baumart gebunden und können noch unter anderen Bäumen auftreten.

Trotzdem leuchtet es ein, daß Mischwälder, mit verschiedenen Gehölzen, bezüglich der Pilze am artenreichsten sein müssen. Ganz besonders, wenn in den Wäldern noch verschiedene Expositionen und Bodentypen miteinander abwechseln.

Je eintöniger ein Wald an Holzarten ist, um so eintöniger muß auch die Pilzflora sein. Dies schließt allerdings nicht aus, daß eine oder einige Pilzarten in diesem Wald in Masse auftreten können. Die Sortenzahl wird aber nicht groß sein.

Eine gewisse Baum-,Vegetations- und Bodenkenntnis ist für den erfolgreichen Pilzler fast unerläßlich. Selbstverständlich gliedern sich die Hauptwaldtypen wieder in viele, oft recht verschiedene Untertypen mit besondern Pilzfloren. Darauf können wir hier, weil es zu weit führen würde, nicht eintreten. Waldbestände auf Kalk oder Urgestein, auf lehmigem, sandigem, moosigem, humosem oder moorigem Untergrund werden auch bei ähnlichem Baumbestand in der Pilzflora beträchtliche Unterschiede aufweisen.

In den Wäldern bevorzugen die Pilze im allgemeinen die offenen, nur mit Moos, Laub, Moder oder Nadeln bedeckten, weniger die dicht mit Gräsern, Brombeeren oder hohen Kräutern bedeckten Stellen. Das heißt aber wieder nicht, daß man an solchen Orten gar nichts finden kann. Denn es gibt auch Pilze, die Kahlschläge mit Nesseln und Stauden oder halbschattige Waldwiesen vorziehen.

Die wichtigsten Waldtypen:

Mischwälder, bestehend aus allerlei Nadel- und Laubbäumen.

Laubmischwälder, mit Eichen, Hagebuchen, Buchen, Linden, Ahornen, Eschen, Birken, Zitterpappeln (Espen) und allerlei Sträuchern. Diese Wälder nehmen die tiefsten, wärmsten und trockensten Lagen ein. Die Laubmischwaldregion ist hauptsächlich das Verbreitungsgebiet des Grünen Knollenblätterpilzes und umfaßt auch die wenigen Standorte des Kaiserlings.

Buchenwälder, mit der Buche als Hauptbaum. Im Mittelland mit Hagebuche (Weißbuche) und Eichen als Begleitbäumen, Buchen-Hagebuchenwälder, Buchen-Eichenwälder, Hagebuchen-Eichenwälder. In feuchteren und höheren Lagen mit Nadelhölzern als Begleitbäumen, zum Beispiel Weißtannen-Buchenwald, Buchen-Rottannenwald, Buchen-Eibenwald. Auf schweren, lehmigen, wasserzügigen Böden mit Erlen und Eschen als Begleitern.

Fichtenwälder, mit der Rottanne (Fichte) als dominantem Baum. Unterwuchs spärlich, mit Moos-, Erika- oder Heidelbeerteppichen und Farnen. Voralpiner Nadelwaldtypus.

Lärchenwälder, oft lichte Weidewälder bildend, gelegentlich mit Beimischung von Arven, Rottannen oder Föhren. Zentralalpiner Nadelwaldtypus, mit sonnigerem, trockenerem Klima, in den Alpentälern Graubündens, des Wallis.

Föhrenwälder, mit der Waldföhre als wichtigstem Baum in den tieferen und mittleren Lagen. In höheren Regionen treten an ihre Stelle die Legföhre und Bergföhre. Sandige, felsige, steile, magere, aber auch moorige Böden werden von diesen anspruchslosen Bäumen besiedelt.

Auenwälder, vorwiegend längs Flußläufen, auf sandigen, schlammigen oder kiesigen Böden, mit Weiden, Pappeln, Eschen, Wildkirschen und Traubenkirschen.

Zwergstrauchregion, nimmt im Gebirge, oberhalb der Waldgrenze, im Gebiet der Alpweiden große Flächen ein. Niedere Sträucher wie Zwergwacholder, Rostblättrige Alpenrose, Heidelbeeren, Moorbeeren, Preiselbeeren und Bärentrauben sind für sie bezeichnend. Dazwischen magerer Graswuchs, Borstgräser. Auch diese Zone ist noch pilzreich.

Im folgenden seien nun für **die wichtigsten Baumarten,** aus denen sich die oben aufgezählten Waldtypen zusammensetzen, die Begleitpilze angegeben. Die Aufzählung erhebt aber weder Anspruch auf Vollständigkeit noch darauf, daß gewisse Begleitpilze nicht auch unter anderen Baumarten zu finden sind:

Lärche, Lärchenwälder (Lärchenpilze):
Goldröhrling, Hut goldgelb, Stiel beringt
Lärchenröhrling, Hut schmutzig graugelblich, Stiel beringt
Hohlfußröhrling, Stiel hohl, Hut orange-filzig, Röhren kaum ablösbar
Rostroter Röhrling, Röhren rostrot
Kupferroter Schmierling, Hut kupferbraun, Lamellen schokoladefarben
Lärchenschneckling, Hut zitronengelb, Lamellen weiß, dann gelblich
Lärchenmilchling, Hut orangegelb, Milch scharf

Föhre (= Kiefer), Föhrenwälder (Föhrenpilze):
Maronenröhrling, Hut dunkelbraun, Röhren schmutzig gelbgrün, blauend
Kuhröhrling, Hut orangebraun, rötend, Rand gummiartig biegsam, Röhren kaum ablösbar
Körnchenröhrling, Hut braungelb, Stiel ringlos, oberwärts fein gekörnelt
Butterpilz, Hut dunkelbraun, Röhren gelb, Stiel beringt, gekörnelt
Pfefferröhrling, Hut braun, Stiel innen gelb, Geschmack pfefferig
Sandröhrling, Hut chagriniert braun, Stiel ringlos, Fleisch leicht blauend, Röhren kaum ablösbar

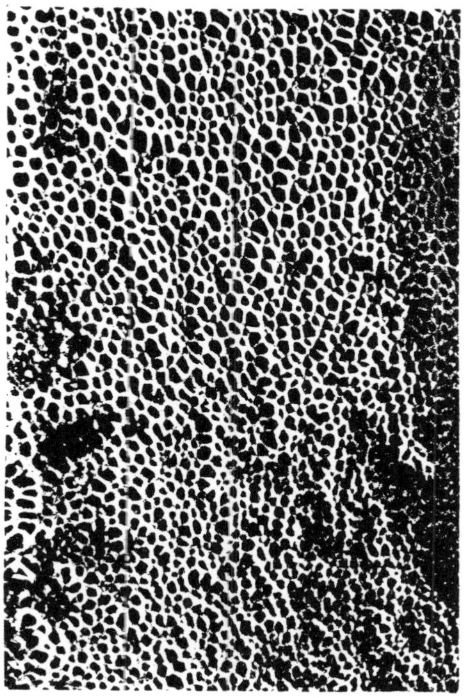
Poren des Birkenröhrlings

Rothütiger Steinpilz (Föhrensteinpilz), Hut satt rotbraun
Föhrenreizker, Hut orangerot, deutlich konzentrisch gezont
Krause Glucke, an Föhrenstrünken, Zweige kraus verflochten
Kiefernzapfenrübling, auf alten Föhrenzapfen, diese oft im Boden versteckt
Orangeroter Graustieltäubling, Hut orange, Stiel und Fleisch grauend
Brennender Ritterling, Hut graufaserig, Lamellen gräulich, brennend
Mäusegrauer Ritterling, Hut mäusegraufilzig, Lamellen gräulich
Heide-Schleimfuß, Hut gelb- bis rotbraun, Lamellen bräunlich, Stiel weiß
Frühlingslorchel, Hut kopfig, braun, gehirnartig gewunden
Bischofsmütze, Hut braun, zwei- bis vierzipflig

Birke und Zitterpappel (Espe), Birken-Espenwäldchen, Heide (Birken- oder Heidepilze):

Birkenröhrling, Hut braungrau, Stiel körnig-rauh, Fleisch meist grauend
Rotkappe, Hut orange, orangebraun, Stiel körnig-rauh
Gelbbrauner Ritterling, Hut braun, Lamellen gelblich
Birkenporling, an Birkenstämmen, hufartig, weißlich, zähfleischig
Zunderschwamm, sehr selten, hufartig, grau-rußig, innen mit weichem braunem Zunder
Birken- oder Giftreizker, Milch scharf, bleibend weiß, Hutrand zottig

Eiche, Hagebuche, Edelkastanie (Wälder wärmerer Lagen):

Eichenwirrling, hufartig, holzig, Lamellen labyrinthisch, graubraun
Eichenglucke, an Eichenstrünken, Zweige verflacht, kaum verschlungen
Hallimaschtrichterling, ähnlich dem Hallimasch, aber ringlos
Leberpilz (Reischling), an Eichstämmen, zungenförmig, braunblutrotfleischig
Grüner Knollenblätterpilz, Hauptverbreitungsgebiet in diesem Waldtyp
Behangener Seitling, an Eichstämmen, einseitig, weißlich, Stiel hart
Rillstieliger Seitling, an Eiche, Hut gräulich, Stiel gerillt
Bronze-Röhrling (Eichensteinpilz), Hut schwarzbraun
Ölbaumpilz, als große Seltenheit, gelb, bei Nacht leuchtend

Buche, Buchenwälder:

Hexenröhrling, Fleisch rötlichgelb, rasch blauend, Röhren rot, Stiel netzig
Schwarzblauender Röhrling, Fleisch sofort tief tintenblau verfärbend, Stielspitze gelb
Sommersteinpilz, Hut hellbraun, Stiel oben mit feinem weißem Netz, Fleisch unveränderlich weiß
Purpurröhrling, Hut purpurn überhaucht, Stielfleisch innen zitronengelb
Satanspilz, Hut grau, Röhren rot, Stiel dickknollig mit scharlachroter Zone
Bitterröhrling, dem Steinpilz ähnlich, aber bitterlich, leicht blauend
Königsröhrling, dem Steinpilz ähnlich, Fleisch gelb, Hut rot überhaucht
Anhängselröhrling, Hut mit roten Stellen, Poren gelb, Fleisch leicht blauend, Stiel mit Anhängsel, sonst ähnlich dem Steinpilz
Strubbelkopf, Hut grauschwarz, schuppig wie ein Föhrenzapfen
Wurzelrübling, Hut braun, schleimig, runzelig, Stiel lang, mit Anhängsel
Laubfreund, auf Moder, ockergelblich, dünnhütig, Stiel hohl
Rettichhelmling, violettrosa, mit Rettichgeruch
Verflachter Porling, hufartig-flach, matt dunkelbraun, holzig, oft unterseits mit zitzenartigen Gallen
Kammporling, zäh, faserig grünlich
Hahnenkamm, Rötlicher Ziegenbart, Zweigspitzen rötlich
Herkuleskeule, daumenartig, keulig, faserfleischig, ungenießbar
Eichhase, ein Röhrling mit fleischigem Strunk, aus dem sehr viele gestielte Hütchen entspringen, bis kopfgroß
Gelber Ziegenbart, von hellgelber Farbe
Zinnoberroter Täubling, Hut zinnoberrot, matt, Lamellenschneiden oft rot
Violettgrüner Täubling, Hut grünviolettrot, Lamellen biegsam (nicht spröd)
Pfeffermilchling, scharf, weiß milchend, Lamellen schmal, sehr gedrängt

Wollschwamm, Doppelgänger des obigen, Lamellen lockerer, Hut zart weißfilzig
Ledertäublinge, Lamellen ockergelb, sehr spröd
Tigerritterling, Hut schwarzschuppelig getigert, Rand oft wellig
Stockschwämmchen, büschelig an Strünken, Hut mit helleren und dunkleren Zonen, Stiel abwärts dunkel, schüppelig
Diverse Haarschleierlinge

Fichte (Rottanne), Fichten- oder Rottannenwälder, höhere und feuchtere Lagen:
Mardertäubling, Hut braun, Fleisch weiß bis etwas bräunend
Stachelbeertäubling, Hut und Stiel schmutzig weinrot, stachelbeerrot
Mohrenkopf, ein Milchling mit samtschwarzbraunem Hut und Stiel, Lamellen weißlich
Fichtenreizker, orangegelb, bei uns häufigste Form des Echten Reizkers
Fichtenzapfenrübling, auf alten oft im Boden liegenden Fichtenzapfen
Porphyrröhrling, ganzer Pilz düsterbraun, der düsterste aller Röhrlinge
Fliegenpilz, auch im gemischten Wald, unter Föhren oft braun
Nadelschwindlinge, winzig, auf Nadeln und Ästchen
Habichtspilz (Rehpilz), Hut unterseits wie ein Rehfell, oberseits habichtartig, schuppig-braun
Pantherpilz, tiefer braun als die Laubwaldform

Arve, Arvenwald:
Arven- oder Zirbenröhrling, Hut braun, Stiel purpurn gekörnt
Elfenbeinröhrling (Pilz der Weymouthskiefer und Arve), elfenbeinweiß, mit grob purpurschwarz gekörntem Stiel

Erlen, Erlenwäldchen:
Erlengrübling (besonders im Gebirge), Hut schwammig, Röhren kurz, weit, nicht ablösbar, auf Druck blauend
Kahler Krempling, Hut braungelb, kahl, Lamellen holzgelb, auf Druck bräunend

Allerwaldpilze, auch außerhalb des Waldes, auf Weiden:
Eierschwämme
Steinpilz, Hut braun, Fleisch unveränderlich weiß, Stielspitze mit sehr feinem weißem Netz, Röhren weiß-gelb-grün
Gallenröhrling, Doppelgänger des obigen, gerne unter Föhren, Stiel mit grobem dunklem Netz, Fleisch weiß, bitter, Röhren weiß-rosa

Pilze der Auenwälder und Gebüsche:
Morcheln in Flußauen, in gebüschreichen Waldgegenden

Pilze des offenen Geländes:
Eßbare Champignons, außer im Walde sehr oft auf Schafweiden und Matten, auch im Gebirge, ferner an Straßenrändern, in Gärten usw.
Gift-(Karbol-)champignon, oft in Menge, Lamellen verlockend schön rosa
Großschirmlinge, sehr oft an Waldrändern, in lichten Wäldern, auf baumbestockten Weiden, in Garten- und Parkland
Nelkenschwindling, an Wegrändern, auf Matten
Düngerlinge, auf Weiden, an dungreichen Stellen, um verrottete Kuhfladen herum
Saftlinge-Glaspilze, auf moosig-schattigfeuchten Bergwiesen

Pilze mooriger, humöser, moosiger Waldböden von Hochmoorcharakter, mit magern Fichten, Föhren, Birken, Heidelbeersträuchern bestanden:
Zigeunerpilz, Hut ockerbräunlich, jung oft schön lila, älter nur noch am Scheitel silbergrau bereift
Apfeltäubling, Hut apfelrot-glänzend. Stiel weiß bis rötlich
Speitäubling, Hut rot, schmierig, Haut leicht abziehbar, sehr scharf
Mardertäubling, Hut braun, Fleisch weiß bis etwas gebräunt

Pilze an den Blättern der Alpenrose:
Alpenrosenäpfelchen, gelblich-rotbackig, verursacht durch Exobasidium rhododendri, einen Pilz, der im Blattgewebe schmarotzt und dieses zu den galligen Wucherungen veranlaßt.

Pilze auf Brandstellen, auf Waldbrandgelände:
Morcheln, besonders vom Typus der Spitzmorchel
Becherlinge
Pilze auf umgebrochenen, oft wieder verfestigten Böden:
Schopftintling, auf Rasengelände, Gartenland, Bauplätzen, Wegrändern

Alle obigen Angaben über Vorkommen und Merkmale der Pilze sind nur im Sinne von Hinweisen aufzufassen.

Pilze und ihre Farben

Der praktische Pilzler interessiert sich hauptsächlich für die Veränderlichkeit der Farben, die er am wachsenden und alternden Pilz konstatiert, die er beobachtet, wenn der Pilz aus einer Regenperiode in eine Schönwetterphase oder umgekehrt gerät, die auftritt, wenn die Sonne den Pilz trifft, wenn Trockenheit und Wärme einwirken oder Frost und Schnee den Pilz überraschen. Eine Farbtönung löst die andere ab. Ein gemaltes Pilzporträt oder eine gelungene Farbphotographie geben stets nur ein Momentanbild des Pilzes wieder. So sollen auch unsere Farbbilder verstanden werden. Man muß sich viele Farbgesichter des gleichen Pilzes einprägen, um ihn in allen Lebensstadien und Situationen erfassen zu können. Das macht die «Pilzkennerei» schwierig. Ein Anfänger kann fast den Verleider bekommen. Der gleiche Pilz, den man nach dem Bild im Pilzbuch nun sicher zu kennen glaubte, wird plötzlich schleierhaft. «Schleierlinge» könnte man in diesem Zusammenhang alle Pilze nennen.

Diese Veränderlichkeit der Farben macht sich auch in den Farbbeschreibungen der Pilze bemerkbar. Die Farbangaben sind verschieden deutbar, vage, fast phantastisch. Kaum bei andern Gewächsen begegnet man einer so nuancierten Farbwiedergabe, die trotz allem auf das Objekt erst noch nicht immer zutrifft. Man kann über die Geschicklichkeit und Phantasie, mit der viele Autoren die Farben der Pilze zu umschreiben und vergleichen verstehen, nur staunen. Was haben sie an den Pilzen nicht alles für verschiedene Rot, Gelb, Blau und Grün entdeckt!

Der Pilz ändert die Farbe unter verschiedenem Wassergehalt und Lichteinfluß. Seine Färbung reagiert gerade auf diejenigen Faktoren (Feuchtigkeit und Licht), die im Naturgeschehen am meisten wechseln. Die Farben werden ausgewaschen, gebleicht, verwässert. Einen großen Einfluß auf die Pilzfarbe haben auch die Temperatur, der Standort, die Bodenunterlage und die Höhenlage. Betrachten wir einige Einflüsse näher:

Lichteinfluß (Licht- und Schattenformen): Die gleiche Pilzart tritt im schattigen Wald oder am sonnigen Waldrand gewachsen in helleren oder dunkleren Farben auf. Bei bedecktem Himmel geschlüpft, ist der Pilz häufig anders gefärbt, als wenn er während sonniger Tage gewachsen ist. Manche Pilze bleichen im Licht stark aus, andere nehmen Farbe an.

Feuchtigkeitseinfluß (Regen- und Schönwetterpilze): Ganz auffällig äußert sich die sogenannte Hygrophanität oder Wasserzügigkeit. Verwässerte Zonen des Pilzhutes sind dunkler, regennasse Pilze haben andere Farben als trocken gewachsene. Verdunstet aus stark hygrophanen Pilzen viel Wasser, so werden sie heller. Unter einem Haufen frischer, bei schönem Wetter gesammelter Eierschwämme sind künstlich verwässerte (damit sie auf der Wage besser ziehen) oder auch von nassen Standorten stammende an ihren satteren Farben sofort zu erkennen.

Feuchtigkeitseinflüsse bedingen nicht selten auch gestaltliche Veränderungen, wie Rissigwerden der Hüte, felderiges Aufreißen der Hüte des Steinpilzes, des Rotfußröhrlings, des Spangrünen Täublings. Selbst der Ring kann an beringten Formen unterschlagen werden, indem er im Boden einschrumpft, sich vorzeitig ablöst, wie das beim Butterpilz oft der Fall ist. Butterpilz und Körnchenröhrling gehören wahrscheinlich zur gleichen Pilzart. Der Pantherpilz wird durch heftige Regen hellbraun gewaschen, der sonst rötlichbraune Perlpilz ist alsdann ganz hell, fast weißrosa.

Temperatureinfluß (Sommer- und Herbstformen, Tiefland- und Gebirgsformen): Warmfeucht gewachsene Pilze (Sommerpilze, Sommerformen) sind vielfach heller gefärbt als kühlfeucht gewachsene Pilze (Herbst- und Gebirgsformen). Der Steinpilz, der Körnchenröhrling, der Butterpilz und viele Blätterpilze sind gute Beispiele dafür. Eierschwämme können nach einigen Morgenfrösten oder Schneefällen oberseits ganz weißlich werden. Andere Pilze «verglasen».

Standortseinfluß (Laub- und Nadelwaldformen, Formen aus verschiedenen Symbiosen, biologische Rassen):
Auf Böden mit rotbrauner Nadelstreu, tiefbraunen Rinden, wie dies zum Beispiel in Fichten- und Föhrenwäldern der Fall ist, treten manche Pilze in intensiveren Brauntönen auf, z. B. der Pantherpilz, der Föhrensteinpilz usw.

Gewöhnlich sind alle verändernden Faktoren miteinander gekoppelt, so daß selten einer allein für die Veränderung verantwortlich gemacht werden kann. Dieser Veränderlichkeit der Pilze hat man Rechnung zu tragen. Man unterscheidet mit Recht verschiedene Formen, Rassen, Varietäten oder Unterarten, je nachdem die Veränderungen äußeren oder inneren Ursprungs sind. Weniger angebracht ist es dagegen, die so veränderten Pilze als verschiedene Arten zu betrachten. Jedenfalls deutet die ganze Plastik der Pilze daraufhin, daß es lange nicht so viele «gute Arten» gibt, wie in manchen Bestimmungsbüchern unterschieden werden.

Den Farbveränderungen durch Außeneinflüsse stehen die durch die Sporenreife bedingten gegenüber. Sie beschränken sich auf die sporenbildenden Regionen des Pilzes, auf das Hymenium: die Blätter, Röhren, Stacheln und benachbarte Partien, auf denen sich die frei gewordenen Sporen ablagern. Diese bekommen andere Farben.

Auch das Altern der Pilze bringt Farbveränderungen mit sich, zum Beispiel das Gilben, Bräunen, Röten und das Fleckigwerden.

Wieder anderer Natur sind die Farbveränderungen an Pilzen, die nach Verletzungen mehr oder weniger plötzlich eintreten. Wir sehen zum Beispiel, wie das nach dem Brechen mit der Luft in Kontakt gekommene Fleisch blaut, rötet oder grau bis schwarz wird oder wie der ausfließende Milchsaft seine Farbe verändert. Ähnliche Verfärbungen entstehen sogar bei ganz minimen Verletzungen, wie bei Berührung oder auf Druck hin.

Das «Blauen» der Röhrlinge beruht auf dem Vorhandensein von wasserlöslichem gelbem bis orangerotem Boletol im Pilzfleisch sowie einer Oxydase und freier Metallionen. Bei Röhrlingen, welche diese Stoffe enthalten, verfärbt sich das Fleisch an der Luft blau, blaugrün; Röhrlinge mit starkem Boletolgehalt haben orangerotes, solche mit weniger Boletol gelbes Fleisch. Das Boletol wird durch die Oxydase in Boletochinon verwandelt, das mit den im Pilzsaft vorhandenen Metallionen salzartige Verbindungen von prächtig blauer Farbe gibt. Bei starker Konzentration des Boletols sind die Verfärbungen intensiver, bei schwächerer Konzentration geringer. Die blaue Farbe kann mit der gelben des freien Boletols gemischt auch diverse Grün ergeben. Farbveränderungen bei andern Pilzen beruhen auf ähnlichen Prozessen.

Alle diese Verfärbungen haben eine große Bedeutung für die Erkennung mancher Pilze. Sie lehren uns aber auch, daß weder das starke, abschreckende «Blauen» noch die Buntfarbigkeit mancher Pilze in irgendwelchem Zusammenhang stehen mit der Giftigkeit oder Eßbarkeit der betreffenden Arten.

Pilze geben auf Grund der Inhaltsstoffe auch Farbreaktionen mit verschiedenen darauf getupften Chemikalien. Man nützt dies zum Bestimmen gelegentlich aus. Bei den Flechten wird das Bestimmen mittels Farbreaktionen schon länger praktiziert. Man darf von dieser Bestimmungsart aber nicht zu viel erhoffen. Sie ist nicht in jedem Fall gleich zuverlässig. Als Reagenzien kommen – aber bitte nicht ausprobieren an Pilzstücken, die man nachher kochen will – in Frage: Ammoniak, Anilin, Eisenvitriol, Jodkali, Kalilauge, Lugol, Phenol, Salzsäure, Salpetersäure, Schwefelsäure, Sulfovanillin und andere.

Liste einiger Pilze mit regulären oder gelegentlichen oder künstlich hervorrufbaren Farbveränderungen:

Grüner Knollenblätterpilz	Hut zitronengrün, grünbraun, graugelb, weißlich
Fliegenpilz	Hut orangerot, gelb, braun
Perlpilz	Hut weinrot, rotbraun, weißlich-rosa
Rötender Ritterling	Lamellen röten
Gilbender Ritterling	Lamellen gilben
Pechschwarzer Rasling	Lamellen schwärzen bei Berührung
Blauender Rasling	Lamellen blauen bei Berührung
Rosablättriger Schirmling	Lamellen werden allmählich rosa
Purpurfilziger Ritterling	der purpurrote, verkahlende Hut wird gelb
Lacktrichterling	Lamellen werden bei der Sporenreife weißmehlig
Empfindlicher Krempling	Lamellen bräunen auf den Druckstellen
Brätling	Lamellen bräunen auf den Druckstellen
Eleganter Wirrkopf	rötendes Fleisch
Duftender Wirrkopf	rötendes Fleisch
Champignons	normale Verfärbung der Blätter: rosa-violettbraun-kaffeebraun
Schopftintling	normale Verfärbung der Blätter: weiß-rosa-schwarz
Karbolchampignon	Geriebene Stellen an Hut und Stielgrund werden chromgelb
Echter Reizker	wird auf Druck oder Schlag grünfleckig
Schwarzblauender Röhrling	Fleisch wird, gebrochen, sofort tief tintenblau
Birkenröhrling	Fleisch wird häufig grau, grauschwarz, schieferblau
Bitterer Stacheling	wird grünfleckig
Rotfußröhrling	Fraßstellen und Rißstellen werden rötlich
Ziegenlippe	Fraß- und Rißstellen sind gelb
Milchlinge	zahlreiche Arten mit an der Luft verfärbendem Milchsaft

Den Pilzvergiftungen vorbeugen ist besser als heilen

Über «Giftpilze und Pilzgifte» wird in vielen Pilzbüchern geschrieben, so daß wir darauf verweisen können. Der Pilzler hat kein Interesse, sich eine Pilzvergiftung zuschulden kommen lassen. Daher gilt es, von Beginn an vorbeugen:

1. Man lerne in erster Linie die Giftpilze kennen. Ihre Zahl ist viel kleiner als die der eßbaren. Kennt man sie in allen Stadien, so hat man die Gewißheit, sich auf alle Fälle mit Pilzen nicht vergiften zu können.
2. Man wähle beim Sammeln aus und verwende für die Küche nur das Beste von dem, was man sicher kennt. Mittelgroße Pilze eignen sich zu Speisezwecken am besten. Was zu klein oder zu groß ist, überlasse man dem Walde. Vor allem die zu großen Pilze lasse man dort stehen, damit sie Sporen für die Vermehrung bilden.
3. Man kontrolliere die Pilze mindestens dreimal bei gutem Licht, beim Sammeln, beim Putzen, beim Rüsten, und strecke auch noch die Nase in die Pfanne. Im Sammelkorb halte man peinlich Ordnung, sortiere die Pilze schon im Walde, reinige sie von Erde und Moos, nehme sie aber ganz und nicht mit dem Messer abgeschnitten.

Alles Zweifelhafte gehört nicht in den Pilzkorb. Will man es trotzdem zum Lernen mitnehmen, dann separat. Lieber einen Pilz zuviel, als einen zuwenig wegwerfen.

4. Man verwende wenig haltbare Pilze (Boviste, Stäublinge, Tintlinge, Perlpilze, Steinpilze, Rotfußröhrlinge) sofort, solange sie frisch aussehen und gut riechen.
5. Man verwende als Speise keine Pilze, deren Merkmale zweifelhaft erkennbar sind. Das ist häufig bei zu jungen oder zu alten der Fall. Junge Pilze, bei denen man noch nicht genau erkennt, was aus ihnen werden wird, lasse man stehen.
6. Man sammle nicht mehr Pilze, als man auf einmal verwenden kann, sei es als Gericht oder zum Einmachen oder Dörren. Ist man genötigt, sie auf den andern Tag aufzubewahren, so lege man sie, einer neben dem andern, an einem schattigen, kühlen Ort aus. Zu nasse Pilze sammle man nicht. Nie verwende man zum Pilzsammeln Plastiksäcke. Die Pilze kommen darin bald ins Schwitzen und Faulen. Der Korb ist das zweckmäßigste Sammelgerät. Jeder Speisepilz wird, wenn er infolge falscher Behandlung oder zu langer Lagerung in Fäulnis übergeht, giftig.
7. Man genieße Pilze nicht roh, ungenügend gekocht, in zu großen Mengen und auch nicht zusammen mit unpassenden andern Speisen und Getränken. Nur die Salatpilze (Eispilz und Roter Gallertpilz) können roh zu Salaten verwendet werden. Pilze verwende man stets im Sinne einer Zutat zu den Mahlzeiten, nicht als Hauptgericht!
8. Man verwende zu Pilzgerichten nie mehr Pilze, als man auf einmal aufessen kann. Gekochte Pilze dürfen nicht aufbewahrt werden. Denn Pilze sind so verderblich wie Fleisch und Milch. Auch Reste aus angebrochenen Pilzkonserven verwende man nicht.
9. Man praktiziere keine empfohlenen Entgiftungsmaßregeln, glaube nicht an die Mär des Silberlöffels oder des Silbergeldstückes und anderer Dinge, welche die Giftigkeit anzeigen sollen.
10. Man höre nicht auf Leute, welche den einen oder andern halb- oder ganzgiftigen Pilz, so oder anders zubereitet, ohne Schaden gegessen haben wollen. Auch verlasse man sich nie auf Auskünfte zufällig angetroffener «Pilzkenner».

Was aber ist in einem Pilzvergiftungsfall in erster Linie zu tun? Man rufe unverzüglich den Arzt und womöglich einen Pilzsachverständigen. Bis zu ihrem Erscheinen sorge man dafür, daß Abfälle der gegessenen Pilze, Reste des Pilzgerichtes oder bereits Erbrochenes zur Untersuchung bereitstehen. Wichtig ist, daß der verspeiste Giftpilz eruiert werden kann. Das ermöglicht dem Arzt, den Patienten richtig zu behandeln.

Als Faustregel gilt, daß Pilzvergiftungen, bei denen die Symptome erst nach 12, 24 oder gar 48 Stunden nach Genuß der Pilze auftreten, gefährlicher sind, als solche, bei denen sich die Vergiftungssymptome schon kurze Zeit nach Genuß bemerkbar machen. Denn bei Vergiftungen mit langer Latenzzeit handelt es sich meistens um Knollenblätterpilzvergiftungen.

Der Gefährlichkeit nach gibt es drei Giftpilzgruppen:

I. Gruppe der giftigen Knollenblätterpilze, Amanitagruppe, Hauptgift ist das Amanitin. Vergiftungen durch Pilze dieser Gruppe kennzeichnen sich durch eine lange Latenzzeit von 8–12–24–48 Stunden.

II. Gruppe der Muskarinpilze, Rißpilze, Fliegenpilz (Muskaridin). Die Vergiftungssymptome machen sich kurze Zeit nach dem Genuß der Pilze bemerkbar.

III. Gruppe der gastro-intestinal wirkenden Giftpilze, wie scharfe Täublinge und Milchlinge, Tigerritterling, Bitterröhrling und andere. Die Vergiftung macht sich kurze Zeit nach Genuß bemerkbar.

Leuchtende Pilze

Lichtphänomene an Pflanzen und Tieren haben seit jeher die Aufmerksamkeit des Menschen auf sich gezogen. Schon Conrad Geßner (1516–1565) hat in einem Buche alle ihm bekannten Gewächse zusammengestellt, die nachts leuchten sollen oder ähnlicher Eigenschaften wegen als «Lunariae» oder Mondpflanzen bezeichnet wurden.

Martius (1794–1868) machte auf seiner Reise durch Brasilien die Beobachtung, daß der aus den Wunden einer Wolfsmilch, Euphorbia phosphorea, ausfließende Milchsaft leuchte. Die herabgleitenden Safttropfen sollen wie brennender Talg ausgesehen haben. Doch konnte er das Leuchten bei dieser Pflanze nur ein einziges Mal beobachten. Er schrieb es deshalb den Gewittererscheinungen jener Nacht zu.

Über das «Blitzen der Blüten» berichtet uns erstmals Linnés Tochter, Elisabeth Christine, als sie 1762 im Garten ihres Vaters eines Abends bemerkte, wie die feuergelben Blüten der Kapuzinerkresse von Zeit zu Zeit aufzublitzen begannen.

Bekannt sind die bei schweren Gewittern an Pflanzen und andern hochragenden, spitzen Gegenständen entstehenden «Elmsfeuer», bei denen beispielsweise aus den Blattspitzen oder den benadelten Zweigen infolge elektrischer Entladungen grell leuchtende Lichtperlen heraussprühen.

Das Meeresleuchten, jenes Funkeln und Aufblitzen des bewegten Meerwassers, wird durch bestimmte Geißelalgen aus der Gruppe der Peridineen hervorgerufen.

Das plötzliche Leuchten von Rindfleisch kann uns in Staunen versetzen. Es tritt auf, wenn es von Leuchtbakterien, zum Beispiel von Bacterium phosphoreum, infiziert ist. Auch an toten Fischen kann ein Leuchten auftreten.

Lichterscheinungen an Pflanzen sind verbreitet, doch nicht häufig. Die Berichte über leuchtende Pilze fallen deshalb nicht ganz aus dem Rahmen. Aus Neuguinea wird von einem Leuchtpilz berichtet, der nachts auf den Rücken des Führers gebunden wird, um sich nicht zu verirren. In Queensland strahlt ein Pilz bläuliches Licht aus, stark genug, um eine Zeitung zu lesen.

Die Lichterscheinungen an Pflanzen sind zweierlei Art; entweder handelt es sich nur um Lichtreflexe, wie zum Beispiel beim Elisabeth-Linné-Phänomen oder bei der Goldkugelalge (Chromulina rosanoffii), die einen herrlichen Goldschimmer über das Wasser verbreitet, oder auch beim Leuchtmoos (Schistostega osmundacea), dessen Vorkeim alte Klüfte im Urgestein in smaragdgrünem Licht erscheinen läßt; oder es handelt sich um eine eigentliche Lichtproduktion, wie bei den Bakterien und Pilzen, die mit dem Atmungsprozeß und noch wenig bekannten Stoffwechselvorgängen im Zusammenhang steht. Es ist eine Chemolumineszenz, bei der zum Beispiel Substanzen entstehen, die schon bei geringem Zutritt von Sauerstoff eine Oxydation erfahren und einen Teil der freiwerdenden Energie in Form einer sichtbaren Strahlung entlassen. Es handelt sich stets um kaltes Licht. Das Aufleuchten kann als sehr empfindlicher biologischer Sauerstoffnachweis benutzt werden.

Leuchtende Hölzer sind im Sommer und Herbst – zur Zeit des intensivsten Pilzwachstums – keine Seltenheit. Trotzdem sind sie nur denen bekannt, die auch in tiefer Finsternis einen Wald zu durchstreifen wagen. Wer es noch nie erlebt hat, wird ganz bestimmt einen Augenblick stehenbleiben, wenn er tief im Wald, wo er sich ganz einsam glaubte, plötzlich einen Lichtschein wahrnimmt, der auch beim Näherkommen unverrückt bleibt und um den es totenstill ist. Greift man danach, so hat man im besten Fall ein morsches Holz oder ein Rindenstück in der Hand. Daß solche Erlebnisse auf ängstliche Gemüter einen mächtigen Einfluß ausüben können, versteht sich von selbst.

Eine der ersten Abhandlungen über phosphoreszierende Hölzer verdanken wir Placidus Heinrich (1815). Er gab bereits an, daß verschiedene Hölzer im Dunkeln zu leuchten vermögen, zum Beispiel das der Birke, Buche, Eiche usw. Auch sagt er, wie man ein solches Holz beschaffen und weiterzüchten kann, indem man Stücke sammle und sie zu Hause im Keller oder in einem feuchten Behälter lagere. Sorgt man für regelmäßige Befeuchtung und gute Lüftung, so werden die Hölzer und Rinden einige Zeit weiterleuchten.

Die «Lichtfäule» des Holzes kannte man auch aus den Kohlengruben, in denen die Stützbalken oft mit bläulich leuchtenden Flecken und Punkten überstreut waren. Wo sie in Menge auftraten, schimmerten sie so hell, daß man die Grubenlampen löschen konnte, weil das Holz hinreichend leuchtete, um den Weg zu erkennen. Sooft man fest nach dem Schein griff, hatte man eine Kruste in der Hand. Bergrat Derschau erkannte (1823) dann eindeutig, daß nur die Kruste, nicht aber das Holz leuchte. Hauptsächlich von den weißlichen Triebspitzen des Belages ging das Licht aus. Zerrieb man sie, so leuchteten sie noch einige Sekunden weiter. Schließlich erkannte man in diesen Krusten und Strängen einen Pilz, dem man vorläufig den Namen Rhizomorpha gab. Je nach dem Vorkommen unterschied man verschiedene Rhizomorphen.

Wo das Laub im Wald dicht beisammen liegt, findet man oft auch modernde Blätter der Buche oder Eiche, welche im Dunkeln phosphoreszieren.

Aus der Vermutung heraus, daß die Rhizomorphen dem an Hölzern verbreiteten Hallimasch, Armillariella mellea, angehören, versuchte es Molisch (1856–1937), das Leuchtmycel dieses Pilzes aus einer Aussaat von Sporen zu züchten. Er impfte sie auf ein geeignetes Medium und übertrug die jungen Mycelien auf feuchtes Brot in Erlenmeyerkolben. Auf den Brotstücken entstanden in kurzer Zeit üppige Mycelbeläge. Das ursprünglich weiße Mycel änderte seine Farbe an der Oberfläche des Brotes, nachdem es dieses ganz durchwuchert hatte, in tiefes Schwarzbraun. Besonders in dieser Umänderungsphase trat das Leuchten ein. Auf Brot entwickelte das Mycelium über mehrere Monate hindurch Licht, während mycelhaltige Holzstücke aus dem Wald nur einige Tage leuchteten. Allerdings waren es nicht immer die gleichen Mycelstellen, die Licht ausstrahlten, sondern immer nur die jungen, während die alten auslöschten. Am 20. März 1900 erhielt dann Molisch zu seiner Überraschung in einem der Erlenmeyerkolben drei Fruchtkörper des bis dahin nicht sicher bekannten Rhizomorphenpilzes, welche eindeutig Hallimasch waren. Damit war nicht nur der Beweis geleistet, daß das Hallimaschmycel imstande ist, während bestimmter Entwicklungsphasen Licht zu produzieren, sondern es war ihm zum erstenmal gelungen, den Hallimasch von der Spore bis zum Fruchtkörper zu züchten.

Beim Hallimasch ist es nur das Mycel, das leuchtet, nicht aber der Fruchtkörper. In den Tropen und Subtropen gibt es aber auch Pilze, deren ganze Hüte des Nachts ein phantastisches Licht, gleich einer Stehlampe, ausstrahlen. Im Mittelmeergebiet und ganz selten auch nördlich der Alpen ist der Ölbaumpilz, Omphalotus olearius, als solcher Leuchtpilz verbreitet. Tagsüber gleicht er etwas dem Eierschwamm, nachts aber erstrahlt hauptsächlich die Fruchtschicht des Hutes in einem magischen Schein. Seltener leuchtet auch der Stielgrund.

Ein phantastisch smaragdgrünes Licht wird dem australischen Leuchtpilz, Panus incandescens, zugeschrieben, der am Grunde der Baumstämme ansehnliche, tagsüber aber ganz unauffällige weißliche Fruchtkörper bildet. Unter den Namen Pleurotus noctilucens, Pleurotus japonicus, Pleurotus prometheus, Pleurotus gardneri werden andere Leuchtpilze beschrieben, die aber zum Teil mit Omphalotus oder andern identisch sind.

Ob dem Pilzlicht ein biologische Bedeutung zukommt, indem es allerlei Nachttiere, Pilzkäfer und Mücken anlockt, die den Pilz verbreiten können, ist eine viel zu spekulative Frage, als daß sie eindeutig beantwortet werden könnte.

Schwarzes Rhizomorphen-Mycelium des Hallimasch, wie man es an abgestorbenen Bäumen zwischen Holz und Rinde vorfindet

Doppelpilze, Mißbildungen, Sklerotien und Pilzgallen

Ritterling mit aufgewachsenem umgekehrtem Hut

Pilzabnormitäten kommen uns immer wieder in die Hände. Sie können verschiedener Art sein:

a) **Doppelpilze:** Hie und da steht auf dem Hut eines Pilzes ein kleinerer oder fast gleich großer derselben Art. Man spricht von Doppelpilzen. Seltener ist der Fall, daß ein Pilzhut mehrere Pilze trägt. Diese aufsitzenden Trabanten können mehr oder weniger normal aussehen, oder sie können verunstaltet sein.

Bei den Doppelpilzen handelt es sich einesteils um Verwachsungen, andernteils um Wachstumsstörungen. Im einfachsten Fall entstehen sie dadurch, daß zwei oder mehr nebeneinander- oder übereinanderliegende Fruchtkörperanlagen miteinander verwachsen. Die am stärksten zur Entwicklung gelangende Anlage nimmt die schwächeren mit und hebt sie in die Höhe. Das trifft sicher für manche Fälle zu. Wenn jedoch auf einem Pilzhut ein zweiter in umgekehrter Lage mit den Blättern oder Röhren nach oben aufsitzt oder wenn ein Pilzhut am Scheitel wie aufgebrochen aussieht und hier Blätter oder Röhren entwickelt, dann kommen Wachstumsstörungen in Frage.

b) **Mißbildungen durch Parasitismus:** Auch bei Parasitismus können Pilze auf Pilzhüten wachsen oder aus knolligen Pilzen entspringen. Der Parasitische Röhrling wächst beispielsweise aus den Knollen des Kartoffelbovistes heraus. Der 3 bis 8 cm große Parasitische Scheidling gedeiht auf den Hüten des Nebelgrauen Trichterlings und der Ritterlinge. Als nur 1 bis 2 cm große Pilzchen schmarotzen die Zwitterlinge (Nyctalis) auf faulenden Täublingen und Milchlingen, besonders gerne auf Russula nigricans, Russula adusta und Russula delica.

Wieder andere Schmarotzerpilze sind mikroskopisch klein. Ihr Schmarotzertum führt aber zu Deformationen an Hutpilzen. Für den Pilzsammler sind die Mißbildungen, welche durch die Gattung Hypomyces an Blätter- und Röhrenpilzen verursacht werden, am wichtigsten. Vom Echten Reizker finden wir nicht selten Hüte, die auf der Unterseite einen weißen Belag und bis zur Unkenntlichkeit deformierte Lamellen aufweisen. Diese Erscheinung wird durch Hypomyces lateritius (Fr.) Tul. verursacht. An Hüten anderer Milchlinge oder Täublinge tritt auf der Unterseite eine ähnliche Mißbildung, aber von grünlichem Aussehen auf. Hier schmarotzt Hypomyces viridis A. et S. Der Geschmack der befallenen Pilze wird durch die Schmarotzer kaum beeinflußt. Auch sind solche Hüte nicht giftig, aber krank, und deshalb nimmt man sie nicht.

Der Steinpilz wird gelegentlich vom Goldschimmel, Hypomyces aureus, befallen, welcher in gewissen Entwicklungsstadien die Steinpilze ganz oder stellenweise in weiße bis goldgelbe, morsche, faulende oder vertrocknende, mumienartige Gebilde umwandelt. Der gelbe Staub besteht unter dem Mikroskop aus prächtigen, goldgelben, warzigen Sporenkugeln des Schmarotzerpilzes. Auch diese Steinpilze sind nicht giftig, aber unappetitlich. Sie werden von den anspruchsvolleren Pilzsammlern gemieden. Unter gedörrten Steinpilzen kann man nicht selten Stücke finden, die von hypomycesbefallenen frischen Fruchtkörpern herstammen. Diese Dörrschnitze sind ganz oder stellenweise goldgelb und pulverig.

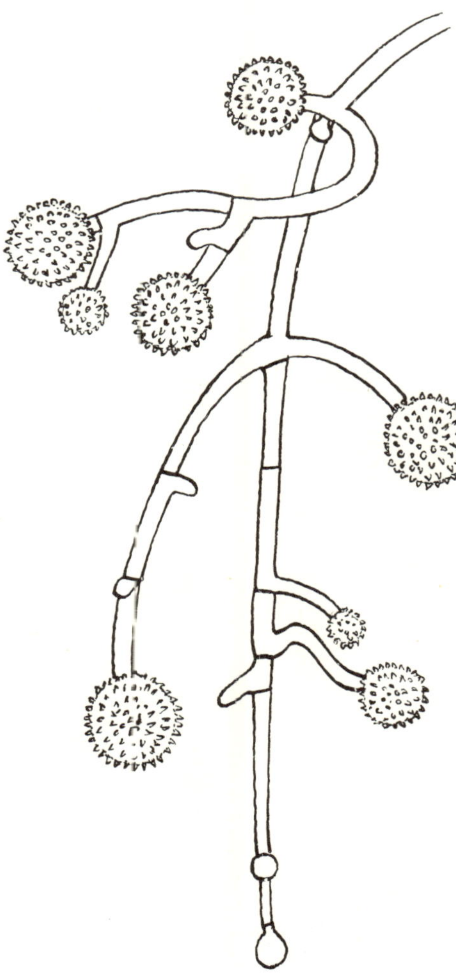

Chlamydosporen bildendes Mycelium des auf dem Steinpilz schmarotzenden Goldschimmelpilzes, Hypomyces chrysospermus

c) **Sklerotien:** Ganz allgemein stellen Sklerotien Überdauerungsstadien dar, welche den Pilzen ermöglichen, schlechte Zeiten zu überbrücken. Im Aussehen sind sie ganz verschieden, knollig oder strangartig, in der Beschaffenheit dagegen meist gleich, nämlich hart.

Blätter des Spitz- und Bergahorns weisen im Nachsommer und Herbst häufig rundliche, fingernagelgroße, schwarze, schorfige Flecken auf, die von einem gelblichen Saum umzogen sind. Hier handelt es sich um die Sklerotien des Ahornrunzelschorfs, Rhytisma acerinum, welcher diese auffällige «Schwarzfleckenkrankheit» der Ahornblätter verursacht. Die Sklerotien harren an den faulenden Ahornblättern bis zum Frühling aus. Gleichzeitig mit dem Laubaustrieb der Ahorne bilden sich in den Sklerotien Sporen, welche die jungen Ahornblätter von neuem befallen. Man kann den Pilz durch Verbrennen des kranken Ahornlaubes im Herbst bekämpfen.

Sklerotien von ganz anderer Gestalt, aber gleicher Funktion sind die Mutterkörner, welche durch den Mutterkornpilz, Claviceps purpurea, an Getreidearten und Wildgräsern auftreten. Sie gehen aus den von diesem Mikropilz befallenen Fruchtknoten hervor und bestehen aus erhärtetem, sklerotisiertem Pilzmycel.

Auch Hutpilze bilden Sklerotien aus. Einige Beispiele seien angeführt. Kleine Sklerotien von hornartiger, zwiebeliger oder spindeliger Gestalt treten bei den Sklerotien-Rüblingen auf, zum Beispiel bei Collybia tuberosa. Sklerotienähnliche Knollen von Hühnerei- bis Faustgröße, die ebensosehr auch nur Mißbildungen sein können, erzeugt mitunter der Mönchskopf. Die Knollen sind elastisch wie Hartgummibälle und meist von der typischen Farbe des Mönchskopfes. Oft sitzt auch ein mehr oder weniger vollständiger Mönchskopf daran.

Auch der auf Mist gedeihende Coprinus stercorarius erzeugt grauschwarze, bis erbsengroße, im tierischen Dünger vorkommende Sklerotien. Der zwiebelstielige Faltentintling, Lepiota cepaestipes, geht aus mohnsamengroßen, weiß- bis gelbfilzigen Sklerotien hervor, die zahllos in der Erde liegen. Sklerotien bildet auch der Eichhase.

Weit größere Sklerotien erzeugen manche exotische Pilze. Aus sklerotisiertem Pilzmycel, Erde und Lehm bestehen die sogenannten Pilzsteine (Pietri fungaia). Sie sind die Dauerzustände eines eßbaren Porlings, Polyporus tuberaster, der sich aus diesen bis kopfgroßen, knolligen, höckerigen braunen Gebilden kultivieren läßt. Auch das, was wir Champignonbrut nennen, ist von ähnlicher Beschaffenheit. Lentinus tuber regium, ein zäher Blätterpilz, der in Afrika und andern Tropengebieten verbreitet ist, bildet ebenfalls bis kopfgroße Sklerotien aus. Er ist zusammen mit andern Tropenpflanzen auch schon in Gewächshäuser eingeschleppt worden und dort aus diesen Dauerzuständen aufgewachsen.

Sklerotien des Ahornrunzelschorfes, Rhytisma acerinum, auf Spitzahornblatt

d) **Pilzgallen:** Allgemein unterscheidet man tierische und pilzliche Gallen. Erstere werden von Tieren, meistens Insekten, letztere von Pilzen hervorgerufen.

Eine tierische Galle, welche oft an einem Pilz, dem Abgeflachten Schichtporling, Ganoderma applanatum, zu sehen ist, stellen die zitzenartigen Auswüchse auf dessen Unterseite dar. Sie sind die Brutstätten einer Fliegenart, Agathomyia wankowiczi. Bei der Eiablage werden von diesem Insekt mit dem Einstich Stoffe in den harten Pilzkörper gebracht, welche ihn lokal zu diesen Wucherungen veranlassen. Genau genommen handelt es sich hier um eine tierisch erzeugte Galle an einem Pilz.

Eigentliche Pilzgallen, verursacht durch das Wuchern eines Schmarotzerpilzes, Exobasidium rhododendri, im Gewebe der Blätter der Rostblättrigen Alpenrose treffen wir in den Bergen nicht selten an. Diese fleischigen Saftgallen an den Alpenrosenblättern sind meistens schön gelb und rotbackig, bis kirschengroß. Im Volksmund heißen sie Alpenrosenäpfelchen. – An kultivierten Azaleen treten an den Blättern ähnliche Saftgebilde auf. Sie verunstalten das Laub zu unförmigen, lappenartigen Gebilden. Man spricht von der «Ohrläppchenkrankheit» der Azaleen. Ihre Ursache ist Exobasidium azaleae. Die Bekämpfung dieser unbeliebten Azaleenkrankheit erfolgt durch Ablesen der Läppchen und Verbrennen sowie durch Bestäuben oder Bespritzen mit Schwefelpräparaten. – An der Weißtanne beobachten wir oft hellgrüne wie Besen dicht verzweigte Auswüchse, sogenannte Hexenbesen. Ein Rostpilz, Melampsorella, gibt Anlaß zu ihrer Entstehung.

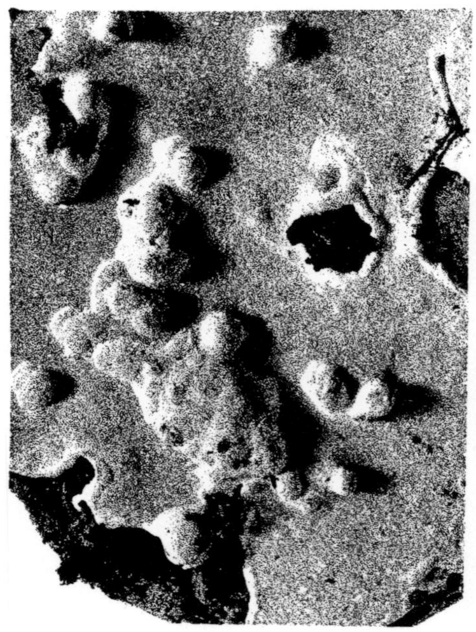

Gallen auf der Hutunterseite von Ganoderma applanatum

Doppelgänger

Unter Doppelgängern bei Pilzen versteht man dasselbe wie bei den Menschen, daß zwei sich zum Verwechseln ähnlich sehen. Natürlich kann man zwei Doppelgänger nur verwechseln, wenn man sie oberflächlich betrachtet. Wie eine Mutter ihre Zwillingskinder sicher voneinander kennt oder ein guter Schafhirte in seiner Herde jedes Schaf vom anderen zu unterscheiden weiß, so lassen sich bei genauerem Hinsehen auch die Pilzdoppelgänger auseinanderhalten. Es liegt im Grunde nur an unserer oberflächlichen Beobachtung, wenn wir sie als Doppelgänger bezeichnen. Je ungenauer wir beobachten, um so mehr Pilze erscheinen uns als Doppelgänger. Je schärfer wir beobachten, je umfassender unsere Kenntnisse sind, um so weniger Doppelgänger wird es für uns geben.

Der gleiche Pilz kann einen oder mehrere giftige oder harmlose Doppelgänger haben.

Wenn man zwei ungiftige Doppelgänger miteinander verwechselt, kocht und ißt, macht das nichts. Schlimmer, ja lebensgefährlich kann es werden, wenn man einen giftigen Doppelgänger für einen eßbaren hält. In der nachstehenden Übersicht sind Beispiele einiger Doppelgänger mit je einigen ihrer unterscheidenden Merkmale einander gegenübergestellt:

Eßbar	**Giftig oder ungenießbar**
Kaiserling Stiel und Lamellen zitronen- bis dottergelblich. Hut ohne Schuppen. Knolle mit häutiger Scheide	Fliegenpilz Lamellen weiß. Hut jung mit weißen Schuppen. Knolle mit warzigen Gürteln
Champignons Lamellen rosa, violettbraun bis kaffeebraun	Karbol-(Gift-)champignon läuft beim Reiben an Hut und Stiel chromgelb an
	Grüner und Weißer Knollenblätterpilz Lamellen weiß, Stielknolle mit häutiger Scheide
Perlpilz Hut rötlichbraun bis weißrosa, Fleisch unter der Huthaut weinrötlich, ebenso in der glatten, nicht bescheideten Knolle	Pantherpilz Hut braun, Fleisch unter der Huthaut weiß. Stielknolle wulstig gesäumt, oft doppelt gesäumt
Grünling ohne besonderen Geruch	Schwefelritterling mit Gasgeruch
Graublätteriger Ritterling Lamellen gräulich, gekerbt	Tigerritterling Lamellen weißlich, dicklich, breit. Hutrand oft wulstig verbogen
Nebelgrauer Trichterling Hut aschgrau bis graubraun. Lamellen ganzrandig leicht abstreifbar. Geruch säuerlich	Herbströtling Lamellen gelbrötlich, mit leicht wellig-gekerbten Schneiden. Geruch mehlartig
Hallimasch Hut bräunlich bis honiggelb, jung beschüppelt. Rand und Stielspitze zart gerieft. Stiel deutlich beringt. Sporenstaub weiß. Geschmack säuerlich	Schwefelköpfe Hut gelbgrün bis ziegelrot, schuppenlos. Stiel flüchtig beringt bis ringlos. Fleisch bitterlich. Sporenstaub violettschwarz
Echter Reizker Fleisch und Milchsaft karottenrot, mild	Falber Milchling Fleisch blaß, Milch weiß, scharf
	Lärchenmilchling unter Lärchen, Milch weiß, scharf

Eßbar	**Giftig oder ungenießbar**
Eierschwamm gelb, mit gabelig aufsteigenden Leisten	Falscher Eierschwamm orange-samtig, mit gabeligen, hervorstehenden Blättern
	Ölbaumpilz, bei uns sehr selten, orangegelb, büschelig an Holz, Blätter dünn
Steinpilz Stielspitze mit sehr feinem, weißem Netz auf etwas dunklerem Grund. Röhrenober- fläche sich aus Weiß über Gelb in Grün verfärbend. Fleisch mild, weiß und im Bruch weiß bleibend	Gallenröhrling Stiel mit sehr grobem, dunklem Netz auf etwas hellerem Grund. Röhrenober- fläche sich aus Weiß in Rosa verfärbend. Fleisch weiß, sehr bitter
	Bitterröhrling Fleisch im Bruch leicht blauend, bitter- lich. Stiel netzlos oder genetzt, oft rötlich bis rot mit gelber Spitzenpartie, aber auch graubraun ohne jegliches Rot. Röhrenschicht wie beim Steinpilz zuerst weißlich, dann gelb, dann grün
	Satanspilz Röhren rot, dickknolliger Stiel mit scharlachroter Zone. Hut gräulich. Fleisch leicht blauend
Habichtspilz Hutoberseite grob braunschuppig Nadelwälder, vorwiegend Herbst	Gallenstacheling Hutoberseite mit angedrückten Schuppen, fast glatt, oft grünfleckig
Morcheln Hut bienenwabenartig grubig gefeldert	Frühlingslorchel Hut gehirnartig gewunden
Boviste und Stäublinge Innenmasse, solange die Pilze eßbar sind, gleichförmig weiß, schwammig	Kartoffelbovist Innenmasse sehr bald violett, violett- schwarz
	Junge Stadien giftiger Knollenblätter- pilze, Inneres im Längsschnitt deutlich in Hut und Stiel gegliedert. Fliegenpilz- eier im Längsschnitt unter der Schale orange

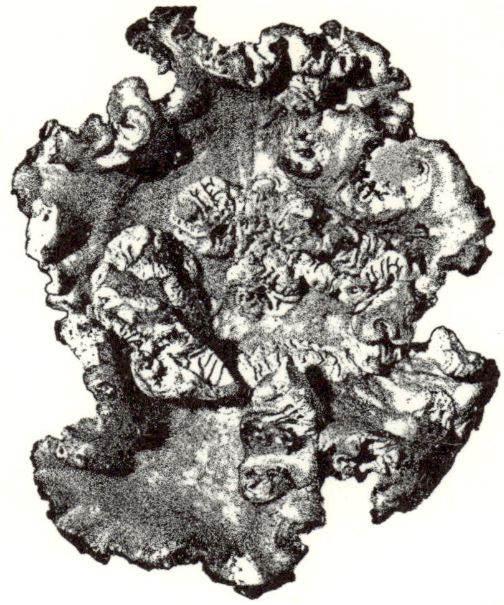

Mißbildeter Hut des Eierschwammes

Fremde Pilze

Wir leben in der Zeit des regen Verkehrs von Land zu Land, von Kontinent zu Kontinent. Das bringt es mit sich, daß, oft ungewollt, lebende Pilze in Mycel-, Sklerotien- oder Sporenform eingeschleppt werden, genau wie auch andere Pflanzen durch den Güter- und Personenverkehr zu uns gelangen. Sogar gedörrtes Pilzgut und Pilzkonserven kommen zu uns, welche von Pilzen fremder Länder stammen, dort gezüchtet werden und früher nur dort als Speisepilze dienten.

Ein Beispiel eines eingeschleppten, erst etwa seit 1920 in Mitteleuropa eingebürgerten Pilzes liefert uns der Tintenfischpilz, Anthurus (siehe Bild S. 201). Er stammt aus dem australischen Florenbezirk, gehört in die gleiche Ordnung wie unsere einheimische Stinkmorchel, nämlich zu den Phallales (Rutenpilzen). Diese fristen ihr Leben vorwiegend als Saprophyten auf dem Erdboden, verbreiten bei der Sporenreife einen Aasgeruch, der Schmeißfliegen und Käfer anlockt, welche für die Verbreitung der feuchten Sporenmassen sorgen. Diese Pilzgruppe mit ihren meist farbenprächtigen und eigentümlich geformten Vertretern ist es auch, welche zur Bezeichnung «Pilzblumen»

Anlaß gegeben hat. Andere «Pilzblumen», von denen zum Beispiel im Gebiete des Rio grande do Sul einige Dutzend Arten vorkommen, gleichen feurigrot oder gelb gefärbten Gitterkugeln. Man nennt sie Gitterpilze (Clathrus). Alle sind sehr vergänglich. Ihre Stiele strecken sich innerhalb weniger Stunden samt dem gitterigen Maschenwerk, und ebenso rasch fällt der Pilz wieder in sich zusammen. Bei uns kann man sie hie und da als «Eingeschleppte» beobachten, am häufigsten in Gärtnereien, Treibhäusern, in wärmeren Gegenden auch auf Kompost im Freien. Fast immer sind sie aber nur vorübergehende Erscheinungen. Mit importierten Bäumchen ist wahrscheinlich auch das Mycel der nordamerikanischen «Schleierdame», Phallus indusiatus, nach Europa gelangt, ähnlich wie ein Pilz aus einer ganz anderen Verwandtschaft, nämlich der Elfenbeinröhrling, mit der aus Nordamerika importierten Weymouthskiefer zu uns gelangt ist.

In gedörrtem Zustand, für Speisezwecke, kommt auch der Shiitakepilz, Lentinus edodes, aus Südostasien zu uns. Im Handel ist er, sofern zugelassen, gewöhnlich in ganzen Stücken, aus Stiel und Hut bestehend, erhältlich. Er ist ein Blätterpilz aus der Gruppe der Zählinge und erweist sich auch als solcher. Für chinesische Gerichte, etwa feingehackt in Reis, kann er auch uns munden. Die getrockneten Hüte dieses Pilzes sehen rissig, schuppiggefeldert aus. Die Felder sind bräunlich, die Rißzonen weißlich bis cremefarben. Er wird im fernen Orient auf Hölzern gezüchtet. Die Shiitakepilzzucht spielt in Südostasien, wo der Pilz auch wild in Wäldern vorkommt, eine ähnliche Rolle wie bei uns die Champignonzucht. Der Pilz wird im Gegensatz zum Champignon aber auf Hölzern, zum Beispiel auf Pasania, einem eichenartigen Holz, gezüchtet. Die Handelsnamen des Shiitake lauten sehr verschieden.

Auch das Judasohr, Auricularia sambucina, das bei uns an alten Holunderstämmen gar nicht selten zu finden ist, wird als Speisepilz für ähnliche Gerichte wie der Shiitake gelegentlich gedörrt aus dem Fernen Osten importiert. Es kommt dort in andern Rassen, welche auch als Arten angesprochen werden, vor.

Wieder andere fremde Pilze lernen wir als Konservenpilze kennen. So etwa den Reisstrohscheidling, Volvariella esculenta Massee. Er wird in Indien und dem Fernen Osten auf Reisstroh und ähnlichem Material gezüchtet. Man erntet ihn jung, wenn die Hütchen noch kugelig sind. So werden sie auch in die Konservenbüchsen abgefüllt. Auch gedörrt ist der Pilz im Handel.

Schließlich ist bei uns auch der Steinpilz, in gedörrtem Zustand, überwiegend ein Importpilz. Denn unser Land ist kein Steinpilzland. Er wird waggon- und tonnenweise als Dörrpilz aus den südosteuropäischen Ländern zu uns verfrachtet. Gewöhnlich kommt er als Pilzschnitze, seltener ganz oder nur als Pilzhüte in den Handel. Diese Rohware wird zu Pilzgrieß und Pilzpulver weiterverarbeitet, die beide Ausgangsprodukte für Pilzmehle, Pilzwürzen, Pilzsuppen sind. Die Qualität solcher Trockensteinpilze wird ständig kontrolliert. Getrocknete Champignonschnitze kommen oft noch viel weiter her, von Taiwan über Rotterdam, zu uns.

Der Eierschwamm wird aus Gegenden, wo er zeitiger und reichlicher auftritt als in weiten Teilen Deutschlands, zum Beispiel aus Südfrankreich, Österreich und noch anderswoher, als Frischpilz importiert. Auch im Schwarzwald kommt er verhältnismäßig früh und häufig vor und wird zum großen Teil verschickt. Als das «Kuhfleisch» unter den Pilzen übersteht er diese Transporte gewöhnlich gut und kommt noch recht frisch in den Handel. Mancher täuscht sich, wenn er auf den Pilzmärkten große Haufen herrlicher Eierschwämme sieht und dabei denkt, es sei nun überall Eierschwammzeit.

Dörrpilze

Kann man Eierschwämme dörren? Was soll ich mit den vielen Hallimasch und Täublingen anfangen? Das sind häufige Fragen. Dörren kann man alles. Ob es aber nachher gut schmeckt, ist eine zweite Frage. Dem Problem kann man ausweichen, wenn man mäßig sammelt. Anderseits möchte aber mancher für die pilzarme Jahreszeit einen kleinen Wintervorrat anlegen, damit er zu Hause, auch wenn das Pilzsammeln vorbei ist, in den Speisen noch etwas Waldesduft spürt.

Der Eierschwamm ist jedenfalls kein Dörrpilz. Er bleibt nachher zäh, selbst wenn er gut eingeweicht wird. Der Hallimasch und die eßbaren Täublinge lassen sich zur Not dörren. Eigentliche Dörrpilze sind es aber nicht. Die Eierschwämme lassen sich besser sterilisieren, einfrieren, in Essig oder Salzwasser einlegen. Bei zweit- und drittklassigen Pilzen, wie etwa Hallimasch, lohnt es sich zu Zeiten des Nahrungsüberflusses kaum, sie auf diese oder jene Art haltbar zu machen.

Zum Dörren geeignete Pilze gibt es nur wenige. Das sind etwa folgende:

Steinpilz	Sandröhrling	Lorcheln
Maronenröhrling	Butterpilz	Sommertrüffel
Birkenröhrling	Habichtspilz	Wintertrüffel
Rotkappe	Totentrompete	Périgordtrüffel
Ziegenlippe	Champignons	Deutsche Trüffel
Rotfußröhrling	Morcheln	

Wichtig ist, daß Pilze zu Dörrzwecken nicht in zu durchnäßtem Zustand gesammelt werden. Man soll sie womöglich bei schönem und nicht bei Regenwetter sammeln. Ebenfalls nehme man keine zu alten, schwammigen Pilze. Sie geben kein schönes Dörrgut. Vor dem Dörren sind die Pilze von Erde, Moos, Laub, Schnecken und Käfern zu befreien. Sie dürfen feucht gereinigt, aber nicht gewässert werden. Alle madigen Exemplare schalte man aus.

Fleischige Hutpilze werden für das Trocknen in etwa halbzentimeter dicke Schnitze geschnitten. Bei schönem, trockenem Wetter lassen sie sich, auf ein Gitter gelegt oder an Fäden aufgehängt, damit die Luft ringsherum Zutritt hat, an einem luftigen, schattigen Ort, etwa auf der Veranda oder dem Balkon, gut dörren. Ist die Witterung aber feucht, wie so oft zur Pilzzeit, dann ist das Trocknen in einem Backofen bei offenem Deckel, damit die Feuchtigkeit entweichen kann, oder besser noch in einem Dörrofen vorzuziehen. Das Trocknen muß ziemlich rasch vor sich gehen, ehe die Schnitze zu schimmeln oder faulen anfangen, was schon nach kurzer Zeit eintreten kann. Auch die Maden haben bei zu langsamem Trocknen Gelegenheit, sich zu entwickeln!

Dürr sind die Pilzschnitze dann, wenn sie knusperig-spröde, nicht mehr elastisch-biegsam sind. Ihr Wassergehalt beträgt nach dem Dörren noch etwa 12 bis 14%. Ein Kilo frische Steinpilze liefert etwa 100 g trockene Steinpilzschnitze. Gerne werden gedörrte Pilze nach dem ersten Dörren wieder weich. Dann gilt es, sie nochmals nachzudörren. Erstklassige Steinpilzschnitze sind schneeweiß, madenlos, nicht gestochen. Im Handel sind sie kaum erhältlich.

Das Aufbewahren geschieht am besten in hermetisch verschlossenen Gläsern, damit man das Trockengut, ohne zu öffnen, stets unter Kontrolle halten kann. Der Ort muß absolut trocken sein. Unter nichts leiden Trockenpilze mehr, als wenn sie feucht werden. Pilzdörrgut läßt sich nur beschränkt aufbewahren. Es hat keinen Sinn, zuviel zu dörren. Wenn zum Dörren nicht ganz gesunde, frische Pilze verwendet worden sind, wird es über kurz oder lang lebendig. Schlecht verschlossenes Pilztrockenmaterial wird stets von Insekten befallen. Auch verbreitet es einen starken Pilzgeruch, der nicht in jedem Raum und jedermann erwünscht ist. Die großen Trockenpilzmengen des Handels werden gegen Insektenbefall mit Gas behandelt.

Sozusagen nur zum Dörren geeignet sind der Habichtspilz, die Totentrompete und die Trüffeln, was nicht heißen will, daß man sie als Zutaten zu Pilzgerichten nicht auch frisch verwenden kann.

Fürs Dörren zerreißt man die Totentrompete am besten der Länge nach in Streifen. Auf diese Weise kann auch der oft in den Trichtern befindliche Unrat samt eventuellen Käfern oder Schnecken entfernt werden.

Auch Morcheln und Lorcheln lassen sich gut dörren. Die Frühlings- oder Speiselorchel darf sogar nur in gut gedörrtem Zustand und nach längerer Lagerung gegessen werden, da sie sonst sehr giftig wirken kann. Auch diese Pilze mit hohlen oder gekammerten Stielen und Hüten halbiert man vor dem Dörren oder spätestens beim Einweichen, um nicht einem Gast infolge einer unerwünschten Fleischbeigabe aus dem Walde die köstliche Mahlzeit zu verleiden. Oft ist auch Sand im Morchelinnern enthalten.

In Notzeiten könnten natürlich viel mehr Pilze als Hungerstiller zu Dörrzwecken herangezogen werden. Dann wären auch der Hallimasch, die Täublinge, Schaf- und Semmelporlinge und noch andere willkommen, die wir jetzt wegen Zähigkeit, bröckeligen Fleisches, bitterlichen Geschmackes, wüster Farbe und dergleichen ausschalten.

Der Echte oder Tränende Hausschwamm

Merulius lacrymans Fr.
Bild S. 233

Er ist der teuerste Pilz, wenn wir die Kosten als Maßstab nehmen, die er uns mit den in Häusern und Wohnquartieren verursachten Schäden auferlegen kann. Außerhalb des menschlichen Wohn- und Einflußbereiches trifft man ihn nur selten an. Dagegen findet man seinen Kumpanen, den Gallertfleischigen Hausschwamm, Merulius tremellosus (Schrad.) Fr., hie und da in hohlen Bäumen.

Von den holzzerstörenden und hausbewohnenden Pilzen ist der Tränende Hausschwamm weitaus der gefürchtetste. Alle Hausbesitzer und selbst die Mieter sollten diesen Pilz kennen, um arge Schäden rechtzeitig zu verhindern. Der Pilz tritt in alten und modernen Häusern auf, Betonbauten nicht ausgenommen, denn auch darin gibt es Möbel und Teppiche, die dem Pilz als Nahrung dienen können. Der Artname «lacrymans» (= weinen, tränen) weist darauf hin, daß seine fladenartigen, gelbbraunen, an gebackene Omeletten erinnernden Fruchtkörper und die sie umgebenden schneeweißen oder gelblich bis rosa getönten Mycelwatten Wasser in Tropfenform ausscheiden. Die Ränder sind häufig von glänzenden, abtropfenden Wasserperlen besetzt, welche auf das Holz, das dem Pilz als Nahrung dient, gleiten und es ständig benetzen. Das Weiterwachsen des Myceliums wird auf diese Weise sehr erleichtert.

Wenn der Pilz sich so weit, wie beschrieben, entwickelt hat, ist es gewöhnlich schon zu spät, um Schäden zu verhüten. Man muß ihn gleich bei Beginn seiner Entwicklung erkennen und vernichten. Umgekehrt wie bei den anderen Pilzen, bei denen wir auf die Fruchtkörper warten und sie nach diesen kennenlernen, müssen wir den Hausschwamm an seinen Jugendstadien erkennen können.

Er ist ein heimlicher Geselle. Sein Vorleben beginnt gewöhnlich im Verborgenen, unter Holz, Brettern oder Kisten im Keller, in feuchtliegenden Papierpaketen, unter nassen Torfballen, hinter Gestellen, in Zwischenböden, hinter Täfelungen, im Wohnzimmer unter den Teppichen. Dahin gelangt er auf verschiedene Weise, als Sporen aus der Luft oder durch Verschleppung, zum Beispiel durch kleine Hausschwammpartikel, die irgendwo sich an unsere Schuhe geklebt und die wir unbewußt in unsere Wohnung getragen haben. Die Verschleppungsmöglichkeiten sind beim Hausschwamm groß. Mit Gartenwerkzeugen oder mit altem Holz kann man ihn ins Haus bringen. Leicht gelangt er auf diese Weise, wenn er sich im Hause eingenistet hat, in andere Räume. Die kleinste Faser kann, wenn die Bedingungen günstig sind, wieder zu einem neuen Hausschwammherd Anlaß geben.

Welches sind nun die günstigsten Voraussetzungen für sein Gedeihen? Kurz gesagt: Als Nahrung kommen Holz oder irgendwelche vegetabilischen Gegenstände in Frage. Dazu müssen noch Feuchtigkeit, Wärme und ruhige, dumpfe Luft vorhanden sein.

Die Feuchtigkeit kann in Räumen, wo der Hausschwamm aufgetreten ist, aus dem Baugrund stammen, durch Mauern und Böden kapillar aufsteigen. Unterirdische Wasserläufe, schlecht funktionierende Wasserabzugschächte, nicht gefaßte Abläufe der Dachrinnen, die an den Hausmauern das Wasser versickern lassen, tragen sehr viel zur ständigen Durchfeuchtung des Mauerwerkes bei. Parterrewohnungen, Unterzüge, Keller und bergwärts gelegene Schattenzimmer, an begrünte Hausfassaden stoßende Räume sind am meisten hausschwammgefährdet. Auch Räume, in denen bei schlechten Lüftungsmöglichkeiten viel mit Wasser hantiert wird, wie Waschküchen, Plättezimmer, Treibhäuser, Blumenläden, können für anstoßende Wohnräume eine Hausschwammgefahr darstellen.

Wärme ist im Sommer genügend vorhanden, um den Hausschwamm zum Wachsen zu veranlassen. Günstiger sind aber der Herbst und der Winter mit der Heizwärme, die, wenn zugleich wenig gelüftet wird, für den Hausschwamm direkt paradiesische Verhältnisse schaffen kann.

Für ruhige, feuchte, muffige Luft sorgen wir speziell in der kalten Jahreszeit. Wir lüften meistens viel zu wenig, stellen jeden Durchzug ab, damit die Wärme beisammen bleibt. Man kennt denn auch zwei Perioden, in denen der Hausschwamm am häufigsten auftritt. Die erste fällt auf die Zeit nach den großen Sommerferien, wo während der Abwesenheit alles verriegelt und verschlossen wurde, die zweite macht sich zu Beginn des Winters bemerkbar, wenn die Heizung in Betrieb kommt und Fenster und Türen geschlossen bleiben.

Die Hauptfaktoren, welche dem Hausschwamm das Leben ermöglichen, geben uns zugleich den Schlüssel für eine vorbeugende Bekämpfung in die Hand:

Holz, Bretter, Kisten, Zeitungen, Torf usw. sollten nicht längere Zeit unkontrolliert in feuchtenden Räumen gelagert werden. Hat man aber keinen anderen Aufbewahrungsort, so ist wenigstens für gute Lüftung zu sorgen. Ferner ist darauf zu achten, daß die Gegenstände weder dicht an feuchtende Außenwände angelehnt noch direkt auf die Böden zu liegen kommen. Steine mit darüber gelegten Brettern eignen sich als Unterlagen, um erst darauf andere Gegenstände wie Kisten, Torfballen zu lagern. Wichtig ist, daß die Luft ringsherum zirkulieren kann.

Durchzug, der die Wärme wie die Feuchtigkeit aus den Räumen nimmt, ist das billigste und beste Bekämpfungsmittel gegen den Hausschwamm. Er wirkt sicher, sofern die Nässe nicht allzugroß ist. Im letzteren Fall hilft nur absolute Trockenlegung.

Welches sind nun die ersten Anzeichen von Hausschwammbefall? Gewöhnlich müffelt es in Hausschwammzimmern. Die Nase macht uns auf den unerwünschten Untermieter aufmerksam. Ein Pilzkenner riecht den Hausschwamm, wenn er nur die Türe öffnet.

Sieht man unter Kisten oder hinter Kasten, unter Teppichen oder an Tapeten weiße, strahlige Fäden oder hauchdünne Häute, in fortgeschritteneren Stadien weiße Watten, dann handelt es sich gewöhnlich um Hausschwamm, und es ist höchste Zeit, ihm auf den Leib zu rücken. Kleine Herde, die wir ganz abdecken und erfassen können, lassen sich durch Abkratzen, an Mauerwerk durch Ausbrennen mit der Lötlampe (keinen Brand anrichten) und Bepinseln oder Besprühen mit käuflichen pilzfeindlichen, holzkonservierenden, geruchlosen Lösungen selbst beheben. Dazu müssen wir aber noch versuchen, den Haupterreger des Pilzes, die Feuchtigkeit, auszuschalten. Nur absolute Trockenheit gibt die Garantie, daß der Hausschwamm nicht wieder erscheint. Gelingt uns dies, so sind wir glimpflich und billig weggekommen.

Häufig verhält es sich aber mit relativ kleinen Hausschwammherden ganz anders. Der Hauptherd des Pilzes braucht nicht unbedingt da zu liegen, wo wir die Mycelien sehen. Die Hausschwammstränge, weiße und braune derbe Fasern, können unter Umständen durch Wände und Mauern (sogar Betonmauern) hindurchdringen und außerhalb des Hauses oder unten im feuchten Keller verankert sein. Der Pilz bezieht seine Feuchtigkeit von dorther. Wenn der Fall so liegt, müssen wir uns an Fachleute wenden, die in Hausschwammsachen Erfahrung haben. Für die Reparaturen müssen wir dann gewöhnlich tief in die Tasche greifen. Zum Schluß ein Wunsch: Hoffentlich stellt nach dem Lesen dieses Kapitels niemand den Hausschwamm in seiner Wohnung fest.

Pilze und Tiere

Die Pilze spielen im Wald draußen häufig die Rolle von Gastgebern. Ihr zartes Fleisch stellen sie in den Dienst der Ernährung mancher Tiere. Lichtscheuen Lebewesen gewähren sie Unterschlupf.

Fraßspuren: Sehr häufig sind eßbare und giftige Pilze von Schnecken angenagt. Der verbreiteten Mär, daß Schneckenfraß an Pilzen auf Ungiftigkeit hinweise, ist kein Glauben zu schenken. Selbst der für den Menschen tödlich giftige Grüne Knollenblätterpilz wird von Schnecken mit Stumpf und Stiel aufgefressen. Sie scheinen auf das Gift unempfindlich zu sein. Von Schnecken stark angefressene, eßbare Pilze wirken nicht nur unappetitlich, sondern geben beim Zurüsten sehr viel Abfall. Man lasse sie deshalb im Walde stehen, denn dort dienen sie, wenn nicht gerade ihre sporenbildenden Teile weggefressen sind, der Vermehrung. Am wenigsten von Schnecken benagt werden die zähfleischigen Pilze. Zu ihnen zählt der so beliebte Eierschwamm.

Die Fraßspuren verfärben sich an gewissen Pilzen in ganz bestimmter Weise. Sie sind für das Erkennen einiger Pilze nicht ganz belanglos. Fraßlöcher am Hut des gelbfleischigen Rotfußröhrlings verfärben sich rot. Bei der verwandten Ziegenlippe sind sie gelb.

Auch Fraßspuren verschiedener Waldtiere kann man an Pilzen entdecken. Mäuse, Eichhörnchen, Hasen oder Rehe hinterlassen auf Pilzhüten nicht selten Furchen ihrer Schneidezähne. Bisweilen kann man solche Tiere auch am Pilzschmaus überraschen.

Madigkeit der Pilze: Eine wichtige Rolle spielen die Pilze als Brutstätten für viele Insekten. Diese legen ihre Eier in den Pilzkörper. Nach dem Schlüpfen wird das zarte Pilzfleisch zum Brot der Larven. Der Pilzler nennt die unerwünschte Brut kurzwegs «Maden» oder «Würmer» und schimpft über die vielen vermadeten, verwurmten und verlöcherten Pilze. Daß er daran keine Freude haben kann, versteht sich, denn die stark vermadeten sind ganz unbrauchbar und die weniger verlöcherten geben beim Rüsten für die Pfanne unendlich viel Arbeit. Man läßt auch sie am besten im Walde draußen und riskiert nicht, daß etwas Appetitverderbendes ins Pilzgericht hineingerät. Der Eierschwamm hat die schöne Tugend, nur selten madig zu sein. Die andern Pilze vermaden hauptsächlich dann, wenn ihre Entwicklungszeit mit der Brutzeit der betreffenden Insekten zusammenfällt. Manche madenberüchtigte Pilze treten in andern Gegenden und Höhenlagen oder zu andern Jahreszeiten madenfrei auf.

Freude an den Madenpilzen hat dagegen der Entomologe. Sie sind für ihn eine wahre Fundgrube für allerlei Insekten. Wenn man mit Insekteneiern infizierte oder schon von jungen Maden belebte Pilze unter Glas bei Zimmerwärme auf feuchtem, sterilem Torfmull aufbewahrt, so kann man allerlei Insekten zum Schlüpfen bringen. Zum Beispiel wird erwähnt, daß in einem Versuch aus rund 1200 Fruchtkörpern unserer gewöhnlichen Waldpilze, welche etwa 100 verschiedenen Pilzarten angehörten, über 7000 Insekten gewonnen werden konnten. Dipteren (Zweiflügler) und Hymenopteren (Hautflügler) beanspruchen die Pilze besonders gerne als Brutstätten. Über ein Dutzend Insektenfamilien stellen dazu Vertreter, die man Pilzbewohner oder Mycetophiliden nennt.

Käfer als Pilzzüchter: Auch das gibt es. Trypodendron lineatum, ein Borkenkäfer, ist, um einen besser gedeckten Tisch zu haben, zur Pilzzucht übergegangen, allerdings nur in dem Sinne, als er den Pilz, wenn er sein Wohnquartier wechselt, ungewollt mitnimmt. Die Gänge, welche dieser Käfer nagt, sehen bald wie ein rußiges Kamin aus. Sie sind von einem tiefschwarzen Pilzbelag überzogen. Von den Gangwänden aus dringt der Pilz auch ins Holz ein und bezieht seine Nährstoffe aus diesem. Die Käfer aber fressen die kolbigen Endzellen des feinen Pilzbelages. Sie sind wohl ihre einzige stickstoffhaltige Nahrung. Feinste Pilzzellen, sogenannte Konidiosporen, bleiben im Haarkleid der Käfer hängen. Und wenn sie ihre Wohnstätte wechseln, nehmen sie in dieser Form den Pilz ins neue Heim mit.

Pilzzucht bei Ameisen: Man kennt sie beispielsweise bei Blattschneiderameisen, welche mit Pilzmycel ihre Nachkommenschaft aufziehen. Die Arbeiter dieser in den Tropen lebenden Pilzzüchter schneiden mit ihren harten Kiefern kleine Blattstücke aus Blättern bestimmter Pflanzen aus, so etwa aus der mit den Feigenbäumen verwandten Cecropia peltata. Die Blattfragmente werden von den Ameisen in die unterirdischen Nester getragen, dort aber nicht etwa gefressen, sondern zu Blatthäufchen geformt. Darin entwickeln sich Pilzmycelien gewisser Pilzarten. Die Blattanhäufungen verwandeln sich unter dem Einfluß des Pilzes in schwammartige Pilzgärten oder Pilzkuchen. Die daraus hervorragenden Spitzen der Pilzhyphen dienen als Nahrung. Sie werden ständig abgebissen und wachsen wieder nach. Die benagten Haufen sehen letzten Endes kleinen Blumenkohlköpfen nicht unähnlich.

Pilzgärten der Termiten: Größere Pilzkuchen als in Ameisennestern kann man in den großen Bauten pilzzüchtender Termiten finden. Auch in diesen Gärten dient das weißliche Pilzmycelium als Nahrung.

Tierfangende Pilze: Nicht nur unter den Blütenpflanzen gibt es Tierfänger, sondern auch bei den Pilzen gibt es etwas Ähnliches, aber im mikroskopischen Bereich. Es handelt sich um winzig kleine Pilzlebewesen, die im Moos, zwischen Laub, auf und im Boden vegetieren. Ihre Fangobjekte sind Einzeller oder winzige Tierchen, wie Amöben, Rhizopoden, Fadenwürmer, Springschwänze.

Das Pilzchen Nematotonus bemächtigt sich der Beute dadurch, daß seine klebrigen Konidiosporen an vorbeikriechenden Fadenwürmern haften bleiben und Hyphen in sie hineintreiben.

Die Dactylaria-Pilze bilden an den Hyphen kleine Bläschen aus, die klebrige Flüssigkeit absondern, an der Amöben oder Fadenwürmer haften bleiben. Dann sendet der Pilz Saughyphen in sie hinein.

Dactylella-Pilze bilden richtige Fangringe aus Hyphen. Im Moment, wo Fadenwürmer durch die Fangringe durchgleiten, schwellen die Hyphen unter dem Berührungsreiz auf, so daß der Wurm weder vorwärts noch rückwärts kann. Darauf treibt der Pilz Haustorien in seinen Körper.

Wie die «Fleischfressenden» unter den Blütenpflanzen auch ohne tierische Nahrung zu leben vermögen, so ist es auch bei diesen Mikropilzen. Sie leben saprophytisch, aber tierische Nahrung bekommt ihnen als gelegentliches Dessert gut.

Hia-Tsao-Tung-Chung oder To-Chu-Ka-So

Der Pilz mit diesen fremden Namen entspricht Cordyceps chinensis und dürfte uns deshalb nicht so ganz unbekannt sein, weil wir auch unter unsern heimischen Pilzen etwas Ähnliches finden können, nämlich Cordyceps militaris, die Puppen-Kernkeule. Ihre Sporen keimen auf Puppen, und das Mycelium breitet sich in deren Innerem aus. Aus der Puppe oder auch aus toten Raupen heraus wächst dann der stengelförmige, 5 bis 10 cm hohe und 5 bis 10 mm dicke Fruchtkörper dieses Schlauchpilzes (siehe Bild S. 190 unten).

Ein Hauptunterschied zwischen dem chinesischen und dem einheimischen Pilz besteht darin, daß wir uns mit dem Anblick und einigem Staunen begnügen, während Hia-Tsao-Tung-Chung in China seit Jahrtausenden gegessen wird. Wie mir vor wenigen Jahren von einem guten chinesischen Pilzkenner mündlich bestätigt worden ist, soll der Pilz heute noch als teures Gemüse käuflich sein.

Den göttlichen Kaisern wurde der Pilz bei Festessen, den Kranken zur Gesundung serviert. Die Chinesen sammeln den Pilz mit den Raupen und binden ihn zu Büscheln für den Verkauf. Eine Wildente wird gerupft und die Leibeshöhle mit Hia-Tsao-Tung-Chung gefüllt, dann so lange gebraten, bis das Fleisch vom Saft des Pilzes durchdrungen ist. Guten Appetit!

Pilze als Nahrungsmittel und ihr Nährwert

Über den Nährwert der Pilze ist schon oft leidenschaftlich gestritten worden. Die Ansichten darüber schwanken zwischen zwei Extremen. Während die einen in den Pilzen das «Fleisch des Waldes» sehen, behaupten die anderen, der Nährwert der Pilze sei geringer als die Abnutzung der Schuhsohlen beim Sammeln. Wer hat recht?

Bei unsern Nahrungsmitteln müssen wir drei Gruppen unterscheiden. Erstens solche, die unserem Körper hauptsächlich Aufbaustoffe in Form von Eiweiß zuführen, wie etwa das Fleisch, und zweitens solche, die uns Betriebsstoffe liefern in Form von Zucker, Stärke, Fett, wie etwa Brot, Teigwaren, Reis, Milch und Butter. Die erstern enthalten für den Körper die zum Wachstum und zu den Lebensfunktionen nötigen Stickstoff-, Schwefel- und Phosphorverbindungen, und die zweiten sind durch ihren hohen Kalorienwert geeignet, dem Körper Kraft und Wärme zu liefern. Die dritte Gruppe sind die Gemüse und Früchte. Sie enthalten allerlei Ergänzungsstoffe, welche der Körper in kleinen, aber unbedingt erforderlichen Mengen benötigt, wie etwa Mineralsalze und Vitamine. Es genügt nun allerdings nicht, die Nahrungsmittel allein nach dem Anteil dieser Stoffe zu gliedern und die an Kalorien hochwertigen als allein ausschlaggebend für unsere Ernährung zu betrachten. Denn richtig ernährt wird unser Körper nur durch eine Nahrung, welche Aufbaustoffe, Betriebsstoffe und Ergänzungsstoffe im richtigen Verhältnis aufweist und die dazu noch unsern Körper physiologisch und psychologisch in vorteilhafter Weise zu beeinflussen vermag.

Hauptsächlich während der beiden großen Weltkriege 1914–1918 und 1939–1945 mit der Lebensmittelknappheit hat man in bezug des Nährwertes der Pilze vieles gelehrt. Die Pilze, welche man im Walde oft mit Fußtritten und Stockschlägen verächtlich zerschlug, stiegen zur Zeit der Lebensmittelverknappung plötzlich im Rang. Man erkannte in ihnen ein zusätzliches Nahrungsmittel für breite Volksschichten. Pilze waren jedem sicheren Kenner auf billige Weise zugänglich, und mit ihnen ließen sich die Fleisch-, Reis- und Teigwarenrationen strecken. Abgesehen davon, brachten sie Abwechslung ins Menü. Auch lernte man, daß Pilze nicht nur den Bauch füllen und durch das erzeugte Völlegefühl den Hunger stillen, sondern außerdem auch wirkliche Nähr- und besonders Aromastoffe enthalten. So ist in den vergangenen Notzeiten die Meinung über die Pilze einheitlicher geworden, und diese Erkenntnis hat sich bis heute behauptet, indem den Pilzen in der gegenwärtigen Nahrungsmittelindustrie immer mehr Platz eingeräumt wird. Die Nachfrage, vor allem für qualitativ gute Trockenpilze, übersteigt das Angebot bei weitem. Denken wir nur an die verschiedenen Pilzsuppen, die fabriziert werden, an Pilzextrakte, Pilzmehle, Pilzkonserven und die Steinpilze, welche, sauber verpackt, zu Gemüse und Suppen in Sichtbeuteln angeboten werden. Aus den Pilzen ist ein Pilzgeschäft geworden, wobei im Trockenpilzhandel Steinpilze, Morcheln, Speiselorcheln, auch gedörrte Champignons obenaus schwingen. Größte Sorgfalt im Sammeln der Frischpilze und peinliche Sauberkeit in der Verarbeitung sind für gute Qualität dieser Handelsprodukte Voraussetzung.

Frische Pilze enthalten, ähnlich wie Gemüse, sehr viel Wasser, etwa 88 bis 91 Prozent, aber ihre Trockensubstanz besteht zu etwa ein Viertel bis ein Drittel aus Eiweißstoffen, neben denen beachtliche Mengen an andern Nährstoffen, wie Kohlenhydraten und physiologisch wichtigen Salzen, vorhanden sind. Die Eiweißstoffe der Pilze sind schwer verdaulich. Das mag auch eine der Ursachen sein, warum Pilze, in größeren Mengen genossen, oft aufliegen und bei empfindlichen Personen Unwohlsein verursachen. Diese Schwerverdaulichkeit läßt sich aber durch weitgehendes Zerkleinern der Pilze, durch gutes Kochen und gute Zubereitung bedeutend herabsetzen. Bei gemahlenen Pilzen gelangte man in Versuchen bis zu einer Verdaulichkeit von 70 bis 80 Prozent des Pilzeiweißes. Auch Stoffwechselversuche an gesunden Personen mit verschiedener Konstitution ergaben dieselben Verdaulichkeitswerte. Der Wert eines Nahrungsmittels hängt, wie ersichtlich, noch davon ab, in welcher Form, ob leicht oder schwer verdaulich, es uns die Nährstoffe anbietet. In dieser Hinsicht sind die Pilze, trotz relativ hohem Gehalt an Stickstoffverbindungen, kein besonders wertvolles Nahrungsmittel. Das Chitin wird nur teilweise oder gar nicht verdaut.

Außer den Eiweißstoffen enthalten die Pilze ansehnliche Mengen an Kohlenhydraten. Diese sind, im Gegensatz zu denen der grünen Pflanzen, bei den Pilzen nicht als einfacher Zucker, sondern als kompliziertere, schwerer verdauliche Zuckerarten und in Form von Leberstärke (Glykogen) vorhanden. Von größerer Bedeutung ist sodann der verhältnismäßig hohe Gehalt an Mineralstoffen. Kali und Phosphorsäure als Stoffe, die für den menschlichen Körper unentbehrlich sind, finden sich in den Pilzen in ziemlicher Menge. Die Hutoberfläche ist der mineralreichste Teil des Pilzes. Auch über den Vitamingehalt liegen Untersuchungen vor. Vitamin A spielt in den Pilzen eine untergeordnete Rolle, doch soll es im Eierschwamm in beachtlicher Menge, in Form von Carotin, vorhanden sein. Weiter enthalten alle Pilze geringe und wechselnde Mengen der Vitamingruppe B. Auch Vitamin C wurde in verschiedenen Pilzen, so im Eierschwamm, nachgewiesen. Wohl am bedeutungsvollsten aber ist der Gehalt vieler Pilze am antirachitischen Vitamin D.

Ergänzend sei noch beigefügt, daß gedörrte Pilze im Eiweißgehalt frisches Fleisch übertreffen und dazu noch Kohlenhydrate und Mineralsalze enthalten. Gedörrte Steinpilze enthalten vergleichsweise 36,7% Eiweiß, 2,7% Fett, 34,5% Kohlenhydrate, 12,8% Wasser, 6,4% Mineralsalze und 6,9% andere Stoffe, während frisches Rindfleisch 21% Eiweiß, 5,5% Fett, 0,5% Kohlenhydrate, 72% Wasser und 1% Mineralsalze enthält.

Zusammenfassend läßt sich sagen: Frische Pilze können als Eiweißlieferanten niemals mit dem Fleisch konkurrieren, das viel mehr Eiweiß als jeder Pilz enthält. Doch besitzen sie größere Mengen an Kohlenhydraten und Mineralsalzen, die beide im Fleisch sehr gering sind. Im Kohlenhydratgehalt werden sie auch von Brot, Mehlspeisen und Kartoffeln weit übertroffen, enthalten aber mehr Fette und fettartige Substanzen, darunter Lezithine. Im Vergleich zu den gebräuchlichen Gemüsen liegt der Nährwert der Pilze eher etwas höher, denn die Pilze enthalten mehr Eiweiß und wertvollere Mineralsalze, bei einem ähnlichen Gehalt an Kohlenhydraten. Pilznahrung liefert somit wenig Kalorien und kann nicht als Betriebsstofflieferant angesprochen werden, sie liefert aber zum mindesten wertvolle Aufbau- und Ergänzungsstoffe. Nicht zu vergessen ist, daß Pilze dazu an verschiedenartigen Aromastoffen und allerlei zersetzenden Fermenten überaus reich sind. Gerade die Aromastoffe haben ihnen seit jeher einen ersten Platz in der feinen französischen Küche gesichert, wo sie als Beigabe zu den Speisen, wie es immer nur sein sollte, und nicht als Hauptgericht verwendet werden. Nirgends in Europa ist denn auch die Pilzzucht so früh zu hohem Ansehen gelangt wie in Frankreich.

Der kulinarische Wert der Pilze liegt besonders in der Geschmacksverbesserung. Sie sind das einzige Gemüse, das auf der Zunge das Gefühl eines Fleischgerichtes hervorzurufen vermag. Sie sind ein Gemüse, das den Hunger durch Völlegefühl und Nährstoffabgabe zu stillen vermag. Für Suppen und Saucen zählen sie zu den wertvollsten Würzen. Mit ihrem Geruch und Geschmack tragen sie die Würze der Waldesluft in die Speisen. Die gute Geruchs- und Geschmacksqualität eines Nahrungsmittels oder Gerichtes wirkt sich aber wieder günstig auf den ganzen Verdauungsprozeß aus. Darin liegt ja auch ein guter Teil des Würzens. Es schmeichelt nicht nur der Zunge, sondern wichtiger ist die Regulation der Verdauungsvorgänge.

Pilze müssen stets gut gekocht werden. Die Beigerichte sollen leicht verdaulich sein. Kartoffeln, grüner Salat sind geeignet, nicht aber Bohnen, Sellerie oder gar Gurkensalat. Oft sind die unvernünftigen Beigerichte mehr an einer «Pilzvergiftung» schuld als die Pilze selbst. Auch soll zu Pilzen nicht zu viel getrunken werden. Alkoholische Getränke sind zu Pilzen nicht besonders geeignet. Sie fördern zwar die Verdauung der Fette, bringen aber die Albumine zum Gerinnen.

Kranke Leute, insbesondere solche, die an Verdauungsstörungen leiden, sollten auf Pilzgerichte verzichten. Dagegen schaden ihnen Pilze in geringen Mengen als Würze kaum.

Wie es Personen gibt, die eine angeborene Überempfindlichkeit (Idiosynkrasie) gegen bestimmte Früchte, zum Beispiel Erdbeeren, haben, so gibt es auch Leute, die auf einwandfreie Pilzspeisen mit Krankheitssymptomen reagieren. Sie sollen die Pilze Pilze sein lassen.

Pilzsalate sollten nicht aus rohen Pilzen gemacht werden, da manche Leute auch die eßbaren Pilze in dieser Form nicht vertragen. Ausnahmen machen der Rote Gallertpilz und der Eispilz, die man roh, wie Ochsenmaulsalat, zubereiten kann. Die andern Pilze sind vorausgehend abzubrühen. Auch ist es nicht gut, Pilze, mögen sie noch so einladend riechen, in rohem Zustand in größern Mengen zu verzehren.

Wie steht es mit dem Aufwärmen von Pilzgerichten? Oft bleibt von Pilzen oder von Reis oder Fleisch mit Pilzen noch ein Rest, den man nicht fortwerfen möchte. Ganz allgemein muß vor dem Aufbewahren und Wiederaufwärmen von Pilzgerichten gewarnt werden. Es kann neunmal nichts passieren und zum zehntenmal doch. Ausschlaggebend sind die momentane Situation und die Aufbewahrungsmöglichkeiten. Pilze sind im Aufbewahren noch fast heikler als Fleisch. Gar nicht ratsam ist es, Pilzgerichte bei schwülem Wetter herumstehen zu lassen und sie nachher wieder aufzuwärmen. Durch eintretende bakterielle Zersetzung verderben sie sehr rasch und können giftig wirken. Heutzutage, wo fast überall ein Eisschrank zur Verfügung steht und Pilzgerichte durch Kühlen vor der zersetzenden Tätigkeit der Bakterien geschützt werden können, lassen sie sich ganz gewiß für kurze Zeit, vom Mittag zum Abend, vom Abend bis morgen Mittag, aufbewahren. Riechen sie, aus dem Eisschrank genommen, noch ganz frisch und sehen unverändert aus, so sind sie noch verwendungsfähig. Eines muß man sich aber merken: Aus dem Eisschrank genommene Pilzgerichte müssen nun unbedingt und sofort verwendet werden. Am besten ist, wenn man nicht mehr Pilze kocht, als daß man auf einmal essen kann!

Entstehung der Doppelpilze
durch Verwachsung zweier Pilzanlagen

Worauf man beim Pilzsammeln achten muß

Wenn man Champignons sammelt,
achte man auf die kennzeichnenden rosenroten, violett- bis kaffeebraunen Blätter und auf den Ring am Stiel, auf ein allfällig nach Reiben des Stielgrundes und des Hutrandes eintretendes chromgelbes Verfärben der Reibstellen. Dann handelt es sich um den ungenießbaren Gift- oder Karbolchampignon. Er wächst sehr oft in großen Rudeln und hat prächtig rosenrote Blätter, aber sein Geruch und Geschmack sind dumpf, jedenfalls nicht fein anisartig wie bei manchen ähnlichen eßbaren Champignons. Den braunschuppigen Waldchampignon verwechsle man nicht mit ähnlichen Rißpilzen. Bei den gilbenden Champignonarten hüte man sich vor ähnlich verfärbten Formen der giftigen Knollenblätterpilze, welche zum Unterschied weiße Blätter und eine bescheidete Knolle haben. Ganz junge Champignons können noch fast weiße Blätter haben und zu Verwechslungen mit giftigen Knollenblätterpilzen führen.

Wenn man Perlpilze sucht,
achte man auf die schön rosenrote bis rosabraune Tönung des Hutes und Stieles. Nach Regen sind die Farben des Perlpilzes sogar weißrosa, sehr hell. Das Fleisch unter der Huthaut muß rosa getönt sein, ebenso dasjenige des Stielgrundes. Dem Pantherpilz fehlen diese Rosatönungen auch dann, wenn er nach Regenwetter sehr hellbraun, fast weißlichbraun auftritt. Weder das Fleisch unter der Huthaut noch im Stiel ist rosa, son-

dern weiß, weißlich, weißlichbraun. Die Knolle des Perlpilzes ist, im Gegensatz zur wulstigbescheideten des Pantherpilzes, unbescheidet, glatt oder nur von Linien und Furchen umzogen.

Wenn man Ritterlinge und Täublinge antrifft,
achte man, daß nicht der schwarz- bis silbergrauschuppige Tigerritterling darunter ist. Auch der beim Aufbrechen nach feuchtem Mehl riechende, dickfleischige und mit gelbrötlichen, an der Schneide etwas welligen Lamellen versehene Riesenrötling darf nicht in den Korb hinein geraten. Auch auf Rißpilze, meist an den radialfaserigen oder schüppeligen, am Rande eingerissenen, kegelig-geschweiften Hüten kenntlich, heißt es aufpassen. Unter grüne Täublinge kann sich der Grüne Knollenblätterpilz mischen, unter orangerote Täublinge ein alter schuppen- und ringloser Fliegenpilz, unter braune Täublinge könnte der giftige Pantherpilz geraten sein.

Wenn man dem Nackten oder Violetten Ritterling nachstellt,
nehme man nicht ähnliche, minderwertige und unbekömmliche blaue Haarschleierlinge. Sie geben sich meist an den braunwerdenden Lamellen und den faserigen Resten des Haarschleiers, die als feine Fäden am Hutrand und Stiel kleben, zu erkennen. Schau genau hin!

Wenn man Trichterlinge oder den Mehlschwamm erntet,
meide man die kleinen, weißen, weißlichgrauen, verwässerten Gifttrichterlinge. Sie wachsen gern an feuchten Stellen, in Graswiesen, zwischen Moosen.

Wenn man Täublinge und Milchlinge findet,
nehme man keine «Scharfen».

Wenn man den Hallimasch pflückt,
achte man auf die in ähnlichen Büscheln am Holz stehenden ziegelroten bis schwefelgelbgrünen Schwefelköpfe. Sie haben vielfach bitterliches Fleisch und erzeugen im Gegensatz zum weißsporigen Hallimasch violettschwarzen Sporenstaub.

Wenn man dem Mehlschwamm begegnet,
prüfe man nicht nur den Mehlgeruch, der auch manchen giftigen Rötlingen zukommt, sondern achte auf die herablaufenden Blätter und die wenig gewölbte bis flach eingedellte mehlweiße Hutoberfläche. Er steht gern an moosigen feuchten Stellen (Moosling).

Wenn man im Herbst den Nebelgrauen Trichterling sieht,
erinnere man sich, daß zur gleichen Zeit auch der ebenso kräftige, giftige Riesenrötling vorkommt, kenntlich an den gelbrötlichen Blättern, mit etwas wellig-gekerbten Schneiden, sein Fleisch mit Mehlgeruch.

Wenn man eßbare Tintlinge und Boviste heimnimmt,
sei man sich bewußt, daß diese Pilze nur sehr kurze Zeit haltbar sind. Für die Küche sind die Schopftintlinge verwendbar, solange der Hut und die Blätter weiß sind. Die Boviste und Stäublinge müssen innen weiß sein.

Wenn man Steinpilze entdeckt,
achte man auf den fast gleich aussehenden, ungenießbaren, durch gallenbitteres Fleisch und weiße oder rosenrötliche Röhren ausgezeichneten Gallenröhrling. Für ihn ist auch das grobe, fast über den ganzen Stiel hinziehende, meist dunkle Netzwerk charakteristisch. Weitere ungenießbare Doppelgänger des Steinpilzes sind der durch leicht blauendes Fleisch ausgezeichnete Bitterröhrling oder Dickfuß mit gelben bis grünen, bei Berührung fleckenden Röhren. Bei Röhrlingen mit roten Farbtönen kann es sich nicht um den Steinpilz handeln.

Wenn man Ziegenbärte nimmt,
halte man sich an die gleichmäßig hell- oder dunkelgelb gefärbten Arten mit festem weißem Strunk und an den rötlichen Hahnenkamm. Man sammle sie nie, wenn sie zum Auswinden naß sind, aber auch nicht mit stark vertrockneten Spitzen, meide die zu großen Exemplare, brühe alle gründlich ab und esse nie zuviel davon.

Wenn man Boviste und Stäublinge holt,
achte man, daß nicht ähnlich aussehende Eistadien des giftigen Fliegen- oder des Grünen Knollenblätterpilzes darunter gelangen. Die kugeligen Eistadien dieser Giftpilze zeigen innen, im Längsschnitt, eine Gliederung in Stiel und Hut und sind beim Fliegenpilz zudem unter der Haut mit einer orangegelben Zone versehen.

Wenn man Trüffeln gräbt,
denke man daran, daß man viel häufiger ungenießbare Scheintrüffeln als echte Trüffeln findet.

Wenn man im Frühling Morcheln und Lorcheln sammelt,
kennzeichnen sich alle Morcheln durch bienenwabenartig-gefeldert-grubige Hüte, während die Frühlingslorchel gehirnartig-gewundene, braune Hüte besitzt. Die Frühlingslorchel, obwohl auch Speiselorchel genannt, ist frisch giftig. Sie darf nur in gedörrtem, gut gelagertem und dann wieder aufgeweichtem Zustand verwendet werden.

Grüner Knollenblätterpilz
Amanita phalloides (Vaill.) Secr.
Giftig
Zirka 5–15 cm.

Kennzeichnend sind der knollige Stielgrund, die freie häutige Scheide, der Ring, die freien Blätter (Längsschnitt), der grüngelbe bis graubräunlichgrüne, zart radialgeflammte Hut und der mehr oder weniger deutlich natternartig gezeichnete schlanke Stiel.
Das Velum partiale ist an jungen Hüten als Haut noch in die Hutkuppel hinaufgestülpt, so daß, flüchtig besehen, ein Ring zu fehlen scheint. An alten Pilzen kann der Ring fast zur Unkenntlichkeit vertrocknet sein. Bei seltenem, abnormalem Verhalten reißt das Velum partiale (Pilz Mitte) vom Stiel, statt vom Hutrand ab, wodurch die Ringbildung unterbleibt. Alle diese eventuellen Veränderungen müssen zum richtigen Erkennen der Art einkalkuliert werden. Die Hauptverbreitung hat dieser tödlich giftige Pilz in der Eichenlaubmischwaldregion.

Zirka 5–10 cm.

rohen Kartoffeln. Ein Pilz der Laub- und Nadelwälder.

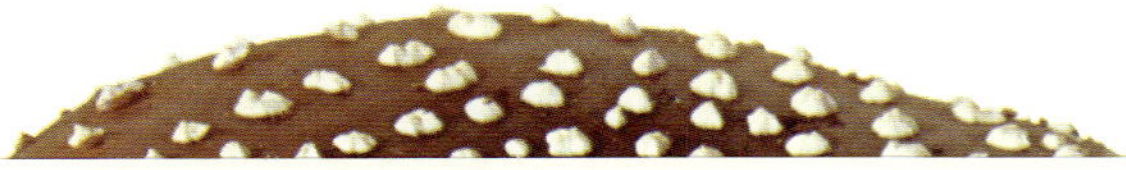

Die zwei Exemplare links:
Grauer oder Gedrungener Wulstling
Amanita spissa (Fr.) Kummer
Eßbar
Zirka 8–15 cm.

Die zwei Exemplare rechts:
Pantherpilz
Amanita pantherina (DC) Secr.
Giftig
Zirka 5–10 cm.

Hauptunterschiede: Der Graue Wulstling (5–12 cm) hat eine glatte, meist deutlich nach unten ausspitzende Knolle, ohne wulstigen Saum. Gewöhnlich ist der Wuchs dieses Pilzes gedrungen, weniger elegant als der des Pantherpilzes. Die Hutfarbe ist grau bis rauchbraun, mit bald gräulich werdenden, fest anhaftenden Flocken. Stiel und Ring sind gräulich, letzterer meistens deutlich längsgerieft. Fleisch unter der Huthaut grau. Typisch findet man den Pilz gewöhnlich in der Nadelwaldregion. Nur dem erfahrenen Pilzsammler sei der Graue Wulstling als Speisepilz empfohlen.
Beschreibung des Pantherpilzes siehe Seite 66.

Fliegenpilz
Amanita muscaria (L.) Hooker
Giftig
Zirka 5–20 cm.

←

Hut orangerot bis orangegelb, jung mit weißen, anklebenden Flocken, alt oft flockenlos und stark gelb ausgeblaßt. Ist in diesem Stadium der Ring verlorengegangen und steckt die Knolle im moderigen Boden, dann kann man ihn fast für einen eßbaren Pilz aus der Gruppe der Goldtäublinge halten. Junge, kugelige Fliegenpilzhüte sind noch vom warzig-würfelig-aufreißenden Velum universale bedeckt. Sie gleichen den gekörnten Stäublingen. Man kennt vom Fliegenpilz auch braunhütige Abarten, deren Fleisch unter der braunen Huthaut aber orange ist wie beim gewöhnlichen Fliegenpilz.
Der ähnliche Kaiserling, Amanita caesarea, hat eine freie Volva, einen gelben Stiel und gelbe Lamellen sowie schuppenlosen Hut.

Fransenwulstling
Amanita strobiliformis (Vitt.) Quél.
Eßbar
Zirka 15–25 cm.

Gut entwickelt ist dies ein Pilz von stattlichem Aussehen, mit stämmigem Stiel, fast glatter, keuliger, nach unten ausspitzender Knolle. Sehr bezeichnend ist, daß das Velum partiale sich am entfaltenden Hut in eine breiartig-käsig-fetzige feuchte Masse auflöst und am Stiel meist spärliche Spuren eines Ringes hinterläßt. Der Hut ist dick weißfleischig, auf der Oberseite mit auffällig großen, breiten, flockigen Schuppen besetzt. Das Fleisch ist von mildem, fast an frische Haselnußkerne erinnerndem Geschmack. Standorte: Nicht selten um Siedlungen, in Parkanlagen, an Wegen. Wer ihn als Speise verwenden will, prüfe ihn genau und halte sich an die kräftigen Exemplare, denn von ähnlichem Aussehen ist der tödlich giftige Weiße Knollenblätterpilz.

Perlpilz
Amanita rubescens (Pers.) S. F. Gray
Eßbar
Zirka 10–25 cm.

Zwei Merkmale unterscheiden den Perlpilz vom giftigen Doppelgänger, dem Pantherpilz. Erstens hat der Perlpilz unter der abgezogenen rötlichen Hutoberhaut weinrötlich durchzogenes Fleisch, ebenso auch in der aufgebrochenen rötlichen Stielknolle. Zweitens ist beim Perlpilz die Stielknolle nicht saumartig bescheidet, höchstens von schwachen Linien oder Ringfurchen umzogen oder ganz glatt. Die Hutoberfläche des Perlpilzes ist gewöhnlich rötlichbraun, kann aber nach starken Regengüssen ins Hellrosa oder fast Weißliche ausblassen. Der giftige Pantherpilz hat braunen Hut und unter der Hutoberhaut weißes Fleisch. Seine Stielknolle ist wulstartig bescheidet, derart, daß im typischen Fall der Stiel in diesem Saum fast wie ein Zapfen im Flaschenhals steckt. Beim Sammeln des Perlpilzes halte man sich an die deutlich rötlichen Exemplare.

Gelber Schuppenwulstling
Squamanita schreieri Imbach
Schützenswert
Zirka 5–15 cm.

Ein seltener Pilz. Er nimmt eine vermittelnde Stellung zwischen den knollenblätterähnlich gestalteten Pilzen und den Ritterlingen und Trichterlingen ein. Bezeichnend sind der knollige, flockig-berandete Stielgrund, der faserschuppige Stiel und der zuerst weißliche, dann gelbe, von radial verlaufenden Velumfasern übersponnene Hut, mit weißlichen, am Stiel angewachsenen Lamellen. Man trifft ihn in büscheligen Gruppen in auenartigen Waldungen.

Gewöhnlicher Scheidenstreifling
Amanitopsis vaginata Bull.
(= Amanita vaginata Quél.)
Eßbar, verwendet wird nur der Hut.
Zirka 5–15 cm.

Gut kenntlich am stark gerieften Hutrand. Von den Knollenblätterpilzen (Amanita) durch den ringlosen Stiel deutlich verschieden. Mitunter bleiben einzelne Reste des Velums universale auf dem Hut kleben, was die enge Verwandtschaft zum Beschuppten Scheidenstreifling, Amanitopsis strangulata Fr. (= Amanita inaurata), anzeigt. Die Hutfarbe ist sehr variabel. Er gedeiht in Laub- und Nadelwäldern bis ins Gebirge. Als zarter Pilz ist er für einen längern Transport wenig geeignet. Die Hüte werden bald matschig.

Rötender Schirmling oder Safranschirmling
Macrolepiota rhacodes (Vitt.) Sing.
Eßbar,
verwendet wird nur der zarte Hut,
nicht aber der zähe Stiel.
Zirka 10–20 cm.

(siehe Abb. S. 74) ⟶

Von dem ähnlichen Riesenschirmling (Parasolpilz) unterscheidet er sich durch den glatten, gleichmäßig braungrauen (nicht natternartig geringelten) Stiel und die safranartige Rötung des Fleisches und der Lamellen. Besonders an Berührungsstellen ist diese leichte Rötung wahrzunehmen. Er ist von etwas geringerer Größe, hat weniger zahlreiche, dafür aber gröbere Schuppen. Der Stielgrund ist knollig. Er wächst auf Humus in Nadelwäldern, aber auch in Parkanlagen und Gärten. Auf Gartenland und Kompost kommt er in einer sehr kräftigen Form, mit ganz groben Schuppen auf weißlichem Grund vor. Er wird dann als «Rötender Gartenschirmling» (var. hortensis Pilat) unterschieden. Junge Exemplare sehen wie Trommelschlägel aus, alte Pilze kennzeichnen sich durch den großen verschiebbaren Ring. Diese letztern Merkmale gelten auch für den Riesenschirmling.

Rötender Schirmling oder
Safranschirmling

Amiantschirmling
Cystoderma amiantinum (Scop.) Fay. (oben)
Ungenießbar
Zirka 2–6 cm.

Leuchtgasschirmling
Cystoderma carcharias (Pers.) Fay. (unten)
Ungenießbar
Zirka 2–6 cm.

Ihre Hüte und die beringten Stiele sind von einem körnigen Staub überzogen, weshalb sie zur Gruppe der Körnchenschirmlinge zu rechnen sind. Der Amiantschirmling fällt durch die schöne rost- oder ockergelbe Hutfarbe, der fleischrosafarbene Leuchtgasschirmling dagegen durch den widerlichen, an Leuchtgas erinnernden Geruch auf. Man findet sie beispielsweise in moosigen, mit Sauerklee bewachsenen Wäldern.

Hallimasch
Armillariella mellea (Vahl) Karst.
Eßbar nach gründlichem Abbrühen. Nur die Hütchen und das obere Stieldrittel werden verwendet. Zirka 5–10–15 cm.

Ein Massenpilz, Speisepilz, gefährlicher Holzparasit und Leuchtpilz zugleich. Das Mycelium strahlt zu Zeiten starken Wachstums, wenn es an Strünken bloß liegt, in lauen feuchten Sommernächten Licht aus (Chemolumineszenz). Dieser in Büscheln und Herden an Strünken und lebenden Hölzern wachsende Pilz zeigt häufig zwei Wachstumsschübe, einen schwächeren im Sommer und einen Hauptschub im Herbst. Büschelwuchs, Ring, geriefte Stielspitze, schmutzigweiße bis gelblich-fleischbraune Blätter, weißer Sporenstaub, jung beschüppelte, später verkahlende und dann am Rande fein geriefte Hüte sind kennzeichnend. Das Bild zeigt die Variationsbreite der Hüte: rotbraun bis honiggelb, beschüppelt bis kahl. Er hat etliche Doppelgänger, siehe Bilder Seite 88, 96, 97 und 103.

Hartpilz
Catathelasma imperiale (Fr.) Sing.
(= Armillaria Fr. = Biannularia Beck)
Eßbar, aber zäh, alt oft bitterlich
Zirka 10–15 cm.

Charakteristisch für diese Art sind das kreiselförmige Aussehen, namentlich im jungen Zustand, der nach unten ausspitzende Stiel, die Hartfleischigkeit, der nach unten eingeschlagene Hutrand, der oft doppelte Ring und der rehbraune fransig-schuppig melierte Hut. Vorkommen: in Misch- und Nadelwaldungen, an Waldrändern und auf gebüschreichen Matten, Alpweiden. Oft truppweise beisammen. Die Hüte ragen vielfach nur hervor, und die Stiele stecken tief im Boden. Ausgeschmückt mit Silberdistel.

Orange-Ritterling
Tricholoma aurantium (Schff.) Ricken
Ungenießbar
Zirka 5–12 cm.

Einzigartig unter den Ritterlingen. Der Stiel ist bei guter Entwicklung mit schönen orange Querbinden und einer die hellerfarbige Spitze begrenzenden Ringzone versehen. Geruch und Geschmack dieses nicht sehr häufigen Pilzes sind mehlartig. Verwandt mit ihm sind der seltene Riesenritterling, Tricholoma colossus (Fr.) Quél. und zwei häufigere Arten, nämlich der Weißbraune Ritterling, Tricholoma albobrunneum (Pers.) Kummer und der Gelbbraune Ritterling, Tricholoma flavobrunneum (Fr.) Kummer.

Seifenritterling
Tricholoma saponaceum
(Fr.) Kummer
Ungenießbar
Zirka 5–12 cm.

Weder der Geruch noch die Hutfarbe charakterisieren diesen Pilz allein. Wohl riecht er oft dumpf, an Seife erinnernd, und häufig ist der glatte, etwas wellrandige Hut grünlichgrau. Aber die Farben können auch anders sein, bald grau, bräunlichgrün oder gar weißlichgrau. Fast nie fehlen dagegen rötliche Flecken und Anlaufstellen, beispielsweise am Hutrand oder am Stiel. Die Lamellen sind weißlich bis gelbgraugrünlich, verhältnismäßig dick, entfernt und ungleich lang. Vorwiegend ein Herbstpilz. Leicht verkennbar und verwechselbar.

Grünling oder Echter Ritterling
Tricholoma flavovirens (Pers.) Lund.
(= Tricholoma equestre)
Eßbar
Zirka 4–10 cm.

Der Pilz kommt öfters mit dünneren Stielen vor, als aus dem Bild ersichtlich ist. Vor allem gilt es, diesen guten Pilz von seinem ungenießbaren Doppelgänger, dem Schwefelritterling (Tricholoma sulphureum), zu unterscheiden, welch letzterer widerlich, leuchtgasartig riecht, sonst in Farbe und Größe recht ähnlich sein kann. Liebt sandige Böden.

Tigerritterling
Tricholoma pardinum Quél.
(= Tricholoma tigrinum Schff.)
Giftig
Zirka 5–12 cm

→

Er ist ein Vertreter der Faserschuppigen Ritterlinge, die durch schwärzliche, graue oder braunrote überfaserte oder faserschuppige Hüte auffallen. Alle sind zu meiden. Auch der eßbare Erdritterling, Tricholoma terreum (Schff.) Kummer, ist leicht mit gewissen Entwicklungsstadien des Tigerritterlings zu verwechseln. Junge Hüte des Tigerritterlings sind fast vollkommen schwarzschuppig, ältere können fast schuppenlos sein. Der Geruch ist mehlartig. Vorkommen in Laub- und Nadelwäldern.
Der Hut des Erdritterlings ist weniger fest, oberseits faseriger, die Lamellen sind gräulich, gegen den Hutrand grau, an den Schneiden gekerbt.
Ausgeschmückt mit Zweigen der Hagebuche (Weißbuche).

Purpurfilziger Ritterling
Tricholomopsis rutilans (Schff.) Sing.
(= Tricholoma rutilans Schff.)
Eßbar nach Abbrühen.
Mischpilz, oft bitterlich, nur junge Pilze verwenden
Zirka 5–15 cm

Er ist ein Vertreter der Holzritterlinge, der an Nadelholzstrünken, aber auch auf im Boden versteckten Wurzelstücken wächst. Verwandtschaft zeigt er auch mit den Faserschuppigen Ritterlingen, denn sein Hut ist auf gelbem Untergrund von purpurnen, faserigflockigen Schüppchen bedeckt. Junge Exemplare dieses Pilzes sind mit einem fast geschlossenen roten Filz bekleidet, mittelalte sind auf gelbem Grund meistens schön rot beschüppelt, während vom Regen verwaschene Pilze fast ganz gelb, ja weißlichgelb aussehen und nur wenige rote Schüppchenreste erkennen lassen. Durch die gelben Lamellen fällt er unter den Ritterlingen auf. Bei trockener Witterung gewachsene Hüte sind mehr braunrot und felderig-rissig, wie die hier abgebildeten. Feucht gewachsene sind wundervoll purpurrot.

Mairitterling
Calocybe gambosa (Fr.) Donk
(= Tricholoma georgii Quél.)
Eßbar
Zirka 5–10 cm.

→

Wenn im Walde die Maiglöckchen duften, dann sprossen in den frisch ergrünten Wiesen die Hexenringe des Mairitterlings aus dem Boden hervor. Dieser Pilz riecht nach feuchtem Mehl, am besten wahrnehmbar, wenn man die Hüte aufbricht und das Fleisch an die Nase hält. In den tieferen Lagen erscheint er ab Mitte April (um den Georgstag, 23. April) bis Ende Mai. Auf Alpweiden im Juni und später, selten sogar im Herbst (noch im Oktober). Die Hutfarbe ändert aus Weiß in Creme bis Bräunlichgelb. Am Licht und an trockener Luft reißen die Hüte felderig auf. Verwechslung mit weißlichen Formen des Ziegelroten Rißpilzes möglich. Vergleiche Bilder S. 88/89.

Maskenritterling
Lepista personata (Fr.) Cooke
(= Tricholoma personatum Fr.)
Eßbar
Zirka 5–15 cm.

Wie auf dem Bild der reife Apfel und die buntverfärbten Blätter andeuten, ist er ein Herbstpilz, welcher mit seinem Verwandten, dem Violetten Ritterling (Bild S. 85), bis in den Vorwinter hinein erscheint. Im Gegensatz zum Violetten Ritterling ist beim Maskenritterling nur der Stiel stärker lila, indessen die Lamellen und der Hut blaß, statt violett aussehen. Ein Schimmer von Lila kann sich aber oft doch über die Hutfläche ausbreiten. Beides sind Vertreter der Rötelritterlinge mit rötlichen Sporen, beide haben faserfleischige Stiele und können, wenn ihre Anlagen im Boden überwintern, vereinzelt im Frühling auftreten und uns ein Rätsel aufgeben.

Nackter oder Violetter Ritterling
Lepista nuda (Bull.) Cooke
Eßbar
Zirka 5–15 cm.

Nächster Verwandter des Maskenritterlings (Bild S. 84), aber über und über violett, älter geworden und bei regnerischem kaltem Wetter oft braunviolett. Häufig in ergiebigen Hexenringen oder Linien auf Laubboden wachsend. Als Herbstpilz erscheint er bis in den Vorwinter hinein. Erfahrene Pilzler decken ihn mit Laub zu, damit die Kälte ihm weniger schadet und die Ernte noch etwas hinausgezögert werden kann. Nachzügler dieses Pilzes treten vereinzelt im Frühling auf. Der Pilz ist zu gewissen Zeiten sehr madenanfällig.
Ausgeschmückt mit Bucheckern.

Gelbblätteriger Rasling
Lyophyllum favrei R.Haller
Schützenswert
Zirka 5–15 cm.

Ein seltener Pilz, dessen Standorte von den Kennern nur ungern preisgegeben werden. Eine Eigenschaft zahlreicher Raslinge ist das Blauen, Röten, Schwärzen an Stellen, wo sie angefaßt werden. Auch diese Art rötet und schwärzt darauf an den Druckstellen. Der schiefergraublaue Hut und die fast goldgelben Lamellen kennzeichnen den Pilz gut.

Verdrehter Rübling
Collybia distorta (Fr.) Quél.
Wertlos
Zirka 5–10 cm.

Unter den Rüblingen vertritt er die «Rillstieligen» und «Gedrängtblätterigen». Man erkennt im Bild auch die für die Rüblinge typischen, um den Stiel ausgebuchteten Blätter. Die Verdrehung des Stieles beruht auf ungleichmäßigem Wachstum. Sie ist für diese Art kennzeichnend, obwohl sie nicht immer gleich stark auftritt. Der Geruch ist heringsartig. Am nächsten stehen diesem Pilz der Spindelige Rübling und der Gefleckte Rübling.

Samtfußrübling
Flammulina velutipes (Curt.) Sing.
Eßbar
Zirka 5–10 cm.

Dieser büschelig wachsende Pilz scheut auch die kalte Jahreszeit nicht. An Tagen, wo im Winter das Eis bricht und der Schnee wässerig wird, treibt er vorerst schüchtern, bei anhaltendem Tauwetter aber immer zuversichtlicher aus Hölzern hervor. Ich kannte einen der Kälte nur wenig ausgesetzten Standort, wo er auf Weihnachten an einem Eschenstrunk ebenso regelmäßig aufgetreten ist wie das weihnachtliche Tauwetter. Der rostgelbe Hut und der samtbraunschwarze Stiel kennzeichnen ihn gut. Seine Büschel geben mitten im Winter genug für eine kleine Pilzmahlzeit.

Ziegelroter Rißpilz
Inocybe patouillardii Bres.
(= Inocybe lateraria Ricken)
Giftig
Zirka 3–12 cm.

→

Unter den Dutzenden von Rißpilzarten gehört er zur Gruppe der «Radialfaserigen» gleich wie der Kegeliggeschweifte Rißpilz. Im Aussehen ähneln diese Rißpilze etwas den Faserschuppigen Ritterlingen, die auch einen schlechten Ruf haben. Bezüglich der Färbung ist der Ziegelrote Rißpilz ziemlich veränderlich. Er stößt weißlich aus dem Erdboden hervor, beginnt dann am Licht zu röten, bis er schließlich auf der faserigen Hutoberseite fast ganz ziegelrot ist. Die Blätter sind zuerst weißlich, dann gelbrosa, schließlich rost- bis olivbraun und haben lange weißlich berandete Schneiden. Sporen ocker-ziegelfarben (s. Bild rechts). Man trifft ihn im Frühling und Vorsommer in Laubwäldern, Parkanlagen und Gärten. Früher fand man ihn truppweise unter Hagebuchen mitten in der Stadt Zürich.

Ziegelroter Rißpilz
mit Sporenbild

Kegeliggeschweifter Rißpilz
Inocybe fastigiata (Schff.) Quél.
Giftig
Zirka 2–7 cm.

Dieser Pilz ist ein Musterbeispiel für das allgemeine Aussehen der heimtückischen Rißpilze. Sein Wuchs ist eher schmächtig, wie der der meisten Rißpilze. Die radialfaserigen Hüte sind jung kegelig-glockig, erwachsen geschweift-gebuckelt und vom Rand her in charakteristischer Weise eingerissen. Daher kommt der Name «Rißpilze». Dennoch reißen nicht bei allen Rißpilzen die Hüte ein, und anderseits gibt es auch rissige Hüte bei Pilzen, die nicht zu den Rißpilzen gehören. Die Lamellen dieses Pilzes sind erdfarben, der Stiel schlank, ringlos. Man trifft diesen Pilz in unsern Wäldern nebst ähnlichen, bald geruchlosen, bald eigentümlich riechenden Rißpilzen. Ausgeschmückt mit Fenchelblättern.

Riechender Klumpfuß
Phlegmacium mairei Mos. var. juranum R. Hry. = Phlegmacium camphoratum (Fr.) Ricken
Ungenießbar
Zirka 4–10 cm.

Frisch gewachsen ein prächtiger Vertreter der Haarschleierlinge, der aber nur allzurasch seine Schönheit einbüßt, indem er vom Hutscheitel aus ockerbräunlich ausblaßt und zuletzt ganz unansehnlich wird. In Nadelwäldern hie und da.

Fuchsiger Klumpfuß
Phlegmacium eufulmineum R. Hry.
Ungenießbar
Zirka 5–10 cm.

Unter den «Berandet-Knolligen» durch die orangegelbe bis orangebräunliche Farbe des Hutes und des Stieles auffallend. Die Phlegmacien stellen eine derart große Pilzgruppe mit vielen veränderlichen Arten dar, daß es ein Spezialstudium braucht, um sich darin sicher zurechtzufinden. Für den Anfänger ist wichtig, daß er die Gruppe als Ganzes erkennt, nämlich am Haarschleier.

Dunkelvioletter Dickfuß
Cortinarius violaceus (L.) Fr.
(= Inoloma violaceum L.)
Ungenießbar
Zirka 5–20 cm.

Dieser prächtige, tief violettblaue Haarschleierling unterscheidet sich von den Schleimköpfen durch den trockenen, glanzlos-filzigen Hut. Junge Exemplare sind plump, zwiebelig-dickstielig, ältere Stadien dagegen langstielig, fast elegant. Ein Waldpilz, der vorwiegend im Nachsommer und Herbst erscheint.

Goldschüppling
Phaeolepiota aurea (Matt.) Mre.
(= Pholiota aurea Pers.)
Schützenswert, eine nicht allzuhäufige Pilzart.
Zirka 10–25 cm.

Wo Taub- und Brennesseln wachsen, erhebt sich zwischen dem Grün der Blätter hie und da dieser ungewöhnliche, stattliche, goldbraungelbe Pilz. Die feine, staubige Körnung, die oft gerunzelte Hutoberseite und der schlaffe, häufig in Fetzen zerrissene Ring erinnern uns stark an Merkmale, die wir bei den Körnchenschirmlingen kennengelernt haben. Nur ist dieser Pilz viel größer. Von Kennern werden die Standorte des Pilzes nicht gern preisgegeben. Dafür überraschen sie uns dann Jahr für Jahr mit dieser Rarität. In nassen kalten Jahren erscheint er kaum. Ausgeschmückt mit Nesselblättern.

Blaugestiefelter Schleimkopf
«Schleiereule»
Cortinarius praestans (Cord.) Gill.
(= Phlegmacium variicolor Pers.)
Eßbar, nur der Hut wird verwendet, der Stiel ist sehr derb.
Zirka 10–25 cm.

(siehe Abb. S. 94) ⟶

Einer der stattlichsten und schönsten Vertreter der Haarschleierlinge, dessen fädige, zuerst violette Velumreste sich während des Aufschirmens immer mehr auflösen und bräunen. Sie bleiben am stämmigen Stiel als Querbinden und Fasern, am Hut als vergängliche Silberflecken und Fransen zurück. Der zuletzt furchig gerunzelte schokoladenbraune Hut hat dem Pilz auch den Namen «Schokoladenpilz» eingetragen. Der Stielgrund ist zwiebelig-knollig, nicht berandet. In seltenen Fällen wird der starke Stiel bis über 30 cm lang bei entsprechendem Hutdurchmesser. Wo der Pilz im Laubwald auftritt, wächst er gern gesellig und ist oft in allen Entwicklungsstadien vertreten. Sommer bis Herbst.

Blaugestiefelter Schleimkopf
«Schleiereule»

Runzelschüppling,
Zigeunerpilz,
Reifpilz

Sparriger Schüppling
Pholiota squarrosa (Pers.) Kummer
Eßbar nach Abbrühen, alt oft bitterlich.
Zirka 5–20 cm.

Büschelig an Nadel- und Laubholz, oft am Grunde von Obstbäumen. Gut kenntlich an den sparrig rotbraun beschüppelten Hüten und Stielen. An ältern Exemplaren ist die Schüppelung oft weniger ausgeprägt und läßt den strohgelben Hutuntergrund besser durchblicken. Ähnlich, auch in kulinarischer Hinsicht, ist der Sparrigschmierige Schüppling, Pholiota subsquarrosa Fr. mit dem Hut angedrückten, dunklen Schüppchen. Dazu sehen dem Sparrigen Schüppling andere büscheligwachsende Pilze ähnlich, vergleiche: Hallimasch (Bild Seite 76), Stockschwämmchen (Bild Seite 97), Schwefelköpfe (Bild Seite 103).

Runzelschüppling, Zigeunerpilz, Reifpilz
diese drei Namen gelten für
Rozites caperata (Pers.) Karst.
(= Pholiota caperata Pers.)
Eßbar, zartfleischig.
Zirka 5–12 cm.

← (siehe Abb. S. 95)

Ein Schüppling, der auf dem Erdboden wächst. Der silberige Reif auf dem Scheitel der braungelblichen Hüte sowie das gebrechliche Fleisch und der beringte Stiel sind kennzeichnend. Lichte Nadelwälder mit moorigen, moosigen, von Heidelbeergesträuch und Heidekraut bewachsenen Böden zieht der Pilz als Standort vor. Da kann er sich in Menge finden. Auch bei feuchtkühlen Wetterlagen tritt er reichlich auf. In den helleren Farbtönen tritt er bei trockenem, warmem, in den satteren Farben (unten) bei feuchtem, kühlem Wetter auf.
Der Pilz ist auf unsorgfältigen Transport empfindlich, zerbröckelt leicht.

Stockschwämmchen
Kuehneromyces mutabilis (Schff.) Sing. et Smith (= Pholiota mutabilis Schff.)
Eßbar
Zirka 2–8 cm.

Ein zarter, büschelig an Holz wachsender Pilz, der fast das ganze Jahr hindurch zu finden ist, sogar während milder Winterwochen. Mit seiner etwas eintönigen Farbe fällt er wenig auf. Charakteristisch ist der wasserzügige (hygrophane) Hut, mit dunklerer wasserhaltiger Randzone und hellerbraunem Scheitel. Der Stiel ist dünn beringt, abwärts dunkelbraun und zart beschüppelt. Vergleiche die Doppelgänger, Bilder Seiten 76, 88, 96 und 103.

Schwarzstreifiger Scheidling
Volvariella volvacea (Bull.) Sing.
Schützenswert bei uns, da nicht häufig
Zirka 5–10 cm

Er sieht den Scheidenstreiflingen ähnlich, ist aber deutlich verschieden durch die rötlichen Blätter und den kaum gerieften Hutrand sowie den grauschwärzlich überfaserten bis fast faserfilzigen Hut. Man trifft ihn einzeln oder truppweise in Gärten, auf Komposthaufen, auf moderigem Boden im Walde oder in Treibhäusern. Wohl nur eine besondere Rasse dieses Pilzes wird in Südostasien als «Reisstrohscheidling» (Volvariella esculenta Massee) auf feuchtem Reisstroh gezüchtet und konserviert in Büchsen in Europa in den Handel gebracht. – Eine andere interessante Art ist der 4–8 cm große Parasitische Scheidling (Volvariella surrecta [Knapp] Sing. = V. loveiana), der auf alten Blätterpilzen, zum Beispiel auf dem Nebelgrauen Trichterling, wächst.

Riesenrötling oder Herbströtling
Rhodophyllus sinuatus (Bull.) Sing.
(= Entoloma lividum Bull.)
Giftig
Zirka 5–20 cm.

Dieser gefährliche, im Hut und Stiel weißfleischige, meistens etwas nach Mehl oder Rettich riechende Giftpilz sieht verlockend aus. Kennzeichen sind der netzig überfaserte Hut, welcher jung weißgraubräunlich, stellenweise fast etwas silberig, gealtert dagegen gelbbräunlich, matt und kahl ist. Auffällig sind die breiten, gelbrötlichen, ungleich langen, um den Stiel herum ritterlingartig ausgebuchteten, an den Schneiden wellig-kerbigen Blätter. Im Nachsommer und Herbst ist dieser Pilz in Laubwäldern und auf Waldwiesen nicht allzuselten. Hauptsächlich, wer Nebelgraue Trichterlinge sammelt, passe auf ihn auf. Ein heimtückischer Geselle!

Dünnfleischiger Champignon
Psalliota silvicola Vitt. (= *Agaricus*)
Eßbar
Zirka 5–12 cm

Im Vergleich zum Ackerchampignon hat er schwächeren Wuchs und dünnerfleischige Hüte. Er stimmt aber mit jenem im feinen, angenehmen Anisduft überein. Die Hüte sind anfangs cremeweiß, beginnen dann aber allmählich zu gilben. Sie können sogar etwas grüngelbstichig werden, wodurch eine große Ähnlichkeit mit denen des Grünen Knollenblätterpilzes zustande kommen kann. Daher ist es wichtig, beim Dünnfleischigen Champignon auf die zuerst rosafarbigen, später fast schokoladebraun werdenden Lamellen zu achten, welche eine Verwechslung ausschließen. Links und Mitte im Bild jüngere, oben überalterte Exemplare, deren Hüte von Sporenstaub dunkel überpudert sind. Vergleiche auch Text der Champignons und des giftigen Karbolchampignons, Seite 210.

Trottoir- oder Stadtchampignon
Psalliota edulis Vitt.
Eßbar
Zirka 5–15 cm.

→

Er ist einer der zahlreichen Formen des Feldchampignons (Edulisgruppe), deren Hüte und Fleisch, statt zu gilben, meistens leicht röten oder bräunen. Der Anisduft fehlt diesen Champignonarten. Das Bild rechts hält den nicht allzu seltenen Fall fest, wo Pilze, hauptsächlich, wenn sie zu mehreren beisammen wachsen, den Asphalt oder das Straßenpflaster zu heben und zu durchbrechen vermögen. Gewiß, die Stoßkraft wachsender Pilze ist groß, doch geschieht das Durchbrechen gewöhnlich an heißen, gewitterschwülen Tagen, an denen der Asphalt aufgeweicht und nachgiebig ist. Das Bild oben gibt den Habitus jüngerer und älterer Exemplare dieses Pilzes wieder

Aus dem Asphalt
brechender Stadtchampignon

Grünspan-Träuschling
Stropharia aeruginosa (Curt.) Quél
Wertlos
Zirka 3–8 cm

Er ist ein vergängliches Kleinod unter den Pilzen. Am schönsten ist er, wenn der blaugrüne, kleberige Hut noch über und über mit kleinen, weißen Velumschüppchen verziert ist. Nur allzubald vertrocknet der Schleim, und die Schüppchen welken. Die Hüte verlieren eines der kennzeichnendsten Merkmale. Die Oberhaut verblaßt, wird gelblich bis bräunlich, und die Pilze sehen alsdann recht unansehnlich aus. Die violettbraunen Lamellen verweisen die Träuschlinge in die Verwandtschaft der Purpursporigen Pilze. Ausgeschmückt mit welkenden Farnwedeln.

Oben:
Rauchblätteriger Schwefelkopf
Hypholoma capnoides (Fr.) Kummer
Eßbar, abbrühen

Mitte:
Ziegelroter Schwefelkopf
Hypholoma sublateritium (Fr.) Quél.
Ungenießbar

Unten:
Grünblätteriger oder Büscheliger Schwefelkopf
Hypholoma fasciculare (Huds.) Kummer
Ungenießbar
Alle zirka 3–9 cm.

Der Rauchblätterige Schwefelkopf hat völlig milden Geschmack und zuerst weißliche, dann rauchgraue Blätter. Er wird von gleichviel Pilzlern als Speisepilz gelobt wie von andern getadelt.
Der Grünblätterige Schwefelkopf, wie auch der Ziegelrote Schwefelkopf (Hypholoma sublateritium), unterscheiden sich vom Rauchblätterigen durch den bitterlichen Geschmack auf der Zunge und die gelblichen bis gelbgrünen Lamellen, welche allmählich in schmutziges Grüngelbbraun oder Schwarzoliv übergehen. Alle diese Arten wachsen in Büscheln an Holz.

Schopftintling
Coprinus comatus (Müll.) S. F. Gray
Eßbar, solange Hut und Blätter ganz weiß sind.
Der zähe Stiel ist kaum verwendbar.
Nach dem Sammeln ist der vergängliche Pilz sofort zu verwenden.
Zirka 5–20 cm.

Dieser Pilz gedeiht gerne in ganzen Scharen auf gedüngten grasigen Stellen oder auf Aushub, über aufgeschüttetem Kultur- und Gartenland, aber auch an Waldwegen. Der schuppig-flockige, am Scheitel oft glatte Hut ist zuerst weiß bis ockerlich. Die dicht gedrängten saftigen, weißen Blätter beginnen bald von unten her zu röten, darauf schwärzen sie, und schließlich löst sich der Hut in eine tintenartige Brühe auf. Am längsten bleibt der hohle, faserige, flüchtig beringte Stiel stehen.

Falten- oder Knotentintling
Coprinus atramentarius (Bull.) Fr.
Eßbar, solange Blätter weißlich, und unter der Bedingung, daß während 24 Stunden keine alkoholischen Getränke konsumiert werden. Zirka 5–15 cm.

Wuchs büschelig. Hut in jungem Zustand glockig, silbergrau, furchig-längsfaltig, wellrandig. Stiele röhrig, meist verbogen, jung weiß und am Grund mit ringartigem, knotigem Absatz. Seiner Eigenschaft wegen, daß er mit alkoholischen Getränken zusammen giftig wirkt, heißt er scherzweise auch «Antialkoholikerpilz». Links im Bild jüngere, rechts ältere Pilzgruppen, deren Lamellen von unten her röten und schwärzen. Vergiftungen mit diesem Pilz äußern sich in starker Pulserhöhung und Hyperämie in der Halsgegend. Der Pilz tritt oft in hellerem Silbergrau, als hier abgebildet, auf.

Spangrüner Anistrichterling
Clitocybe odora (Bull.) Kummer
Eßbar
Zirka 3–8 cm.

Wenn die Blätter der Zitterpappeln sich verfärben, dann ist die Zeit auch für diesen Pilz gekommen. Die grünliche Farbe und der gut wahrnehmbare Anisduft kennzeichnen ihn gut. Nicht immer sieht er aber so schön aus. Die Hüte blassen leicht in ein wüstes Bräunlichgrau aus. Ähnlich duftend, aber verwässerte (hygrophane) Hüte haben der Weiße Anistrichterling und der Dufttrichterling. Der Anisduft unterscheidet sie von ähnlichen Formen der Gifttrichterlinge. Ausgeschmückt mit Espenlaub (Zitterpappel).

Riesentrichterling oder Mönchskopf
Clitocybe geotropa (Bull.) Quél.
Eßbar, verwendet wird der Hut, nicht aber der derbe Stiel.
Zirka 8–20–30 cm.
→

Für die Küche wird der Hut in schmale Riemen geschnitten und mit Kümmel wie Kutteln zubereitet. Man nennt ihn deshalb auch «Kuttelpilz». Sogar große Hüte von 15–25 cm Durchmesser sind, sofern sie keine Maden enthalten, brauchbar. An jungen Mönchsköpfen ist nichts zum Essen dran, der Stiel ist zäh, und die kleinen Hütchen sind unergiebig. Man nehme deshalb nur die erwachsenen Pilze, die meistens viel tiefere Trichter bilden, als auf der Abbildung sichtbar ist. Auf Waldwiesen und in Erlenwäldchen kann der Pilz in großen Hexenringen auftreten. Zwischen Fallaub, halb versteckt, kommt er bis weit in den November hinein vor, sofern der Herbst mild ist.

Nebelgrauer Trichterling
Clitocybe nebularis (Batsch) Kummer
Eßbar nach gründlichem Abbrühen mäßige Mengen, Mischpilz
Zirka 5–20 cm

Der Name weist auf seine Farbe und die Jahreszeit hin, in der der Pilz erscheint. Wenn die Herbstnebel sich ausbreiten, dann stoßen auch die «Nebelkappen» aus dem Boden hervor. Bald ist ihre Farbe weißgrau, wie mit Reif oder Schimmel bedeckt, bald aschgrau. Der Name «Trichterling» paßt schlecht, da die Hüte lange gewölbt bleiben und erst spät, wenn sie zum Sammeln kaum mehr taugen, sich verflachen und etwas trichterig werden. Trotz des weißen, einladend aussehenden Hutfleisches mit säuerlichem Geschmack ist er kein wertvoller Speisepilz. Man verwende ihn nur als Mischpilz und sammle nur mäßiggroße Exemplare. Ein gutes Kennzeichen sind die durch Daumendruck leicht vom Hut abstreifbaren Blätter. Ein Waldpilz, der häufig in Kreisen oder Linien wächst. Vergleiche den giftigen Herbströtling, Bild S. 99.

Kaffeebrauner Trichterling
Pseudoclitocybe cyathiformis (Bull.) Sing.
Wertlos
Zirka 5–8 cm.

Herbsttage, an denen der Tau liegenbleibt, die Nebel steigen oder gar die ersten Morgenfröste Reif verbreiten, sind dem Pilz günstig gesinnt. Dann strotzen seine wässerigen Hüte und Stiele von Wasser. Die herablaufenden, gegen den Rand teilweise gegabelten Blätter, der dünne Hut und der hohle bis ausgestopfte Stiel verweisen ihn in die Gruppe der Gabeltrichterlinge, die schon sehr den Nabelingen gleichen.

Gift- oder Birkenreizker
Lactarius torminosus (Schff.) S. F. Gray
Ungenießbar
Zirka 5–12 cm.

Man zählt ihn zu den «Bärtigen», weil sein gezonter fleischrötlicher bis rosabräunlicher Hut mindestens im jungen Zustand fransig-schuppig, am Rande fast zottig ist. Später verkahlen die Hüte mehr oder weniger. Am Stiel können grubige Flecken entstehen. Der Milchsaft ist brennend scharf und bleibend weiß, im Gegensatz zu ähnlichen Arten, bei denen er nach dem Austreten in Gelb verfärbt. Vergleiche im Text die Verwandtschaft der Reizker, S. 214/215.
Ausgeschmückt mit Birkenlaub

Echter Reizker
Lactarius deliciosus L. inklusive die biologischen Formen L. salmoneus, L. semisanguifluus
Eßbar nach spezieller Zubereitung und für Liebhaber.
Zirka 5–10 cm.

Oft ist der Reizker innen ganz vermadet. Prüfe ihn im Walde! Er ist leicht kenntlich am orangegelben bis orangeroten Fleisch und Saft sowie am konzentrisch gezonten Hut. Je nach Waldart und Bodenunterlage kommt er in verschiedenen Spielformen vor, anders im Fichten- und Föhrenwald oder unter Wacholdern (Fichten-, Föhrenreizker, Wacholderschwamm). Grobe Berührung und rüttelnden Transport verträgt er nicht. Er wird leicht grünfleckig, bekommt ein unappetitliches Aussehen. Doch kann er auch im grünfleckigen Zustand, sofern er noch frisch und saftig ist, verwendet werden. Oft begegnet man Hüten mit weißlicher, fast blätterloser Unterseite. Sie sind vom Schmarotzerpilz Hypomyces befallen. Obwohl solche Hüte nicht giftig sind, schaltet man sie für Speisezwecke aus.

Wolliger Milchling
Lactarius vellereus (Fr.) Fr.
Ungenießbar
Zirka 8–25 cm.

Er ist der Doppelgänger des Pfeffermilchlings mit noch schlechteren Qualitäten. Von jenem unterscheidet er sich deutlich durch die lockerer gestellten Blätter und die zart weißlich-wollige Hutoberfläche. Von diesem feinen Wollfilz, der fast wie Schimmelanflug aussieht, sind an älteren Pilztrichtern oft nur noch Reste vorhanden. Mit dem Pfeffermilchling zusammen kommt er in Laub- und Nadelwaldungen vor. Vergleiche auch die Merkmale des Blauenden Täublings (Seite 216 Mitte), der ihm ähnlich sieht, aber als Vertreter der Täublinge keinen Milchsaft ausfließen läßt.

Kirschroter Speitäubling
Russula emetica (Schff.) S. F. Gray
Giftig
Zirka 5–10 cm.

Ein sehr scharf brennender Täubling mit ziemlich entferntstehenden, weißen Blättern, glänzendrotem, feuchtschmierigem Hut. Die Oberhaut ist vom Rand her ein Stück weit leicht abziehbar. Dieser und ähnlich scharfe Pilze wachsen mit Vorliebe auf moorartigem Gelände zwischen Torfmoosen (Sphagnum), Weißmoosen (Leucobryum glaucum) und Heidekraut (Calluna vulgaris) oder Heidelbeersträuchern (Vaccinium myrtillus). Vom Speitäubling gibt es, je nachdem unter was für Bäumen er gedeiht, viele Form- und Farbnuancen, so der Föhren-, Buchen-, Birken-, Moor- und Hochgebirgs-Speitäubling, die alle sehr scharf, bald leuchtend, bald düsterrot sind.

Grünschuppiger Täubling
Russula virescens (Schff.) Fr.
Eßbar
Zirka 5–10 cm

Bezeichnend ist der spangrüne bis weißocker ausblassende Hut mit mehr oder weniger stark rissig-felderig-schuppig aufgelöster Hutoberhaut. Hut und Stiel derbfleischig. Stiel weißlich. In Misch- und Nadelwäldern.

Goldtäubling
Russula aurata With.
Eßbar
Zirka 5–10 cm.

Verbreitet ist die irrtümliche Ansicht, daß alle roten oder schreiendfarbigen Pilze giftig seien. Das widerlegt dieser «milde» Vertreter der Täublinge, welcher besonders an den dottergelblichen Lamellenschneiden gut zu erkennen ist. Gewöhnlich sind den roten Hüten mehr gelbe Stellen beigemischt als bei den abgebildeten Exemplaren, wodurch der Pilz außerordentliche Farbigkeit und Schönheit erreicht. In Wäldern, aber nicht sehr häufig.

Orangeroter Graustieltäubling
Russula decolorans Fr.
Eßbar
Zirka 5–12 cm.
←

Die Graustieltäublinge erkennt man am grauenden Fleisch des Stieles. Im Geschmack ist dieser Pilz mild. Die bald orange-, bald mehr apfelrote Hutfarbe hat ihm auch den Namen Orangetäubling eingetragen. Man findet ihn im Sommer zwischen moosunterwachsenem und von Farnen durchsetztem Heidelbeergesträuch der Rottannenwälder. Gelegentlich wird er auf dem Pilzmarkt verkauft, obwohl das grauende Fleisch nicht besonders lockt. Im Alter kann dieser Pilz recht dunkelfarbig und sehr unansehnlich werden.

Violettgrüner Täubling oder Frauentäubling
Russula cyanoxantha Schff.
Eßbar
Zirka 5–15 cm

Er gehört unter den Täublingen zu dem Ausnahmefall, wo die Lamellen nicht sprödebrüchig, sondern elastisch biegsam sind. In der Hutfarbe ist der Pilz sehr variabel. Aus dem typischen Grünviolettrot ändert die Farbe über Schiefergraublau bis Grünviolett oder fast rein Violett. Hut und Stiel festfleischig. Der Speisetäubling, Russula vesca, mit ebenfalls elastischen Blättern unterscheidet sich durch die blaßfleischrote bis fleischbräunliche Färbung der Hutoberseite und nicht selten rostfleckige Lamellenschneiden, was zwar beim Violettgrünen oft auch beobachtet werden kann. Vorkommen besonders in Laubwäldern.

Blutroter Täubling
Russula sanguinea Bull. (= rosacea Fr.)
Ungenießbar
Zirka 5–10 cm.

Ein Täubling aus der Gruppe der «Scharfen» mit leuchtend blut- bis tomatenrotem, kaum schmierigem, oft rasch und fast völlig verblassendem Hut. Lamellen zuerst blaßweißlich, später gelblich und wie der rosa behauchte, bis ganz rote Stiel zitronengelb bis gelbbräunlich fleckend.
Moosige Waldwiesen.

Rettichhelmling
Mycena pura (Pers.) Kummer
Eßbar, aber nur vom Wert eines Mischpilzes
Zirka 2–6 cm.

Von den Helmlingen einer der größten Vertreter. Wie alle diese ein zarter, gebrechlicher Pilz, kenntlich am starken Rettichgeruch, wenn man Bruchstücke an die Nase hält. Feucht und im Schatten gewachsen, sind die Hüte junger Rettichhelmlinge schön violettrosa. Der Stiel ist etwas dunkler violett, und die Blätter sind etwas heller rosa getönt. Bei zu großer Nässe oder bei Trockenheit oder im grellen Licht verändert er die Farbe bald ins Gelbbräunliche, Bräunlichblaue, ins Hellrosa oder fast Weißliche. Gern wächst er gesellig im modernden Laub.

Größter Saftling
Hygrocybe punicea (Fr.) Kummer
Eßbar
Zirka 5–12 cm.

Einer der schönsten und ansehnlichsten Saftlinge. Vorwiegend Herbst- und Wiesenpilz. Der stumpfglockige, scharlachblutrote Hut blaßt in der Sonne und bei trockener Witterung sehr rasch aus, so daß der Pilz an Schönheit und Auffälligkeit stark einbüßt. Blätter blaßgelb bis orangerot. Stiel blasser in den Farben, am Grund weißlich, bei Druck nicht schwärzend. Mit den dicken, breiten, entferntgestellten, spröden Blättern ist diese Art ein charakteristischer Vertreter der Gruppe der Dickblättler.

Märzellerling
Hygrophorus marzuolus (Fr.) Bres.
(= Camarophyllus marzuolus)
Eßbar
Zirka 5–10 cm.

Jahr für Jahr eröffnet er gewissermaßen die Pilzsaison. Schon früh, wenn stellenweise noch Schnee liegt, wachsen seine welligbuckeligen, bald polsterförmigen, bald verflachten bis trichterigen Hüte unter Laub und Moos. Oft wirft der Pilz kleine Erdhügel auf, und Tiere scharren ihn heraus. Gemischte Wälder aus Laubhölzern und Weißtannen sind sein Standort. Die Hüte sind bald weiß, grau oder schwarz oder zeigen diese Farben, je nach Lichtverhältnissen, gemischt. Weitgestellte, ungleich lange, dickliche Blätter sind ein weiteres Merkmal. In höhern und schattig-kühlen Lagen kann aus dem «Märzellerling» oder «Schneepilz» auch ein «April»-, «Mai»- oder gar «Juni-Ellerling» werden.

Frostschneckling
Hygrophorus hypotheijus (Fr.) Fr.
(= Limacium hypotheijum Fr.)
Eßbar
Zirka 5–10 cm.

Die Mehrzahl der Schnecklinge sind Herbstpilze, so auch dieser. Man trifft ihn noch zur Zeit der Fröste. Im Schutze der Bäume, des gefallenen Laubes und der Moospolster hält er recht lange aus. An den jungen, faseriggestreiften Hüten herrschen zuerst olivbraungrüne Farbtöne vor, die mit dem Älterwerden des Pilzes in Rost- bis Zitronengelb übergehen. Die sichelförmig herablaufenden Lamellen sind gelblich bis fast orange. Blaßgelb überhaucht ist auch der Stiel.
Ausgeschmückt mit Torfmoosen.

Mehlschwamm, Moosling, Mehlräsling
alles der gleiche Pilz,
Clitopilus prunulus Kummer
Eßbar
Zirka 3–10 cm.

Man kennt den Pilz am Mehlgeruch, also Hüte aufbrechen und an die Nase halten! Sein Aussehen könnte uns, wenn die Blätter nicht rötlich wären, einen Trichterling oder Krempling vermuten lassen. Unter den Pilzen mit rosenrötlichem Sporenstaub ist der Mehlschwamm wohl der beste. Der weißliche, bisweilen graugefleckte, fast zartfilzige Hut und die weit herablaufenden Lamellen unterscheiden ihn weiter noch von giftigen, ebenfalls nach Mehl duftenden Rötlingen. Gerne im nassen Gras moosiger Wiesen, Weiden und lichten Wäldern. Sommer bis Herbst.
Vergleiche den giftigen Riesenrötling S. 99 und den Text der Rötlinge S. 208/209.

Großer Schmierling,
Kuhmaul oder Gelbfuß
Gomphidius glutinosus (Schff.) Fr.
Eßbar
Zirka 5–10 cm

Am zitronengelben Stielgrund leicht erkennbar. Der violettgraue bis schokoladenfarbige Hut ist lange von einer klebrigen Schleimschicht überzogen, die auch als glasig durchsichtige, mehr oder weniger zerrissene Haut zwischen Hutrand und Stiel ausgespannt ist. Ihre Reste bleiben am Stiel als Ringzone zurück. Durch einfallenden Sporenstaub färbt sie sich allmählich schwarz bis violett. Die grauen Lamellen werden später schokoladebraun. Beim Sammeln zieht man dem Pilz am besten die schmierige Haut ab, da er sonst alles im Korb Befindliche verklebt und schmierig macht.

Taubenblauer Seitling
Pleurotus columbinus Quél.
Eßbar, etwas derb
Zirka 5–15 cm.

Dieser prächtige Seitling gedeiht an Baumstämmen oft bis in den Spätherbst und Vorwinter hinein. Bei verhältnismäßig feuchter und kühler Witterung bekommt man ihn am schönsten zu Gesicht. Mißfarbig wird er bei Föhnwetter. Er fällt unter den Seitlingen durch die taubenblaue Hutoberseite und den bläulichen Schimmer seiner am kurzen Stielgrund netzaderig verbundenen Lamellen auf. Er kann auch als Form des in der Farbe veränderlichen (schwarzbraunen bis weißlichen) Austernseitlings, Pleurotus ostreatus, aufgefaßt werden. Dieser läßt sich auf Holz, Stroh und Maisabfällen züchten. Wild an Laubbäumen, z. B. Pappeln.

Ohrförmiger Seitling
Pleurocybella porrigens (Pers.) Sing.
Wertlos
Zirka 5–10 cm.

Ein fast sitzender Seitling. Die fleischig zungen- bis muschelförmigen, in jungem Zustand reinweißen Hüte reihen sich dachziegelig an einem hier mit Astmoosen bekleideten Stamm auf. Die Hutränder sind durchscheinend dünn, oft etwas filzig.

Aufwärts sich gabelnde und gegen die Anheftungsstelle des Pilzes zusammenlaufende, schmale Blätter sind charakteristisch. Sie erinnern schon fast an die sich gabelnden Leisten der eierschwammartigen Pilze.

Samtfußkrempling
Paxillus atrotomentosus (Batsch) Fr.
Ungenießbar
Zirka 5–20 cm.

Ein selten schöner Anblick, wie die Pilze dem morschen Holzstück ansitzen und wie ihre braunschwarzen Füße und die braunen Hutränder mit den holzgelben, gedrungen stehenden, herablaufenden Lamellen kontrastieren. Die letztern sind gegen Berührung sehr empfindlich. Sie laufen auf Fingerdruck hin an den Berührungsstellen dunkler an. Ein Verwandter dieses Pilzes heißt deshalb «Empfindlicher Krempling». Auch dieser letztere ist ungenießbar.

Schweinsohr oder Purpurleistling
Neurophyllum clavatum Fr.
(= Cantharellus clavatus)
Eßbar
Zirka 4–8 cm.

Fruchtkörper abgestutzt-keulig bis kreiselförmig oder schuhlöffelartig, frisch violettpurpurn, meistens aber gebräunt oder vergilbt, ockergelblich. Rand lappig-kraus. Außenseite mit aderig verbundenen, gabeligen, violettlichen bis bräunlichen, bis gegen den derben Stielgrund herabziehenden Leisten. Deren Kanten sind oft gelbstaubig. Man findet diesen guten Pilz reihenweise-büschelig in Laub- und Nadelwäldern. Doch ist er nicht allzu häufig. Oft in Pilzlinien bis Kreisen wachsend.

Goldgelbstieliger Pfifferling oder Gelbe Kraterelle
Cantharellus lutescens Pers.
Eßbar
Zirka 3–5 cm.

Wie die zarten Moospflänzchen, in deren Filz die Pilze haften, verraten, ist dies ein Schwamm feuchter, schattiger Wälder. Zudem erscheint er erst im Herbst, wenn alles vor Nässe trieft und die Pilzsaison sich dem Ende nähert. Charakteristisch ist der scharfe Kontrast zwischen dem leuchtend gelben Stiel und dem bräunlichen Hut. Er ist kaum mit andern Pilzen verwechselbar. Im Dialekt heißt er auch etwa «Eierhörnli».

Eierschwamm oder Pfifferling
Cantharellus cibarius Fr.
Eßbar
Zirka 3–10 cm.

←

Obwohl der Eierschwamm seines zähfaserigen Fleisches wegen als das «Kuhfleisch» unter den Pilzen bezeichnet wird, gehört er doch zu den begehrtesten Schwämmen. Dazu verhelfen ihm andere gute Eigenschaften: Er ist kaum verwechselbar, besitzt eine verlockende Farbe, ist sehr selten madig, läßt sich zu allerlei Gerichten, zum Sterilisieren, Einlegen in Salzwasser oder in Essig und zum Tiefkühlen verwenden. Dagegen ist er kein Dörrpilz. Manche Formen des Eierschwammes unterscheiden sich in der helleren oder dunkleren Gelbfärbung oder im Verlauf der Leisten, bald fast gerade, bald kraus, fast löcherig. Ein häufiger Pilz in Laub- und Nadelwäldern wie auf strauchbewachsenen Alpweiden. Bei einer selteneren Varietät ist der Hut mit violetten bis violettbraunen Schüppchen besetzt (Violettschuppiger Eierschwamm, ebenfalls eßbar).

Trompetenpfifferling oder Durchbohrter Leistling
Cantharellus tubaeformis Bull.
(= C. infundibuliformis)
Eßbar
Zirka 3–5 cm.

Gleich der gelben Kraterelle hat er einen hohlen Stiel, unterscheidet sich aber durch die matteren Farben und den weniger starken Farbkontrast zwischen Hut und Stiel. Die Standorte und die Erscheinungszeit sind gleich wie bei der Gelben Kraterelle. Wo er gedeiht, findet er sich reichlich, so daß man trotz der Dünnfleischigkeit der Hüte bald genug Pilze für ein Mahl beisammen hat.

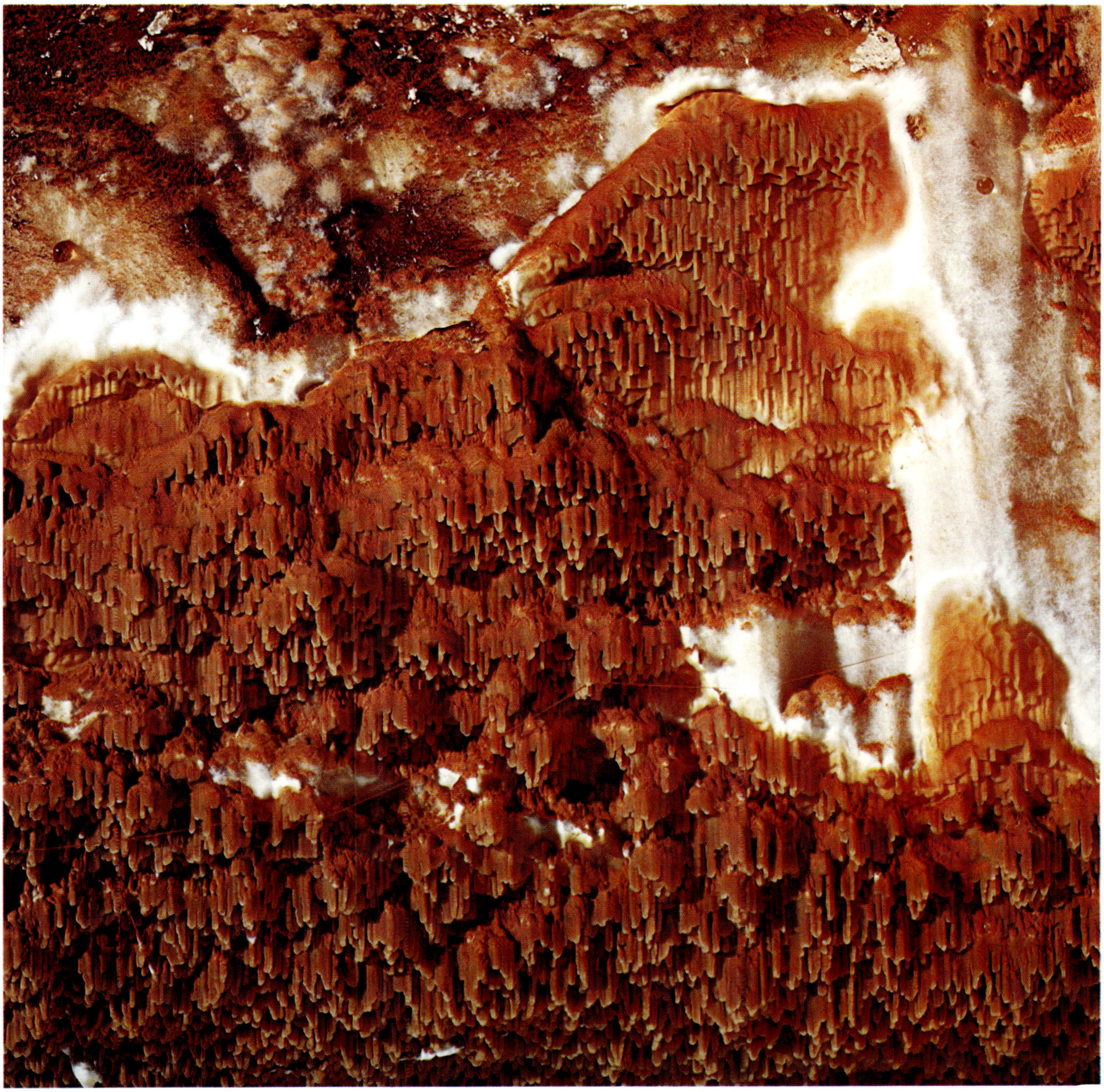

Echter oder Tränender Hausschwamm
Merulius lacrymans Fr. (= Serpula)
Gefährlicher Holzzerstörer in Häusern, kann sich über viele Quadratmeter ausdehnen.

In Wohnhäusern der gefährlichste Holzzerstörer. In den Anfangsstadien bildet er weißliche bis braune, netzig verzweigte Mycelstränge, dann treten rahmweiße, bauschige Watten auf, deren Farbe auch ins Gelbliche bis Pfirsichblütrote spielen kann. Auf ihnen glitzern nicht selten Wassertropfen, die wie Perlen auf das Substrat herabgleiten und dieses fortwährend feuchthalten, was dem Pilz ermöglicht, sich rasch auszubreiten. Zuletzt treten innerhalb der Mycelwatten kuchenartige, braungelbe, runzelige Fruchtkörper auf, oft mit stift- oder wabenartig-röhrigen Auswüchsen, wie das Bild zeigt.

Strubbelkopf
Strobilomyces floccosus (Vahl.) Karst.
(= Boletus)
Ungenießbar
Zirka 5–15 cm.

Er ist ein Unikum unter den Pilzen. Der grob grauschwarz geschuppte Hut sieht einem Zapfen ähnlich. Das lumpige Velum löst sich in Fetzen auf, so daß der Ring kaum von langer Dauer ist. Die Poren sind weit, grauweiß. Das Fleisch rötet im Schnitt mehr oder weniger. Mischwaldungen.

Erlengrübling
Gyrodon lividus (Bull.) Sacc.
Schützenswert
Zirka 5–15 cm.

←

Hut rotbraun, falb oder weißlich. Röhrenschicht nicht ablösbar. Fleisch gelblich, läuft bläulich, grünlich oder rötlich an. Poren des jungen Pilzes leuchtend gelb, weit labyrinthisch, am Stiel herablaufend, später schmutzig bräunlich, auf Druck hin blau fleckend. Feuchte, grasige Wälder, Erlengebüsche mit Heidelbeergesträuch, grasige Waldstellen sind Standorte dieses Pilzes. Er kann mit einigen Röhrlingen, wie etwa mit dem Kuhröhrling und Sandröhrling, deren Röhrenschicht vom Hut auch kaum trennbar ist, verwechselt werden. Ausgeschmückt mit Fruchtständen des Aronstabes und mit welken Grauerlenblättern.

Butterpilz
Suillus luteus (L.) S. F. Gray
(= Boletus)
Eßbar
Zirka 5–10 cm, selten größer.

Ein zartfleischiger Röhrling, mit gelblich-weißem, unveränderlichem Fleisch. Hut bei feuchter Witterung sattbraun, schmierig-schleimig, angetrocknet weniger dunkel und oft getigert-fleckig. Stiel gelblich, oben blaß mit dunkleren, punktförmigen Körnchen. Ring häutig, zuerst weißlich, dann violett-schwarz, heidelbeerfarben, nicht selten bald vertrocknend und abfallend. Gelegentlich wird der Ring schon beim Herauswachsen aus dem Erdboden abgestreift. Röhrenschicht blaßgelb, dem Stiel angewachsen. Vornehmlich ein Pilz der Föhrenwälder.

Goldröhrling
Suillus grevillei (Klotzsch) Sing.
(= Boletus elegans)
Eßbar
Zirka 5–12 cm.

Mit seinen, frisch gewachsen, bald orange- bis goldgelben Farben ist er der auffallendste Vertreter der «Lärchenpilze». Nach starken Regen kann sein Gelb ganz verwässert und glasig aussehen. Am häufigsten tritt er im Nachsommer und Herbst auf. In den Lärchenwaldgegenden der Alpen ist er einer der häufigsten Pilze. Er sollte möglichst angetrocknet und nicht verregnet gesammelt werden, denn naß ist sein ohnehin weiches Fleisch schlampig. Kein guter Dörrpilz.

Lärchenröhrling
Suillus aeruginascens (Secr.) Snell
(= Boletus viscidus)
Eßbar
Zirka 5–10 cm.

Von den «Lärchenpilzen» ist er der wüsteste, am unscheinbarsten gefärbt, zum Essen weniger einladend als die gelben Sorten. Hut blaß, bräunlich, oft mit Stich ins Grünliche, ruppig-schmierig, jung mit weißem Schleier. Stiel unter dem Ring oft etwas höckerig-braun. Poren grauweiß bis olivbraun. Gleich den andern beringten Röhrlingen sollte er nicht in ganz durchnäßtem Zustand gesammelt werden, trockener sieht er auch appetitlicher aus. In Lärchenwaldgebieten, unter Lärchen. Er kommt auch in einer Varietät (var. bresadolae) mit gelblichem Schleier und gelblichgrauen Poren vor.

Hohlfußröhrling
Boletinus cavipes (Opat.) Kalchbr.
Eßbar
Zirka 5–15 cm.

Der gelbliche, ruppig rostfilzige Hut, die weiten, fast in radialen Reihen verlaufenden, längsgestreckten Röhrenmündungen, der vergängliche Schleier und Ring wie auch der hohle Stiel kennzeichnen diesen unter Lärchen wachsenden Pilz gut. Haupterscheinungszeit: Nachsommer und Herbst.

Rostroter Röhrling
Suillus tridentinus (Bres.) Sing. (= Boletus)
Eßbar
Zirka 5–10 cm

In der Gruppe der beringten Röhrlinge fällt er durch die rostroten, weiten, eckigen Röhrenmündungen auf. Der weißliche Ring ist vergänglich. Der rostfarbene Hut ist ruppig-schuppig. Das Fleisch gelb, rötlich bis gelbrosa. Er ist ein Pilz der Lärchenwaldungen.

Körnchenröhrling oder Schmerling
Suillus granulatus (L.) O. Kuntze (= Boletus)
Eßbar
Zirka 5–10 (–12) cm.

→

Dem Butterpilz verwandt, aber stets ohne Ring und von hellerem Braun. Fleisch weißgelblich, unveränderlich, weich. Hut braunrot bis strohgelb, oft leicht geflammt, feucht schmierig. Stiel weißgelblich, abwärts bräunlich, mit punktförmigen Körnchen besetzt. Röhrenschicht zitronengelb, in stark durchfeuchtetem frischem Zustand an den Poren bisweilen mit milchigen Guttationströpfchen (Exemplar links unten). Poren im Alter oliv werdend. Der Pilz zeigt Übergangsformen zum Butterpilz. In Nadelwäldern.

Porphyrsporiger Röhrling
Porphyrellus pseudoscaber (Secr.) Sing. (= Boletus porphyrosporus)
Ungenießbar
Zirka 5–15 cm.

Von allen Röhrlingen ist er am düstersten und eintönigsten gefärbt. Hut und Stiel sattbraun. Auch die anfangs etwas helleren Poren sind an älteren Pilzen dunkelbraun. Das weißliche Fleisch verfärbt mehr oder weniger stark blau bis grünlich. Alt ist es braun bis schwärzlich. Die Sporen erinnern mit der rötlichen Färbung an das Porphyrgestein.

Birkenröhrling oder Kapuzinerpilz
Leccinum scabrum (Bull.) S. F. Gray
Eßbar
Zirka 5–15 cm.
←

Der dunkel gekörnte, rauhe bis manchmal etwas netzige Stiel und das häufig vorwulstende Röhrenpolster, zusammen mit dem dunkel- oder hellerbraunen Hut, sind für diesen Pilz kennzeichnend. Er besiedelt magere, moorige bis heideartige Böden, tritt besonders unter Birken auf. An solchen Stellen wächst er oft gesellig. Seine Farbe läßt ihn im Gelände nicht so leicht entdecken.

Maronenröhrling
Xerocomus badius (Fr.) Kuhn (= Boletus)
Eßbar
Zirka 5–8 (–10) cm.

Qualitativ dem Steinpilz kaum nachstehend, aber unansehnlicher. Gut kenntlich am kastanienbraunen Hut und (dem oft etwas helleren) Stiel, den matt gelbgrünlichen, auf Fingerdruck schmutzigblau fleckenden Poren. Fleisch weißlich, leicht blauend. Legt man diesen Pilz und die Ziegenlippe, mit den Poren nach oben gekehrt, nebeneinander, so fällt die Ziegenlippe durch das viel leuchtendere Gelb und die weiten Röhrenmündungen auf. Nadelwälder.

Rotfußröhrling
Xerocomus chrysenteron (Bull.) Quél.
Eßbar,
bald faulend und schimmelnd,
sofort zu verwenden.
Zirka 3–10 cm.

Wenn charakteristisch ausgebildet mit bräunlichem, schön rotstreifigem Stiel, jedoch können die roten Längsstreifen am Stiel auch verwaschen sein. Hut heller oder dunkler braun bis fast schwarz, filzig, häufig felderig aufgerissen. Fraß- und Rißstellen rötlich angelaufen. Dieser zarte Pilz fault und schimmelt nicht selten schon im Walde. Man prüfe dort schon, was brauchbar ist, und zwar bevor man erntet. Moosige, feuchte Waldstellen. Nachsommer und Herbst.

Parasitischer Röhrling
Xerocomus parasiticus (Bull.) Quél.
Ungenießbar
Zirka 3–8 cm.

Schmarotzt auf dem Kartoffelbovist. Gedeiht deshalb an den gleichen Orten wie dieser, nicht selten auf lockeren moorigen bis sandigen Böden. Hut gelbbraun, gerne würfelig-rissig. Stiel meist gekrümmt, außen und innen gelb. Röhrenschicht gelb, am Stiel herablaufend. Ziemlich selten.

Hasenröhrling, Hasenpilz oder Zimtröhrling
Gyroporus castaneus (Bull.) Quél. (Boletus)
Eßbar, aber schützenswert
Zirka 5–10 cm.

→

Er gehört zu den seltenen Pilzen. Der Stiel ist bei älteren Exemplaren gewöhnlich hohl, bei jüngeren oft nur gekammert. Weitere Merkmale sind die zimtbraune Hut- und Stielfarbe sowie das weiße, an der Luft unveränderliche Fleisch. Ausgeschmückt mit verfärbten Kirschbaumblättern.

Kornblumenröhrling
Gyroporus cyanescens (Bull.) Quél.
(= Boletus)
Schützenswert
Zirka 5–15 cm.

In unsern Gegenden ist dies ein seltener Pilz. Die fahlen bräunlichen Farbtöne des Hutes und das wolkigblaue Anlaufen des gebrochenen Fleisches sowie der kammerighohle Stiel lassen kaum eine Verwechslung mit andern Pilzen aufkommen. Auf Fingerdruck flecken die Poren blau. In Wäldern mit sandigen Böden.

Dickfußröhrling, Bitterröhrling oder Rotfreier Dickfuß
Boletus pachypus Fr. var. albidus
(= Boletus radicans Pers.)
Giftig
Zirka 10–30 cm.

Ein giftiger Doppelgänger des Steinpilzes, unterschieden durch das oft nur schwache wolkenartige Blauen des weißlichen, bitterlich schmeckenden Fleisches. Dieser Pilz tritt recht häufig in Parkanlagen auf.
(Vergleiche den Steinpilz S. 147 und den Bronzeröhrling S. 149).

Schönfußröhrling
Boletus pachypus Fr. var. calopus
(=Boletus calopus Fr.)
Giftig
Zirka 10–25 cm.

Die farbenprächtigere Abart des Dickfußröhrlings (vgl. Bild S. 145). Kenntlich am oft sehr schön geröteten Stiel mit spitzenwärts gelber Zone und dem ganz oder stellenweise entwickelten, meist weitmaschigen, weißlichen oder rötlichen Netz. Hut grau, graubraun. Poren gelb. Fleisch leicht blauend. Alt geworden, verliert dieser Röhrling, wie auch alle andern buntfarbigen Röhrlinge, seine schönen Farben, wird unansehnlich braun, und nur an einzelnen Stellen erkennt man noch die ursprüngliche Buntheit.

Steinpilz
Boletus edulis Bull.
Eßbar, zum Dörren geeignet.
Zirka 10–30 cm.

Er ist der König unter den Pilzen, kenntlich am braunen Hut, dem starken, meistens keulenförmigen Stiel, welcher an seinem Oberende mit einer sehr feinen weißlichen Netzzeichnung auf etwas dunklerem Grund versehen ist. Dieses Merkmal ist sehr charakteristisch, wird aber gerne übersehen (Lupe). Mitunter reicht die Netzung mit etwas gröberen Maschen auch weiter am Stiel herab. Das Fleisch ist im Bruch und Schnitt weiß und bleibt weiß, bei dunkelhütigen Formen kann es unter der Huthaut bräunlich verwässert sein. Das Röhrenpolster ist jung weiß, dann gelblich, zuletzt schmutzig grün bis grünbraun. Der Steinpilz hat nirgends rote Farbtöne. Er ist zu gewissen Zeiten sehr madenanfällig. Die Haltbarkeit ist beschränkt. Ausgeschmückt mit Erdbeerblättern.

Satanspilz
Boletus satanas Lenz
Giftig
Zirka 10–30 cm.

Charakteristisch für diesen giftigen Röhrling aus der Steinpilzgruppe ist der dickknollige, oft fast kugelige Stiel, auf dem der junge Hut wie ein kleiner Gupf aufsitzt. Auch später bleibt der Stiel dickknollig, zeigt eine schön gelbe Spitzenzone und ist an der dicksten Stelle von einem scharlachroten Gürtel umzogen. Oberwärts ist der Stiel fein genetzt. Die zuerst blassen Poren färben sich bald karminrot (oft mit gelber Randzone). Die Hutfarbe ist silbergrau bis graubraun. Das weißliche, milde Fleisch blaut gewöhnlich nur leicht. Dieser Pilz erscheint in warmen, schönen Sommern viel häufiger als in nassen, kühlen Jahren, wo er ganz aussetzen kann. In Laubwäldern, auf Kalkboden. Ausgeschmückt mit verfärbtem Buchenlaub.

Bronzeröhrling
Boletus aereus Bull.
Eßbar
Zirka 10–20 cm.

Eine dunkelhütige Form des Steinpilzes, mit festem, weißem Fleisch und an der Stielspitze deutlicher feiner Netzzeichnung. Er ist durch Übergangsformen mit dem Steinpilz verbunden. Gewöhnlich ist er schwarzbraun, viel dunkler als hier abgebildet. Man findet ihn hauptsächlich unter Eichen.

Schafporling, Schafeuter
Albatrellus ovinus (Schff.) Kotl. et Pouz. (= Polyporus)
Eßbar
Zirka 5–10 cm, von unregelmäßiger Form.

Auf mageren Weiden und lichten Waldstellen der Nadelwaldregion begegnen wir gegen den Herbst hin oft großen Nestern dieses Pilzes, so daß sich manchmal ohne Mühe ein ganzer Korb füllen läßt. Reihenweise folgen die Pilze dürren Baumwurzeln oder stehen in Trupps zwischen Borstgras und Heidelbeergesträuch. Hut unregelmäßig, graugelblich. Unterseite weißlich, mit sehr feinen Poren. Charakteristisch sind gelbliche Anlaufstellen. Größere Exemplare weisen mitunter bitterliches Fleisch auf. Abbrühen lohnt sich.

Anhängselröhrling
Boletus appendiculatus Fr.
Eßbar
Zirka 10–25 cm.
←

Dieser nicht besonders häufige Pilz ist ein eßbarer Doppelgänger des Steinpilzes. Man bezeichnet ihn auch etwa als «Gelben Steinpilz». Unterschieden wird er durch den gelblichen, oft rot angehauchten Stiel. Auch der Hut kann rot überduftet sein, wenigstens stellenweise. Der Stiel ist in den Boden hinein anhängselartig verlängert. Das gelbliche Fleisch blaut leicht. Die Röhrenschicht ist gelb, dann gelbgrün. In Laub- und Mischwäldern zur Steinpilzzeit.

Eichhase
Grifola umbellata (Pers.) Pilat
(= Polypilus umbellatus
= Polyporus ramosissimus)
Eßbar
Bis kopfgroße Büschel.

Was sitzt dort Braunes am Ast oder auf der Erde? Nur ein Pilz, aus dessen schwärzlichem Strunk viele gabelige Äste aufstreben, deren jeder mit einem flachen bis vertieften, braunen Hütchen endet. Das brüchige Fleisch ist innen sehr oft vermadet, so daß die Freude des Jägers getrübt wird.

Netzstieliger Hexenröhrling, Donnerpilz
Boletus luridus Fr. ssp. reticulatus
Eßbar im jungen, gut gekochten Zustand
Zirka 10–30 cm.
Leicht verwechselbar!
←

Die gelborangeroten Poren, der olivgrüne bis braunrotolive Hut, das im Moment des Brechens gelbrötliche, an die Farbe frischer Rhabarberstengel erinnernde, in feuchtem Zustand tief blauende Fleisch sind kennzeichnend. Dazu kommt der weitherab grobmaschig genetzte, starke Stiel (vgl. ssp. miniatoporus Bild S. 154). Der Schönfußröhrling unterscheidet sich durch gelbe bis grünliche Röhren, der Satanspilz durch einen viel plumperen, kugeligkeuligen Stiel mit scharlachroter Zone, der Purpurröhrling durch den purpurn überlaufenen Hut und das innen zitronengelbe Stielfleisch. Der Hexenpilz tritt häufig nach warmen Gewittern, oft schon am Anfang des Sommers auf.

Schwefelporling
Laetiporus sulphureus (Bull.) Boud. et Sing. (= Polyporus)
Eßbar
Bis über kopfgroße Klumpen bildend.

Aus lebenden Baumstämmen oder auch aus Strünken hervorbrechend. Infolge der leuchtend orange-gelben Farbe ist der Pilz von weitem sichtbar. Kirschbäume und andere alte Obstbäume zieht er als Standort vor. Er gedeiht in höheren Lagen auch an der Rottanne und an Lärchen. Als Speise verwendet man gewöhnlich die käseweichen gelben Zuwachszonen. Das Fleisch aus dem Innern der Klumpen ist meistens trocken und zäh.

Schuppenstieliger Hexenröhrling, Schusterpilz
Boletus luridus Fr. ssp. miniatoporus
Jung und gut gekocht eßbar
← Zirka 10–25 cm.

Gehört in den Verwandtschaftskreis des Hexenröhrlings, unterscheidet sich aber vom netzstieligen Hexenröhrling durch den am Oberende feinfilzig, rostorange beschüppelten Stiel und den meistens olivbraunen bis dunkelbraunroten Hut. Röhren düster orangerostrot. Fleisch, wenn gut durchfeuchtet, stark blauend. Wälder. – Man kennt vom Hexenröhrling, Boletus luridus, noch eine glattstielige Abart.

Filzigzottiger Porling
Pelzporling
Inonotus hispidus (Bull.) Karst.
(= Polyporus)
Ungenießbar
10–30 cm.

Wie aus dem Bild ersichtlich, hauptsächlich ein Parasit an Apfelbaumstämmen. Im vollen Wachstum begriffen schwitzt er Wassertropfen aus. Er erzeugt Weißfäule. Weitere Kennzeichen sind der oben zottigborstige Hut, die rostgelbbraune Farbe, das bei Berührung und im Alter schwärzende Fleisch. Außer an Apfelbäumen kommt er auch an Birn- und Mehlbeerbäumen sowie an Eschen, Ulmen und Nußbäumen vor. Vielleicht findet ihn jemand noch auf einer andern Baumart.

Schuppenporling
Polyporus squamosus (Huds.) Fr.
Bis 1 m Durchmesser, meist aber kleiner.
Ungenießbar

←

Der Schuppenporling gehört im ausgewachsenen Zustand zu den größten Pilzen. Die aus Holzstrünken hervorbrechenden Hüte sind oberseits braunschuppig, unterseits mit weiten Poren versehen. Jung sind sie weich, später lederig. Wie im Bild die Roßkastanienblätter und -blüten andeuten sollen, fällt die Hauptwachstumszeit des Pilzes mit dem Laubaustrieb und Blühen der Bäume zusammen. Dann glaubt mancher unerfahrene Pilzsammler, mit den jungen, noch weichen Hüten einen guten Fund gemacht zu haben. Aber er wäre enttäuscht, wenn er sie kochen würde.

Zinnoberrote Tramete
Trametes cinnabarina (Jacq.) Fr.
Wertlos
Zirka 5–15 cm.

Unter den Trameten wohl die schönste Art. In voller Entwicklung leuchten uns die wulstigen Fruchtkörper zinnoberrot entgegen. Mit dem Alter blassen sie aus. Dieser Porenpilz ist ein ausdauernder Saprophyt an vermorschendem Holz. Man kann ihm das ganze Jahr begegnen.

Glänzender Lackporling
Ganoderma lucidum (Leyss.) Karst.
(= Placodes)
Ungenießbar
Zirka 8–15 cm.

→

Zweifellos einer der eigenartigsten Porlinge, dessen flache oder nierenförmige Hüte wie auch der kürzere oder längere Stiel lackartig glänzen. Jung sind die Hüte biegsam, alt zäh-holzig. Lange Stiele sehen oft wie gedrechselt aus. Normalerweise ist die Farbe des Pilzes oberseits kastanienrot und unterseits kreideweiß bis hellbräunlich. Man findet ihn an toten Eichen-, Buchen- oder Birkenstämmen. Wohl nur eine Form davon ist der Walliser Lackporling (Ganoderma valesiacum Boud.), der auf Nadelbäume, besonders die Lärche spezialisiert ist. Seine Farbe ist dunkelschwarzrot. Die Fruchtkörper sind einjährig. Sie können aber mehrere Jahre am gleichen Strunk wiederkehren.

Fencheltramete
Osmoporus odoratus (Wulf.) Sing.
(= Trametes)
Ungenießbar
Zirka 5–15 cm, oft mehrere Pilze zu einer dicken, klumpigen Masse zusammengewachsen.

Ein Schichtporling, charakterisiert durch den starken Geruch nach Fenchel, Anis oder Vanille und die intensiv orangegelbe Farbe. Ältere Exemplare sind gelb- bis rostbraun, wobei nur die jüngste Zuwachszone noch orangegelb bleibt. Noch ältere Stücke sind dunkelfarbig bis schwarzgrau. Die Fencheltramete ist ausdauernd. Sie wächst mehrere Jahre weiter und zeigt deshalb im Querschnitt eine geschichtete, rostbraune Trama mit mehreren Röhrenschichten. Die Poren sind zimtfarben bis ockergelblich. Man trifft sie fast ausschließlich an alten Fichtenstümpfen.

Habichtspilz oder Rehpilz
Sarcodon imbricatum Fr. (= Hydnum)
Gedörrt als Würzpulver verwendbar. Fleisch größerer Stücke herb, zäh, oft madig.
Zirka 5–25 cm.
⟶

Dieser gesellig wachsende Stacheling ist am umbrabraunen, oberseits grobschuppigen Hut, der an das Gefieder eines Habichts erinnert, und am weichen Stachelfell der Hutunterseite (an ein Rehfell erinnernd) leicht kenntlich. Die Stacheln sind zuerst weißlich, dann braun, am Stiel herablaufend. Besonders reichlich kommt er in den Nadelwäldern der Berge vor, auch auf baumbestockten Alpweiden. – Verwechselbar ist er mit dem ungenießbaren Gallenstacheling, Hydnum scabrosum, dessen Hüte nur schwach beschuppt sind und dessen Fleisch bitter ist.

Semmelstoppelpilz
Hydnum repandum Fr.
Jung eßbar, ältere Exemplare derb und bitterlich
Zirka 5–15 cm

Ein Stachelpilz, der gerne gesellig, dicht beisammen wächst und daher stark zu Deformationen der Hüte neigt, die bald verkrümmt oder sonstwie mißgestaltet sind. Oberflächlich betrachtet gleicht er mit den ziegelgelblichen bis weißblassen Hüten dem Schaf- oder Semmelporling (vgl. Bild S. 151), aber die Unterseite mit den weichen Stacheln (jung zwar nur als Wärzchen entwickelt) unterscheidet ihn deutlich. Das gelblichweiße Fleisch ist ziemlich brüchig. Ähnlich, aber kleiner und mehr ziegelrot ist der Rostrote Stoppelpilz, Hydnum rufescens. Er wächst an trockeneren Orten, ist eßbar, sollte aber, weil oft bitterlich, stets abgebrüht werden.

Totentrompete
Craterellus cornucopioides Fr.
Eßbar, Dörrpilz
Zirka 5–10 cm.

→

Ein Vertreter der Rindenpilze. Hut trichterig, im jungen, frischen Zustand innen braungrau und etwas flockig-schüppelig, außen aschgrau bis blaugrau. Überalterte Exemplare, die nicht gesammelt werden sollten, haben rußige, bröckelige, am Rand feuchtfaserig zerfließende Trichter. Zum Dörren werden gesunde Hüte in Längsstreifen gerissen. Wächst besonders in Buchenwäldern, oft herdenweise. – Ähnlich und nicht selten mit der Totentrompete zusammen vorkommend ist der unschädliche Ganzgraue Leistling, Cantharellus cinereus. Seine Außenseite ist im Gegensatz zur glatten bis feinrunzeligen der Totentrompete, mit gabeligen, oft durch Queradern verbundenen Leisten versehen.

Krause Glucke
Sparassis crispa Wulf.
Eßbar
Bis kopfgroß.

Oft traut man den Augen nicht, wenn man an einem Strunk oder am Grunde eines Föhrenstammes diesen prächtigen, wie ein Huhn dasitzenden Pilz entdeckt. Man hat einen guten Fund gemacht, sofern er nicht vermadet ist, was vorkommen kann. In Eichenwäldern ist die Eichenglucke in gleicher Stellung anzutreffen. Ihre verflachten Zweige sind weniger krauswellig, mehr bandartig. Qualitativ sind beide gleich gut.

Hahnenkamm, Rötlicher Ziegenbart
Ramaria botrytis Fr.
Eßbar nach Abbrühen
Bis faustgroß.

Vom Sommer bis zum Herbst, wenn an den wilden Schneeballsträuchern sich die Blätter weinrot verfärben, können wir diesem festen, strunkbildenden Ziegenbart begegnen. Er ist nicht so häufig wie die gelben Arten.

Junge Hahnenkämme weisen schön rote Spitzen auf, ältere, welche die Farben verloren haben, eignen sich zum Sammeln nicht. Ausschmückung: Blätter des Gemeinen Schneeballs.

Goldgelber Ziegenbart
Ramaria aurea (Schff.) Quél.
Eßbar nach Abbrühen
Zirka 5–15 (–20) cm.

Unter den Ziegenbärten oder Korallenpilzen ist er an der goldgelben Farbe der gabelig verzweigten Äste und dem festen weißlichen Strunk erkennbar. Ähnlich, aber blaßzitronengelb ist der Zitronengelbe Ziegenbart, Ramaria flava Schff., während beim Schönen Ziegenbart, Ramaria formosa Pers., die Astenden orangerosa sind. Der wertlose Klebrige Hörnling, Calocera viscosa Pers., der vom Anfänger gerne für den Ziegenbart gehalten wird, ist gummiartig dehnbar, elastisch, fühlt sich klebrig an, ist nur schwach gabelig verzweigt, meist intensiver gelb und wächst auf morschem Holz. Ziegenbärte sollten nie in zu großem oder stark verwässertem Zustand oder mit abgestorbenen Spitzen gesammelt werden.

Gestutzte Keule
Clavaria truncata Quél.
Ungenießbar
Zirka 5–20 cm.

Von der ähnlichen Herkuleskeule (Clavaria pistillaris L.) verschieden durch den abgeflachten bis eingedellten (wie abgestutzten) Scheitel. Vorkommen in Nadelwäldern und Mischwäldern. Keulenpilze enttäuschen uns immer. Man glaubt, in diesen großen fleischigen Keulen etwas Gutes gefunden zu haben, aber das schwammig-faserige Fleisch ist schlecht, oft gar bitterlich.

Wurmförmige Keule
Clavaria vermicularis Sow.
Wertlos
Zirka 4–10 cm.

Die Keulenpilze gliedern sich in zwei Gruppen, nämlich in die eigentlichen, unserer Vorstellung gerecht werdenden, dickfleischigen Keulen und in die schmächtigen spindelähnlichen Formen. Diese letzteren wachsen oft in Büscheln und Gruppen, wie hier die Wurmförmige Keule. Manche sind sogar etwas verästelt und stellen ein Bindeglied zu den Ziegenbärten dar. Die Regel für die Keulen ist einfach: Alle ungenießbar! Ausschmückung: Astmoose und Grasblätter.

Eispilz,
Zitterzahn oder Gallertstacheling
Tremellodon gelatinosum Pers.
(Pseudohydnum)
Eßbar, Salatpilz
Zirka 3–8 cm.

Seine weiße oder bläuliche Eisfarbe kann auch ins Braune oder Rosa spielen. Die zahnartigen Wärzchen auf der Unterseite lassen in ihm einen Stachelpilz vermuten. Erinnern wir uns aber: Stachelpilze sind nie gallertfleischig! Alte moosige Strünke in schattigen Wäldern, hier zusammen mit dem Gabelzahnmoos.

Judasohr
Auricularia sambucina Mart.
(= Hirneola auricula = Auricularia auricula-judae)
Eßbar für den, der Lust hat.
Zirka 5–10 cm.

→

An alten Holunderstämmen nicht selten. Doch beachtet man es in seiner unauffälligen Farbe und an den oft düstern Standorten kaum. Es bildet ohrförmige oder muschelige, faltig-runzelige, oberseits glänzende oder graubereifte Fruchtkörper. Bei uns wird es nicht geschätzt. In Südostasien, wo es in ähnlichen Formen auftritt, ißt man es. In gedörrtem Zustand wird es von dort bis zu uns verschickt. Fein zerhackt, verwendet man es in Reisgerichten.

Roter Gallertpilz
Guepinia helvelloides DC.
(Gyrocephalus rufus)
Eßbar, Salatpilz
Zirka 3–10 cm.

Fälschlicherweise wird dieser schwabbelig-gallertige, an faulenden Hölzern wachsende Pilz infolge seiner oft ohrähnlichen Gestalt als «Schweinsohr» angesehen (siehe Bild Seite 126 oben). Er hat aber mit dem eigentlichen, durch faseriges Fleisch ausgezeichneten, violettbraunen Schweinsohr nichts zu tun. Letzteres ist dem Eierschwamm verwandt. Ältere Gallertpilze, deren Substanz fast flüssig-gallertig ist, sammle man nicht.

Kartoffelbovist
Scleroderma aurantiacum Pers.
(Scleroderma vulgare)
Ungenießbar
Knolle zirka 3–10 cm.

Ein Vertreter der Hartboviste. Rufen wir uns die Regel für die Stäublinge und Boviste in Erinnerung: «Eßbar, solange innen weiß», dann trifft dies auf den Kartoffelbovist nicht zu. Nur ganz jung ist er innen blaß, bald wird sein Inneres blauviolett bis fast schwarzviolett. Er ist der Wirt des parasitischen Röhrlings (siehe Bild Seite 142). Heideartige und torfige Böden zieht er vor. Begleiter sind nicht selten Torfmoose, Heidekräuter, Pulverholzsträucher, Birken und Zitterpappeln.

Birnenstäubling
Lycoperdon pyriforme Schff.
Eßbar, solange innen weiß
Zirka 3–5 cm.

Unter den Stäublingen einer der häufigsten. Er tritt auf Rinde, am Grunde modernder Strünke in vielköpfigen Büscheln auf, die Pilzkugeln aller Größen tragen. Oberfläche glatt, oft rissig, bisweilen allerfeinst staubig, braun, oft gefeldert. Der Geruch ist eher übel als gut. Für die Küche lohnt es sich, dem Pilz die zähe Haut abzuziehen.

Perlstäubling
Lycoperdon perlatum Pers.
Eßbar, solange innen weiß
Zirka 3–6 cm.

Offensichtlich hat er den Namen von den spitzperligen Körnchen, welche seine Oberfläche bedecken. Sie sind abwischbar oder fallen leicht ab, worauf auf der Haut eine feine Musterung zum Vorschein kommt. Ähnlich, aber größer, ebenfalls mit Körnern besetzt ist der Beutelstäubling, dessen kräftiger Stiel unter der kopfigen Verdickung vertieft-faltig zusammengezogen ist. Eine Zwischenform, größer als der Perlstäubling, aber mit nicht faltig zusammengezogenem Stiel, ist der Flaschenstäubling. Alle drei sind häufig und oft durch Übergangsformen miteinander verbunden.

Igelstäubling
Lycoperdon echinatum Pers.
Schützenswert
Zirka 3–5 cm.

Das stachelige Kleid und die Gestalt machen ihn zum Igel unter den Pilzen. Gerne sitzt er Hölzern oder Rinden an. Seine Stacheln sind schon von Jugend an braun, im Gegensatz zu andern, weißlich oder gräulich bestachelten Stäublingen.

Tintenfischpilz
Anthurus Muellerianus Kalchbr.
Schützenswert
Als Hexenei 3–5 cm,
erwachsen 5–15 cm.

Unserer Stinkmorchel verwandt, aber aus dem Pilzei schlüpft ein mehrarmiger, an die Tentakel eines Tintenfisches erinnernder Fruchtkörper. Man kann in diesem Pilz aber auch einen Vertreter der «Pilzblumen» erkennen, mit Kelch und rosenroten Blumenblättern. Solch phantastisch geformte Pilze in bunten Farben sind hauptsächlich der Familie der Clathraceen, zu der Anthurus gehört, eigen. Die meisten Arten davon kommen in wärmern Regionen vor.

Gestreifter Teuerling
Cyathus striatus (Huds.) Wild.
Wertlos
Zirka 1–1 ½ cm.

←

Oft braucht es etwas Scharfblick, um die außen grauen, innen etwas weißlichen Teuerlinge zwischen Ästen und Rinden auf dem fast gleichfarbigen Erdboden zu entdecken. Die Innenseite der Becherchen ist längsgefurcht. Die jungen Fruchtkörper sind mit einem weißen Häutchen, dem Epiphragma, verschlossen. Erst wenn dieses zerreißt, werden im Grunde der Becher die winzigen, sporenhaltigen Peridiolen, Eierchen gleichend, sichtbar. Mit einem Nabelstrang sind sie am Grund des Nestes befestigt. Hier wächst er auf Nadelstreu und Buchenästen.

Hundsrute
Mutinus caninus (Huds.) Fr. (= Phallus)
Ungenießbar
Zirka 5–15 cm.

Eine verkleinerte Ausgabe der Stinkmorchel. Die Rute ist kleiner, schlanker, gelbrötlichblaß. Nach dem Abtropfen der olivgrünen Sporenmasse fällt die rötliche, warzige Rezeptakulumspitze besonders auf. In Laubwäldern hie und da, seltener als die Stinkmorchel.

Stinkmorchel
Phallus impudicus (L.) Pers. (= Ithyphallus)
Als Hexenei eßbar, für besondere Liebhaber, erwachsen ungenießbar
Hexenei 3–5 cm, Rute 10–25 cm.
←

Die Stinkmorchel beginnt ihr Leben als Hexenei unterirdisch. Doch schaut dieses, ständig wachsend, bald wie ein Kieselstein aus der Erde heraus. Dann platzt seine häutig-gallertige Hülle, und zum Zusehen rasch reckt sich das weißliche, poröse Rezeptakulum als Stinkmorchel in die Höhe. Die olivgrüne, abtropfende Gleba verbreitet einen widerlichen Geruch, der Aasinsekten anlockt. Sie sorgen, indem sie sich mit der Sporenbrühe beschmutzen, für die Verbreitung des Pilzes. Reife Stinkmorcheln riecht man wider den Wind auf große Distanz.

Gemeiner Orange-Becherling
Aleuria aurantia (Fr.) Fuckel
(= Peziza)
Schützenswert
Zirka 2–10 cm.

Diesem prachtvollen Becherling begegnet man hie und da auf etwas schweren, dungreichen Böden, an Wegböschungen, Straßenrändern, im Walde auf Lichtungen. Die zuerst regelmäßigen Becher weiten sich allmählich aus, verflachen sich. Die Ränder reißen ein und spalten den Pilz in Lappen auf. Am schönsten wirkt er, solange die Becher noch regelmäßig sind. Vom Frühling bis zum Herbst.

Kronbecherling
Sarcosphaera eximia (Dur. et Lév.)
R. Maire (= Plicaria coronaria)
Eßbar nach gründlichem Abbrühen.
Er war in Zürich während
vieler Jahre Marktpilz.
Zirka 5–10 cm.

←

Die wachsartigen, ziemlich dickwandigen, am Anfang kugeligen Fruchtkörper reißen am Scheitel auf und breiten sich mit unregelmäßigen Lappen sternförmig aus. Meistens sind die Becher innenseits zartviolett oder rosa getönt. Ein Frühlingspilz, den man schon im April finden kann.

Hasenohr
Otidea leporina (Pers.) Fuckel
Wertlos
Zirka 3–8 cm.

Dieser Becherpilz zeichnet sich durch einen einseitig ausgezogenen Becher aus, wodurch die ohrförmige Gestalt zustande kommt. Außen- und Innenseite des Ohres sind gelb- bis zimtbraun, wogegen beim ähnlichen Eselsohr, Otidea onotica (Pers.) Fuckel, die Außenseite matter ist als die Innenseite.

Aderbecherling
Disciotis venosa (Pers.) Boud. (= Discina)
Eßbar
Zirka 5–10 cm, selten größer.
←

Die becherförmigen Fruchtkörper dieses Pilzes sind jung fast kugelig, breiten sich alsdann tellerförmig aus, werden am Rand wellig, verflachen sich später scheibenartig und reißen vom Rand her lappenförmig ein. Der kurze, gerippte Stiel steckt oft ganz im Boden. Innen-(Ober-)seite des Apotheciums dunkelbraun, bald stärker, bald schwächer aderig bis runzelig-radial-furchig, Außenseite weißlich, kleiig. Schläuche in Jodlösung nicht blauend. Feuchte Wald- und Wiesböden, Wegränder. Ausgeschmückt mit Buschwindröschen, Blattquirlen des Waldmeisters und dürren Blättern des Mehlbeerbaumes.

Zinnoberroter Kelchbecherling
Sarcoscypha coccinea (L.) Lambotte
Schützenswert
Zirka 1–5 cm.

Gehört zu den Pokalpilzen, kenntlich am mehr oder weniger lang entwickelten Stiel. Innenseite der Becher glänzend scharlachrot, Außenseite blaß. Solche Kleinode der Wälder lasse man stehen. Sie sind eine Zierde mancher vermorschter und vermooster Holzstrünke. Gerne an feuchten Stellen, wo die Sumpfdotterblume blüht.

Schüsselbecherling
Pustularia catinus (Holmsk.) Fuckel
Wertlos
Zirka 1–5 cm.

Im halberwachsenen Zustand erinnert uns dieser Zwergbecherling an die Gestalt kleiner Tonkrüge. Auch die braunockerlichen Farbtöne stimmen damit überein. Erst wenn der Pilz älter wird, erweitert sich der Krug zu einer kleinen, flacheren Schüssel. Gelegentlich auf schattigen Gartenwegen.

Speisemorchel
Morchella esculenta Pers.
Eßbar
Bis 25 cm.

(siehe Abb. S. 184) →

Der Speisemorchel begegnet man in vielen Varietäten, bald mit bienenwabengelben, bald mit dunklergelben, bald mit kugeligen oder verlängerten Hüten. Die Wabenfelder der Hutoberfläche sind, im Gegensatz zur Spitzmorchel, unregelmäßig, nicht in Längsreihen angeordnet. In den tieferen Regionen ist sie ein ausgesprochener Frühlingspilz (März bis Mai). Standorte sind sandige, gestrüppreiche Flußauen, Buschgelände wärmerer Lagen, lichte Föhren- und Mischwälder, Brandstellen, Börder, Wegränder. Auf ihr Erscheinen von Jahr zu Jahr kann man sich nicht verlassen. Sie wechselt in der nähern Umgebung gerne den Standort. Ausgeschmückt mit Schuppenwurz und Jungtrieben des Riesenschachtelhalms.

Speisemorchel

Spitzmorchel
Morchella conica Pers.
Eßbar
Zirka 5–10 cm.

Die Spitzmorchel gibt sich nicht nur an den dunklen, spitzlich ausgezogenen Hüten, sondern auch an den in deutlichen Längsreihen angeordneten Gruben der Hutoberfläche zu erkennen. Ihre Standorte sind lichte, feuchte, grasige Waldstellen, sowohl in Nadel- wie in Mischwäldern. In den höhern Regionen kann man ihr gegen den Sommer hin noch begegnen. Sie gehört zu den vorzüglichsten Speisepilzen. Durch Zwischenformen mit der nachstehenden verbunden:

Hohe Morchel
Morchella elata Fr.
Eßbar
Bis 25 cm.

Sie ist größer als die Spitzmorchel bei ähnlich dunkler Farbe. Der Hut ist oft kürzer als der gegen den Hutansatz hin stark verbreiterte Stiel. Am Hut treten hauptsächlich die Längsrippen stark hervor. Kommt mit der Spitzmorchel zusammen vor.

Fingerhutverpel
Verpa digitaliformis Pers.
Eßbar, selten
5–20 cm hoch.

Bei den Verpeln ist der Hut, im Gegensatz zu den Morcheln, nur zuoberst an der Stielspitze befestigt. Im Längsschnitt ist dies besonders gut zu erkennen. Die Verpelstiele sind im Vergleich zu den Hütchen verhältnismäßig lang. Gruben und Rippen bilden auf den Verpelhüten eine weniger ausgeprägte Zeichnung als bei den Morcheln. Man findet die Verpeln im Frühling und Sommer an ähnlichen Stellen wie die Morcheln. Sie sind aber in unsern Gegenden viel seltener anzutreffen.

Käppchenmorchel, Glockenmorchel
Mitrophora semilibera (DC.) Lév.
(= Mitrophora hybrida = Morchella rimosipes)
Eßbar
Bis 15 cm.
←

Sie hält, was die Hutanheftung betrifft, die Mitte zwischen Verpeln und Morcheln. Der Hut sitzt wie ein Käppchen auf den verhältnismäßig starken Stielen und ist bald halbfrei, bald bis zu zwei Dritteln dem Stiel angewachsen. Bei der Riesenmorchel, einer weiteren Form dieses Pilzes, ist der Hut zu zwei Dritteln frei. Ein variabler Frühlingspilz feuchter Wiesen, Wälder und Auen. Nicht selten auch unter Obstbäumen. Man trifft sie zur gleichen Zeit, wo der Riesenschachtelhalm seine braunen Sporangienähren und die grünen Sommertriebe sprießen läßt.

Herbstlorchel
Helvella crispa (Scop.) Fr.
Wertlos
Bis 15 cm.

Auch in den Stielen unterscheiden sich die Lorcheln: die einen haben grubig-längsfaltige, die andern glatte Stiele (sog. Glattstiellorcheln. Bei der Herbstlorchel ist der Stiel stark rippig-grubig-gefurcht. Nur die schmutzigweißliche Hutfarbe unterscheidet sie von der ähnlichen Grubenlorchel (Helvella lacunosa), mit schwärzlichem oder grauem Hut. Beiden kann man im Herbst in unsern Wäldern begegnen.

Frühlingslorchel
Gyromitra esculenta (Pers.) Fr.
(= Helvella)
Nur gedörrt und gelagert verwendbar, sonst giftig.
Zirka 5–12 cm.

→

Die oft auf diesen Pilz verwendete Bezeichnung «Speiselorchel» ist irreführend, erweckt sie doch den Anschein, als könnte der Pilz ohne weiteres gegessen werden. Durch das Dörren wird der Giftstoff gänzlich zerstört. Erst die gedörrten und gelagerten Stücke sind, nach Einweichen, als Zusatz zu Fleischgerichten verwendbar. Sie gilt dann als Delikatesse. Man kennt sie an den gehirnartig gewundenen rotbraunen Hüten. Im Handel erzielt sie ansehnliche Preise. Mitunter wird sie unter der unerlaubten Bezeichnung «Rundmorchel» angeboten, welche auf die qualitativ noch bessern Morcheln hinweisen soll.
Ausgeschmückt mit der giftigen Wolfsflechte, Letharia vulpina.

Grüne Erdzunge
Microglossum viride (Pers.) Gill.
Wertlos
Bis 5 cm.

Von den eigentlichen Erdzungen (Geoglossum), mit schwarzen Farben, durch die grüne Farbtönung verschieden. Die sporenbildende Zone ist vom blasseren, kleiigen Stiel unterscheidbar. Im Moderboden der Laubwälder, zwischen Moosen, Blättern und Rinden.

Orangegelbe Puppenkernkeule
Cordyceps militaris (L.) Link
Wertlos
Zirka 5–10 cm.

Die Kernkeulen vegetieren mit ihren Mycelien in tierischen oder pflanzlichen Organismen. Diese Kernkeule bricht zum Beispiel aus verwesenden Schmetterlingspuppen hervor. Über der glatten Stielpartie folgt die feinwarzige, orangerote bis orangegelbe fertile Zone, mit den eingesenkten, sporenbildenden Kerngehäusen (Perithecien). Sie enthalten schmale Asci mit fadenförmigen Sporen.

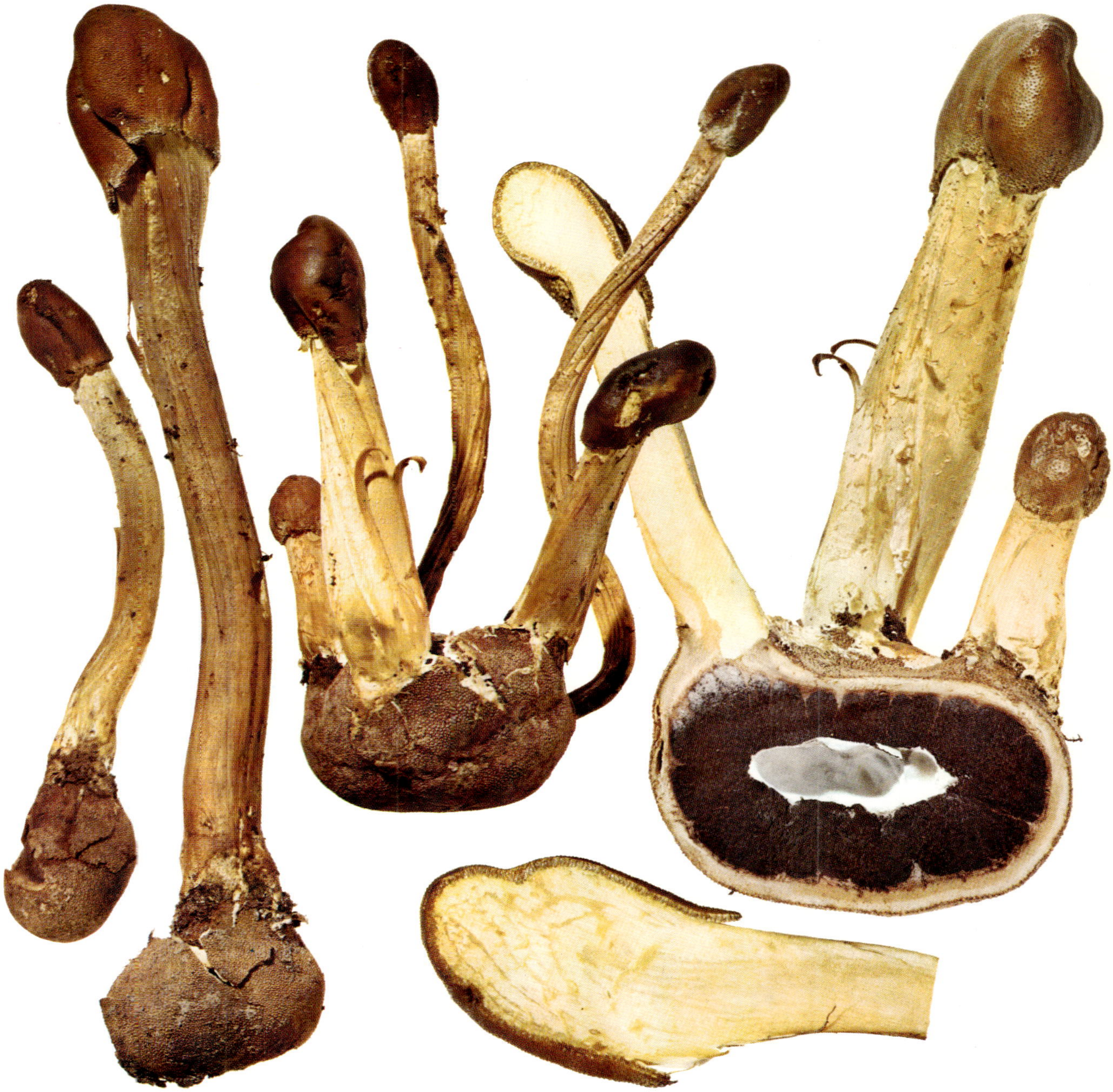

Kopfige Kernkeule
Cordyceps capitata (Holmsk.) Link
Wertlos
Zirka 3–9 cm hoch,
Kopf bis 2 cm dick.

Sie ist die ansehnlichste Art unter unseren Kernkeulen. Parasitiert auf der im Boden verborgenen Hirschtrüffel. Die kopfige Verdickung, am Oberende des über die Erde heraustretenden Stieles, ist die fertile Partie. Ihre Oberfläche erscheint durch die Mündungen der ins Fleisch eingesenkten Fruchtkörperchen (den Perithecien) körnig punktiert.

Gewimperter Erdstern
Geastrum fimbriatum Fr.
Wertlos
Zirka 3–5 cm.

Im Nadelstreu- oder Moosteppich trockener Föhrenwäldchen können wir diesen eigenartigen Pilz gelegentlich in großer Zahl entdecken. Er gehört zu den Bauchpilzen, gekennzeichnet durch doppelte Hülle (Peridie). Bei der Reife trennen sich die beiden Schichten. Die äußere spaltet in spitze Lappen auf, welche sich sternförmig ausbreiten oder zurückrollen, die innere papierdünne Schicht bekommt am Scheitel ein fransiges Loch, durch welches die Sporen austreten. Meist lösen sich die Erdsterne von der Unterlage und werden vom Wild fortgerollt, wobei mit den Aufschlägen am Boden die Sporenwolken entweichen.

Grünes Gallertkäppchen
Leotia lubrica Pers.
(= L. gelatinosa Hill.)
Wertlos
Zirka 3–6 cm.

Wie der wässerigperlige Glanz dieses Zwergpilzes und die zarten Lebermooszweige und Sauerkleeblättchen verraten, kommt nur eine feuchte Umgebung als Standort in Frage. Nur wo Wasser und feuchte Luft ständig vorhanden sind, kann sich die grüngelbe bis hellolive Gallertmasse, ohne einzutrocknen, entfalten. Verwandte dieses Pilzes sind die Haar- und Erdzungen, die Spathelinge und Kreislinge, lauter feuchtigkeitsgebundene Pilze.

SPEZIELLER TEIL

Dieser Teil ist nicht zum Lesen, sondern zum Studieren da!

I. Blätterpilze

Mit Pilzen muß man immer etwas experimentieren. Es gibt nämlich solche, die man an einem bestimmten Verhalten erkennt.

Bei den Tintlingen muß man das rasche Wachstum und das baldige Zerfließen in einen tintenartigen Brei bewußt beobachtet und erlebt haben. Zählinge soll man, um ihren Charakter zu erfassen, an der Luft oder an der Sonne etwas schrumpfen und dann durch Befeuchten wieder aufquellen lassen. Die Milchlinge oder Reizker sammle man in feuchtem und halb ausgetrocknetem Zustand und vergleiche, wie sie in ersterem stark, in letzterem kaum milchen. Auch an und für sich eßbare Milchlinge sind, wenn sie des Milchsaftes entbehren, als Speise nicht mehr zu verwenden. Es gibt faserfleischige Pilze, die im Stiel ganz anders brechen als die Täublinge und Milchlinge mit körnig-blasigem, muschelig brechendem Fleisch.

Vergleichsweise versuche man einerseits den Hut eines Knollenblätterpilzes oder Schirmlings und anderseits denjenigen eines Ritterlings oder Trichterlings vom Stiel zu trennen. Man wird feststellen, daß bei den Knollenblätterpilzen, den Schirmlingen und noch anderen ähnlich gebauten Pilzen der Hut beim Anpacken sich als Ganzes verhältnismäßig leicht vom Stiel abtrennen läßt. Den Bau solcher Pilze bezeichnet man als heterogen. Wogegen bei den Ritterlingen, Trichterlingen und ähnlichen Arten beim gleichen Experiment der Hut eher zerbricht, als daß er sich als Ganzes vom Stiel trennen ließe. Diese letzteren haben homogenen Bau. Obwohl es Zwischenformen gibt, liefert auch dieses Merkmal in manchen Fällen gute Anhaltspunkte. Man vergleiche auch die Dicke, Breite und Sprödigkeit der Blätter. Ausgesprochen spröd sind sie bei den meisten Täublingen.

Erläuterungen zum Bestimmungsschlüssel

Der Bestimmungsschlüssel ist so gestaltet, daß der Benutzer innerhalb der einzelnen, auf mehrere Pilzgattungen hinweisenden Merkmale, durch Einkreisen anhand weiterer Merkmale, die für einen bestimmten Pilz in Betracht kommende Pilzgattung feststellen kann.

Zur leichteren Handhabung sind bei den mit einer Teilziffer (TZ) bezeichneten gleichen Merkmalen unterschiedliche, zusätzliche, Merkmale mit nach rechts eingerückten ein- oder zweistelligen weiteren TZ versehen. Wo auch diese Untermerkmale nochmals auf Pilze mehrerer Gattungen zutreffen, mußte die Einkreisung auf weitere zusätzliche Merkmale mehrmals durchgeführt werden.

Der Benutzer des Bestimmungsschlüssels muß also bei jeder TZ der gleichen senkrechten Spalte zunächst darauf achten, ob nicht unter einer gleichen, aber mit * oder ** versehenen TZ andere, auf den zu bestimmenden Pilz zutreffende Merkmale, aufgeführt sind. Ist dies der Fall, so braucht sich der Benutzer nicht mehr um die verschiedenen weiteren Merkmale unterhalb dieser ersten TZ zu kümmern. Er kann dann vielmehr seine weiteren Bemühungen sofort der TZ über der mit * oder ** versehenen gleichen TZ zuwenden.

Wenn dagegen die gleiche senkrechte Spalte keine mit * oder ** versehene gleichartige TZ mehr aufweist, so muß der Benutzer unter dieser TZ nur je eine senkrechte Spalte weiter nach rechts gehen, bis er die allen Einzelmerkmalen seines Pilzes entsprechende Pilzgattung gefunden hat. Im speziellen Teil dieses Buches kann er dann anhand dieses Spezialschlüssels die einzelnen Pilzgattungen und die Art seines Pilzes feststellen.

Die Hauptgruppen und Gattungen der Blätterpilze (Schlüssel)

In dieser einfachen, auf den Pilzanfänger zugeschnittenen Übersicht können natürlich Ausnahmen, wie zum Beispiel beringte Formen unter den sonst ringlosen Ritterlingen, Rüblingen und Trichterlingen sowie alle unbedeutenden Kleingattungen, kaum berücksichtigt werden. Der Schlüssel soll denn auch mehr der Übersicht als der Bestimmung dienen. Sein Zweck ist, auf die großen Züge und die Hauptgruppen innerhalb der Blätterpilze hinzuweisen. Auch die schlüsselartigen Aufgliederungen innerhalb der Gattungen sind nicht als fertige Schlüssel zu verstehen, sondern sie sollen den Anfänger hauptsächlich auf diejenigen Merkmale hinweisen, welche für die Erfassung einer Gattung wesentlich sind. Wer aber die Mühe nicht scheut, das Wichtigste der Angaben sich einzuprägen, wird bald merken, daß es zum Erkennen der Pilzgattungen und -arten gar nicht immer nötig ist, zu einem Bestimmungsbuche zu greifen. Sobald unser Kopf das Bestimmungsbuch ersetzt, haben wir in der Pilzkenntnis einen großen Schritt vorwärts getan, und dies wird uns immer größere Freude an den Pilzen bereiten.

Beispiel für die Anwendung des Pilzschlüssels:

Der Benutzer hat einen Blätterpilz gefunden, kennt aber weder dessen Gattung, noch Art.

Anhand des Bestimmungsschlüssels stellt er fest, daß der Pilz, da er *faseriges Fleisch* hat, nicht zu der Gattung der Milchlinge oder Täublinge (TZ 1) gehören kann, sondern unter TZ 1* einzuordnen ist.

Da der Pilz wohl die unter TZ 3, 4, 5, 6, 7, 8, 9 genannten weiteren Merkmale aufweist, nicht aber die Merkmale der TZ 10 (Ring), sondern die der TZ 10* (ohne Ring, Stilgrund nicht knollig), kann es sich nicht um einen solchen der Gattung «Knollenblätterpilze» (Wulstlinge)», handeln. Da ferner die Sporen «weiß», nicht «rosa» sind, trifft TZ 11 zu, so daß es sich um einen Pilz der Gattung «Scheidenstreiflinge» handeln muß. Dessen Art innerhalb dieser Gattung kann der Benutzer dann anhand der auf Seite 198 angegebenen speziellen Merkmale bestimmen.

Schlüssel zu den Hauptgruppen der Blätterpilze:

Benützung: Die Schlüssel dienen der Übersicht und Gliederung. Sie sind nicht vollständig und gebrauchsfertig, da ja nur ein kleiner Teil aller Pilzarten angeführt werden kann. Mit diesen Schlüsseln lassen sich nur ausschnitts- und annäherungsweise Bestimmungen durchführen.

1 Fruchtkörper im Bruch mit körnig-blasigem, nicht faserigem Fleisch

2 Pilz (frisch) mit Milchsaft . . . . **Milchlinge,** Seite 214

2* Pilz ohne Milchsaft . . . . **Täublinge,** Seite 215

1* Fruchtkörper im Stiel oder Hut oder in beiden Teilen mit faserigem Fleisch

3 Lamellen nicht oder kaum herablaufend. Der Fruchtkörper scharf in Stiel und Hut gesondert. Pilz meist mit ausgeprägter Streckungsphase, d. h. rasch aufschirmend.

4 Hellsporer: Sporenstaub weiß, ocker, rosa

5 Sporenstaub weiß (selten rötlich)

6 Pilz weichfleischig, zuletzt faulend

7 Lamellen dünn

8 Mit Scheide oder deren Resten an der Stielbasis

9 Lamellen frei

10 Mit Ring. Stielgrund knollig oder keulig verdickt . . . . **Knollenblätterpilze,** Seite 196

10* Ohne Ring. Stielgrund nicht knollig

11 Lamellen und Sporen weiß . . . . **Scheidenstreiflinge,** Seite 198

11* Lamellen und Sporen rosa . . . . **Scheidlinge,** Seite 208

9 Lamellen angeheftet bis breit angewachsen, Hut faserschuppig . . . . . . **Schuppenwulstling,** Seite 72

8* Ohne Scheide

12 Mit Ring

13 Lamellen frei oder nur ganz schmal angeheftet . . . . **Schirmlinge,** Seite 199

13* Lamellen angewachsen bis herablaufend . . . . **Armbandblätterpilze,** Seite 200

12 Ohne Ring (mit wenigen beringten Ausnahmen bei Ritterlingen und Rüblingen)

14 Stiel solid. Hut fleischig . . . . **Ritterlinge,** Seite 201

14* Stiel röhrig-hohl, oft fast knorpelig. Hut dünn, im Gegenlicht durchscheinend.

15 Hut flachgewölbt, geradrandig. Lamellen ausgebuchtet. . . . . **Rüblinge,** Seite 202

15* Hut glockig, im Alter verflacht, meist kleine Pilze. Lamellen breit angewachsen bis schwach herablaufend . . . . **Helmlinge,** Seite 203

7* Lamellen dick, wachsartig, brüchig, weitgestellt . . . . **Dickblättler** (Hygrophoreae), Seite 217
Lacktrichterling, Seite 212, 214

6* Pilz zäh, nicht faulend, eintrocknend-schrumpfend, bei Feuchte wiederauflebend **Schwindlinge,** Seite 204

5* Sporenstaub ocker, hellbraun, erdfarben

16 Hut radialfaserig bis -schuppig, vom Rande her oft radial eingerissen. Meist kleinere, selten mittelgroße Pilze . . . . **Rißpilze,** Seite 205

16* Hut kahl, häufig semmelfarben, oft schmierig-klebrig. Stiel bisweilen beringt oder im obern Teil kleiig-schüppelig . . . . **Fälblinge,** Seite 206

5** Sporenstaub rosa, rötlich

17 Mit Scheide . . . . **Scheidlinge,** Seite 208

17* Ohne Scheide

18 Lamellen frei. Pilz auf Holz. Sporen glatt . . . . **Dachpilze,** Seite 208

18* Lamellen angewachsen oder ausgebuchtet. Pilz auf Erde. Sporen eckig . . . **Rötlinge,** Seite 208

18** Lamellen ausgebuchtet-angewachsen. Sporen punktiert-rauh. . . . . . . **Rötelritterlinge,** Seite 202

4* Dunkelsporer: Sporenstaub rostbraun, purpurn, violett oder schwarz

19 Sporenstaub rostbraun

20 Mit Haarschleier oder dessen faserigen Resten . . . . **Haarschleierlinge,** Seite 206/207

20* Mit Hautschleier oder dessen fransigen Resten. . . . . **Hautschleierlinge,** Seite 206/207

21 Stiel mit Ring . . . . **Schüpplinge,** Seite 207, unten

21* Stiel ohne Ring, aber Hutrand oft fransig-behangen . . . . **Flämmlinge** (nur kurz erwähnt)

19* Sporenstaub purpurn bis violett

22 Mit Ring

23 Lamellen frei, rosa, violett bis kaffeebraun. Hut nicht schmierig — **Champignons,** Seite 209

23* Lamellen angewachsen, schmutzigviolett. Hut feucht schmierig, gebrechlich — **Träuschlinge,** Seite 210

22 Ohne ausgeprägten Ring, letzterer höchstens als verfärbte Zone angedeutet. Lamellen jung grünlichgelb, gräulich, weißlich, später schmutzigviolett. Geschmack meist bitterlich — **Schwefelköpfe,** Seite 211

19** Sporenstaub schwarzbraun bis schwarz

24 Pilz tintenartig zerfließend — **Tintlinge,** Seite 211

24* Pilz nicht zerfließend, aber mürbe und gebrechlich — **Saumpilze,** Seite 212
Mürblinge, Düngerlinge, Faserlinge

3* Lamellen am Stiel herablaufend, daher Hut und Stiel mehr oder weniger ineinander übergehend, der ganze Pilz annähernd kreisel-, trichter-, trompeten- oder muschelförmig. Pilze meist ohne ausgeprägte Streckungsphase, d. h. langsam heranwachsend.

25 Fruchtkörper mit deutlichen Blättern

26 Sporenstaub weiß

27 Mit Ring — **Armbandblätterpilze,** Seite 200

27* Ohne Ring

28 Fruchtkörper zentralgestielt

29 Lamellen meist dünn, meist enggestellt

30 Stiel solid bis wattig ausgestopft — **Trichterlinge,** Seite 212

30* Stiel röhrig-hohl — **Nabelinge,** Seite 214

29* Lamellen dick, wachsartig, entfernt — **Dickblättler,** 217–220
Saftlinge, Ellerlinge, Schnecklinge
(vgl. Lacktrichterling, Seite 214, oben)

28* Fruchtkörper seitlich gestielt bis stiellos, sitzend (zungenförmig)

31 Faserfleischig, nicht schrumpfend — **Seitlinge,** Seite 220

31* Lederzäh, schrumpfend, befeuchtet wieder auflebend — **Zählinge,** Seite 221

26* Sporenstaub ocker — **Kremplinge,** Seite 222

26** Sporenstaub rosa — **Mehlschwamm,** Seite 121

26*** Sporenstaub schwarz — **Schmierlinge,** Seite 220

25 Fruchtkörper (statt der Blätter) mit gabeligen Leisten — **Leistlinge** (Eierschwämme), Seite 222

Knollenblätterpilze oder Wulstlinge

Gattung Amanita, Bilder Seiten 65, 66, 67, 68, 69, 70, 71

Kennzeichen: **Stielbasis** knollig (oft im Boden versteckt), entweder mit freier becherförmig-häutiger (oft geschrumpfter) Scheide oder mit wulstigem Saum oder mit warzigen Gürteln oder fast glatt, im letztern Fall nur mit schwachen Ringlinien oder ringsherum laufenden Furchen versehen.
Stiel mit (oft vertrocknetem) Ring.
Lamellen frei, weiß, selten gelb, zart
Hut mit oder ohne Schuppen
Sporenpulver weiß

1

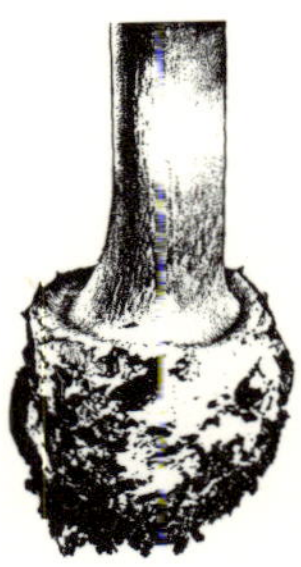
2

Wichtig ist die Gestalt des Stielgrundes. Danach unterscheidet man:

1. Knolle mit freier Scheide (Scheidenwulstlinge), z. B. Grüner Knollenblätterpilz, Bild S. 65 und Figur 1, nebenan.
2. Knolle mit saum- oder wulstartiger Scheide (Saumwulstlinge), z. B. Pantherpilz, Bild S. 66 und Figur 2.
3. Knolle mit warzigen Gürteln (Gürtelwulstlinge), z. B. Fliegenpilz, Bild S. 68 und Figur 3.
4. Knolle glatt, fast ohne Scheidenreste (Glattknollige), z. B. Perlpilz, Bild S. 71 und Figur 4.

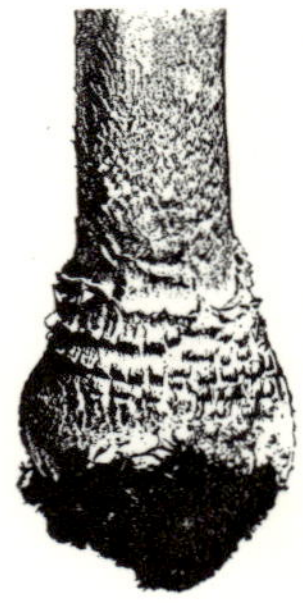
3

4

Schlüsselartige Übersicht über die wichtigsten Arten:

1 Hut ohne Schuppen (nur ausnahmsweise mit 1–2 Velumfetzen)	
2 Blätter und Stiel dottergelblich (dieser Pilz ist nördlich der Alpen sehr selten)	**Kaiserling** *Amanita caesarea (Scop.) Pers.*
2* Blätter weiß	
3 Hut weiß, weißlich bis ocker	**Weißer Knollenblätterpilz** *Amanita verna (Bull.) Pers. = Amanita virosa*
3* Hut grüngelb, bräunlichgrün, graugrün oder weißlich ausgeblaßt	**Grüner Knollenblätterpilz** *Amanita phalloides (Vaill.) Secr.*, Bild S. 65
1* Hut mit vergänglichen, flockigen Schuppen	
4 Hut braun, rötlich, orange	
a) Fleisch unter der abgezogenen braunen Huthaut weiß. Knolle wulstig gesäumt . .	**Pantherpilz** *Amanita pantherina (DC) Secr.*, Bild S. 66 und 69 (rechts)
b) Fleisch unter der abgezogenen rötlichen bis rötlichbraunen oder rosa-weißlichen Huthaut rötlich durchzogen. Stielknolle ebenfalls mit rötlichem Fleisch, nicht wulstig gesäumt, fast glatt oder von Linien und Furchen umzogen	**Perlpilz** *Amanita rubescens (Pers.) S. F. Gray*, Bild S. 71
c) Fleisch unter der abgezogenen Huthaut orange bis gelblich	
5 Hut orangerot bis orangegelb	**Fliegenpilz** *Amanita muscaria (L.) Hooker*, Bild S. 68
5* Hut braun	**Brauner Fliegenpilz** *A. muscaria var. umbrina Fr.*
4* Hut weißlich, blaßgelblich, grau, graubraun, graugelblich	
6 Knolle kugelig, saumartig berandet. Hut weiß bis blaßgelblich	**Blaßgelber Knollenblätterpilz** *Amanita citrina (Schff.) S. F. Gray = Amanita mappa*, Bild S. 67
6* Knolle nach unten länglich ausspitzend, keulig, nicht scharf berandet	
7 Hut mit vielen spitzkegeligen, kleinen Schuppen. Lamellen und Hut oft grüngelbstichig, fleischrötlich, weiß	**Spitzschuppiger Wulstling** *Amanita aspera (Fr.) Hooker*, inklusive *Amanita echinocephala*
7* Hut mit breiten, weißlichen bis grauen, flockigen Schuppen	
8 Ring meist deutlich gerieft, bald grau. Hut grau bis graubraun. Schuppen mäßiggroß. Mittelgroßer gedrungener Pilz. Nadelwaldregion	**Grauer Wulstling** *Amanita spissa (Fr.) Kummer*, Bild S. 69 (links)
8* Ring vergänglich, breiartig-käsige bis flockige Reste am Hutrand und Stiel zurücklassend. Hutschuppen auffällig groß, mehlig, dicklich. Sehr kräftiger, stämmiger, im Hut dickweißfleischiger Pilz. Gern in Gärten, Parkanlagen	**Fransenwulstling** *Amanita strobiliformis (Vitt.) Quél. = Amanita solitaria*, Umschlagbild

Die Knollenblätterpilze umfassen die giftigsten wie auch die zartesten eßbaren Pilze. Die giftigen Arten gehören zur Hauptsache zwei verschieden wirkenden Giftgruppen an:

a) Amanitin-Phalloidin-Gruppe (Vertreter Grüner Knollenblätterpilz): Das Hauptgift ist das Amanitin mit vorwiegend hepatotroper Wirkung. Die Vergiftungen sind besonders heimtückisch, da dem Erscheinen der ersten Vergiftungssymptome eine lange Latenzzeit von zirka 12 bis 24 Stunden vorausgeht. Je länger eine Pilzvergiftung nach dem Genuß eines Giftpilzes auf sich warten läßt, um so gefährlicher ist sie.

b) Muskarin-Muskaridin-Gruppe (Fliegenpilz): Diese Vergiftungen haben vorwiegend neurotrope Wirkung. Die ersten Vergiftungssymptome treten schon kurze Zeit nach Genuß dieser Giftpilze auf.

Verwechslungsmöglichkeiten:

Im Jugendstadium, wenn diese Giftpilze noch vom Velum universale umschlossen sind, sehen sie den eßbaren, innen gleichförmig weißen, nicht in Hut und Stiel gegliederten Bovisten und Stäublingen ähnlich. Ein Längsschnitt klärt die Sache.

Falls die Pilze mit dem Messer abgeschnitten werden, läuft man Gefahr, daß die Knolle, das charakteristische Merkmal, im Boden verbleibt. Bei trockenem Wetter können Ring und Scheide verdorren.

Alle eßbaren Champignons unterscheiden sich von den giftigen Knollenblätterpilzen stets deutlich durch die rosenroten bis kaffeebraunen Blätter. Doch hüte man sich, ganz junge Champignons zu sammeln. Bei diesen sind die Blätter manchmal noch kaum gerötet.

Alte Fliegen- und Pantherpilze können den Ring und die Hutschuppen verloren haben. Sie gleichen dann eßbaren Arten, z. B. Täublingen.

Auch die giftigen Knollenblätterpilze werden von Schnecken gefressen. Schneckenfraß sagt nichts über die Eßbar- oder Giftigkeit der Pilze aus.

Scheidenstreiflinge

Gattung Amanitopsis, Bild Seite 73

Kennzeichen: **Hutrand** deutlich radial gerieft
Lamellen weiß, zart
Stiel ohne Ring, röhrig-hohl
Stielbasis mit häutiger, gelappter Scheide
Sporenpulver weiß

Die Scheidenstreiflinge sind mit der Gattung Amanita nahe verwandt. Das Velum universale bleibt auch bei ihnen am Stielgrund als Scheide zurück. Im Embryonalstadium wird ein Ring angelegt, der sich aber nicht weiter entwickelt, weshalb sich die erwachsenen Scheidenstreiflinge gerade durch die Ringlosigkeit von den echten Amaniten unterscheiden. Auf Grund dieses Unterschiedes wird hier am Gattungsbegriff Amanitopsis (=amanitaähnlich) festgehalten, obwohl neuerdings diese Gattung zu Amanita gezogen wird. Der Name «Scheidenstreifling» deutet auf die basale Scheide und die Streifung des Hutrandes hin.
Man unterscheidet zwei durch Übergänge verbundene Arten:

1 Hut ohne Schuppen (nur selten mit 1–2 Velumfetzen)	**Gewöhnlicher Scheidenstreifling** *Amanitopsis vaginata Bull. = Amanita vaginata* Bild S. 73
1* Hut mit Schuppen	**Beschuppter Scheidenstreifling** *Amanitopsis strangulata Fr. = Amanita inaurata*

Gewöhnlicher Scheidenstreifling: Er ist der häufigere. Bezüglich der Hutfarbe ist er ein Chamäleon. Die Normalfarbe bei uns ist bräunlich. In manchen Gebieten herrschen aber andere Farben vor. Man unterscheidet etwa folgende Farbvarietäten:
Orangegelber Scheidenstreifling (var. crocea), mit orangefarbigem Hut
Bleigrauer Scheidenstreifling (var. plumbea), mit bleigrauem oder graublauem Hut
Weißer Scheidenstreifling (var. alba), mit weißem Hut
Kastanienbrauner Scheidenstreifling (var. badia), mit satt kastanienbraunem Hut

Beschuppter Scheidenstreifling: Er ist der seltenere. Im Wuchs ist er kräftiger. Seine Farbe ist verschiedenartig braun. Doch kommen auch bei ihm andere Farben vor.

Verwechslungen mit andern Pilzen sind kaum möglich, wenn auf die Merkmale genau geachtet wird. Auch junge glockige Hüte, die gerade aus der Eihülle (Volva) schlüpfen, lassen bei genauem Hinsehen die charakteristische, jedoch noch feine Streifung am Hutrand deutlich erkennen.

Haltbarkeit: Die Scheidenstreiflinge sind zarte, wenig haltbare Pilze. Rasche Verwendung ist nötig. Kein langer Transport.

Schirmlinge

Umfassend die Gattungen Limacella, Macrolepiota, Lepiota, Cystoderma
Bilder Seiten 74, 75

Kennzeichen: **Hut** mit angewachsenen breiten oder spitzen, feinkleiigen oder körnchenartigen Schuppen oder Schüppchen, seltener fast ganz glatt oder schuppenlos.
Hutscheitel häufig geschlossen, nicht in Schuppen aufgelöst.
Lamellen frei, weiß, weißlich, selten blaßrötlich, zart, gedrängt.
Stiel beringt, zylindrisch, bisweilen am Grunde zwiebelig-knollig angeschwollen, aber hier ohne Velumreste.
Sporenpulver weiß.

Als Speisepilze kommen die 4 erwähnten Großschirmlinge (Macrolepiota) in Frage. Sie können kaum verwechselt werden. Nur die Hüte sind zart. Die zähen Stiele verwendet man gewöhnlich nicht. Im jungen Zustand sehen diese Pilze trommelschlägelähnlich aus. Der Hut ist klein. Man muß warten können, bis der Hut sich entfaltet hat. Nur dann geben sie eine ergiebige Ernte.

Das größte Exemplar des Riesenschirmlings, das mir zu Gesicht gekommen ist, hatte einen Hutdurchmesser von 30 cm, der Stiel war 40 cm hoch und der bewegliche Ring 5 cm breit!

Übersicht über die wichtigsten Schirmlingsgruppen:

I. Glatthütige: Mit glattem, schuppenlosem oder nur etwas schüppelig-körnig aufbrechendem Hut. Dazu gehören zum Beispiel:

a) Getropfter Schirmling, Limacella guttata (Fr.) Konr. et Maubl. = Lepiota lenticularis, mit feucht schmierig-klebrigem, falbem Hut und einem oben von kleinen Wasserperlen besetzten Stiel. Die verdunstenden Wassertröpfchen hinterlassen kleine Punkte. 5–15 cm, mit Mehlgeruch. Im Nadelwald.

b) Rosablättriger Schirmling, Lepiota naucina Fr., dessen Blätter allmählich blaßrosa werden, so daß dieser Pilz gewissen Champignons ähnelt. 5–10 cm, auf Äckern und in Nadelwäldern.

II. Groß-Schirmlinge (Macrolepiota): Gewöhnlich über 8 cm groß. Hieher:

1 Hut grobschuppig

2 Stiel am erwachsenen Pilz mit Querbinden (natternartiger Zeichnung) . . . . **Riesenschirmling oder Parasolpilz** *Macrolepiota procera (Scop.) Sing.*

2* Stiel ohne Querbinden, einheitlich graubraun. Fleisch stellenweise safranrötlich oder braunrötlich angelaufen . . . . **Safranschirmling** *Macrolepiota rhacodes (Vitt.) Sing.,* Bild S. 74

1* Hut angedrückt feinschuppig
Hutrand wie geschunden, wie abgeschuppt . . . . **Geschundener Schirmling** *Macrolepiota excoriata (Schff.) Fr.*

Hut auffallend spitzgebuckelt, zitzenartig . . . . **Zitzenschirmling** *Macrolepiota gracilenta Fr.*

III. Spitzkegelwarzige Schirmlinge. Hut mit vielen kleinen, spitzkegelwarzigen Schuppen. Auf torfigen Böden, auch in Rhododendronbeeten verbreitet, rotbraun, übelriechend, ungenießbar . . . . **Kegelwarziger Schirmling** *Lepiota acutesquamosa (Weinm.) Kummer*

IV. Zwergschirmlinge. Kleine, nur 3–5–7 cm messende Arten. Hut beschuppt, mit auffälligem, geschlossenem Scheitel. Alle ungenießbar.
Kammschirmling, Lepiota cristata (A. et S.) Kummer. Widerlich riechend. Hut dunkel, kleiig-schuppig, mit rostbraunem, geschlossenem Scheitel.

V. Körnchenschirmlinge (Granulosae). Kleine, etwa 2–6 cm messende Arten. Hutoberfläche kleiig-mehlig-körnig. Alle ungenießbar.
Beispiele: . . . .
Amiantschirmling *Cystoderma amiantinum (Scop.) Fay.,* Bild S. 75
Leuchtgasschirmling *Cystoderma carcharias (Pers.) Fay.,* Bild S. 75

Armbandblätterpilze

Umfassend die Gattungen Armillariella (Hallimasch) und Catathelasma (Hartpilz), Bilder Seiten 76, 77

Kennzeichen: **Hut** jung beschüppelt oder fleckig, verschiedenartig braun
Stiel beringt
Lamellen etwas herablaufend, jung weißlich
Sporenpulver weiß

a) **Hallimasch,** Armillariella mellea (Vahl.) Karst. = Armillaria; Bild S. 76. Büschelig an oberflächlichem oder im Boden versteckten Holz wachsend. Stiel faserfleischig, beringt. Stielspitze längsgerieft. Hut braunrot, honiggelb bis grüngelblich, bei großer Nässe fast weißlich ausblassend. Im Alter mit deutlich gerieftem Rand. Lamellen schmutzigweiß bis bräunlichgelb, oft gefleckt. Vorwiegend Herbstpilz.

b) **Hartpilz,** Catathelasma imperiale (Fr.) Sing. = Armillaria imperialis; Bild S. 77. Oft truppweise wachsend. Sehr hartfleischig, oft bitterlich. Hut durch Velumresten fleckigbraun. Rand lange nach unten eingeschlagen. Velum partiale dünnhäutig, durchscheinend, oft glasig, mehr oder weniger deutlich einen doppelten Ring am Stiel zurücklassend. Stiel kurz, dick, fast kreiselförmig, nach unten ausspitzend.

Doppelgänger des Hallimasch: Dem Hallimasch gleichen mehrere an Holz büschelig wachsende Pilze. Das sind:

1. Die ungenießbaren Schwefelköpfe. Sie unterscheiden sich durch bitterlichen Geschmack des Fleisches, nicht beschüppelte ziegelrote oder gelblichgrüne Hüte und dunkelpurpurnen Sporenstaub. Bild S. 103.
2. Der nach Abbrühen genießbare Sparrige Schüppling. Er unterscheidet sich durch abstehend beschüppelte Hüte und Stiele sowie durch braunen Sporenstaub. Bild S. 96.
3. Das eßbare Stockschwämmchen, das sich am hygrophanen, d. h. wasserzügigen, braunen, glatten Hut und am zart beschüppelten Stiel und dem braunen Sporenstaub zu erkennen gibt. Bild S. 97.
4. Der nicht häufige Hallimaschtrichterling, auch Ringloser Hallimasch genannt. Er ist der ähnlichste Doppelgänger, jedoch ohne Ring. Seine Standorte sind vorwiegend Eichen- und Kastanienwälder, wo er truppweise an Wurzeln und Stöcken wächst.

Farbvarietäten des Hallimasch: Die zwei wichtigsten sind:

Der rotbraune Hallimasch oder Nadelholzhallimasch. Er gedeiht im Nadelwald und wird als bessere Sorte dieses sonst drittklassigen Speisepilzes betrachtet. Nach gutem Abbrühen ist er eßbar.

Der gelbhütige Hallimasch oder Laubholzhallimasch. Er wächst unter Laubbäumen, oft auch in Obstgärten. Von manchen Leuten wird er schlecht vertragen. Von dieser Rasse tritt nicht selten eine im jungen Zustand auffällig gelbgrüne, unangenehm riechende Form auf, von deren Genuß ganz abzuraten ist.

Spezielles über die Verwendbarkeit des Hallimasch: Man verwendet nur die Hüte und das obere Drittel der Stielpartie. Abbrühen, auch der besten Sorten, ist zu empfehlen, denn der Hallimasch ist kein hochwertiger Pilz. Er ist ein Massenpilz, der unter Umständen zentnerweise gesammelt werden kann, was zufolge hat, daß man sich an ihm gerne überißt. Gerade hier erkennt man den klugen Pilzler, der auch bei einem Massenangebot im Walde mäßig sammelt, wählt, nur die jungen, noch gewölbten Hütchen, nicht aber die überalten, verflachten sammelt. Es lohnt sich kaum, den Hallimasch als nur mäßig guten Pilz zu dörren oder sonstwie zu konservieren. Wenn er unter Obstbäumen in Wiesen, Baumgärten, auf Feldern vorkommt, besteht auch die Möglichkeit, daß giftige Spritzmittel, Kunstdünger und dergleichen dahingelangt sind. Also aufpassen! Auch an Straßenrändern, wo Abgase oder Öle sich ausbreiten können, sollen keine Pilze gesammelt werden. Alter Hallimasch ist gern vermadet.

Weitere Eigenschaften des Hallimasch: Er ist einer der größten Baumschädlinge, da sein Mycelium leicht in verwundete Stämme eindringt, dort sich zwischen Rinde und Holz als strangartige weiße oder schwarze Rhizomorpha entwickelt und dem Wirt Saft und Nahrung wegnimmt. Solche Bäume serbeln bald, lassen oft bald nach dem Laubaustrieb die Blätter hängen und verdorren. Er kann im Wald gewaltigen Schaden anrichten. Der Hallimasch befällt nicht nur Bäume, auch Sträucher und Stauden.

Der Hallimasch gehört zu den Leuchtpilzen. Sein Mycelium strahlt zu Zeiten regen Wachstums kaltes Licht aus. Die Lichtproduktion beruht auf dem Ablauf chemischer Prozesse. Es handelt sich um Chemolumineszenz, die sonst vorwiegend bei exotischen Pilzen wie aber auch bei Bakterien verbreitet ist. Begeht man in lauen Nachsommer- und Herbstnächten Wälder, in denen der Hallimasch häufig ist, so wird man gelegentlich diesen Lichtern begegnen. Es sieht oft aus, als säße dort einer mit einer glimmenden Zigarre im Wald. (Siehe Leuchtpilze, Seite 47.)

Ritterlinge

Umfassend die Gattungen Tricholoma (Ritterlinge im engern Sinn), Calocybe (Mairitterlinge), Lepista (Rötelritterlinge), Melanoleuca (Weichritterlinge), Tricholomopsis (Holzritterlinge) und Lyophyllum (Raslinge). Bilder Seiten 78, 79, 80, 81, 82, 83, 84, 85, 86.

Zu den Ritterlingen gehören viele Dutzend Arten. Sie würden allein ein ganzes Buch füllen. Wir müssen uns auf die wichtigsten Sorten beschränken.

Die Saison der Ritterlinge beginnt mit dem Ergrünen der Wiesen. Dann zieht der Mairitterling seine Kreise. Sie endet zur Zeit der Fröste, bevor der Winter hereinbricht, mit dem Frostritterling und dem Geselligen Ritterling.

Nebst giftigen Arten zählen zu den Ritterlingen zahlreiche gute, wenn auch nicht gerade ausgezeichnete Speisepilze.

Kennzeichen: **Stiel** massiv, ohne Ring (abgesehen von ganz wenigen beringten Arten).
Hut mit dem Stiel fest verbunden.
Lamellen um den Stiel meistens mehr oder weniger deutlich ausgebuchtet, weiß, aber auch gelb, violettblau, grau, rötlich, gelblich.
Sporenpulver weiß, bei den Rötelritterlingen rötlich.

Man unterscheidet folgende Ritterling-Gruppen:

I. Beringte Arten: Zu den schönsten Vertretern dieser Gruppe gehört der ungenießbare Orange-Ritterling, Tricholoma aurantium (Schff.) Ricken; Bild S. 29.

II. Arten mit lästigem oder dumpfem Geruch

a) Schwefelritterling, Tricholoma sulphureum (Bull.) Kummer: Hut gelb, am Scheitel fuchsigbraun. Fleisch gelb. Widerlicher Leuchtgasgeruch. Ungenießbarer Doppelgänger zum Echten Ritterling.
b) Lästiger Ritterling, Tr. inamoenum Fr., weiß bis gelblich. Gasgeruch.
c) Seifenritterling, Tricholoma saponaceum (Fr.) Kummer; Bild S. 79: Hut glatt, graugrünlich oder graubräunlich, stellenweise rötlich. Mit Laugengeruch. Ungenießbar.

III. Arten mit Mehlgeruch

Mairitterling, Calocybe gambosa (Fr.) Donk = Tricholoma georgii; Bild S. 83: Frühlingspilz (April, Mai, Juni), in hohen Lagen auch erst im Sommer und sogar im Herbst, mit weißlichem bis ockerfalbem, am Scheitel oft rissigem Hut und faserfleischigem Stiel.

IV. Arten mit feucht schmierigen, glatten, kahlen Hüten

a) Gelbbrauner Ritterling, Tricholoma flavobrunneum (Fr.) Kummer: Hut rotbraun, mit gelblichen Lamellen.

b) Weißbrauner Ritterling, Tricholoma albobrunneum (Pers.) Kummer: Hut rotbraun, mit weißen Lamellen.

c) Frostritterling, Tricholoma portentosum (Fr.) Quél.: Hut graugelbgrünlich, schwarz überfasert. Spätherbstpilz, mit den Frösten erscheinend. Eßbar.

d) Echter Ritterling oder Grünling, Tricholoma flavovirens (Pers.) Lund. = Tr. equestre: Ähnlich dem Schwefelritterling, aber ohne lästigen Geruch. Eßbar; Bild S. 80

e) Seifenritterling, Tricholoma saponaceum (Fr.) Kummer. Auch er kann hier gesucht werden. Bild S. 79

V. Arten mit faserschuppigen Hüten. Dazu gehört der giftige Tigerritterling und einige leicht damit verwechselbare Doppelgänger.

a) Purpurfilziger Ritterling, Tricholomopsis rutilans (Schff.) Sing.; Bild S. 82

b) Tigerritterling, Tricholoma pardinum Quél. = Tr. tigrinum; Bild S. 81
Arten sind vom Anfänger zu meiden.

c) Erdritterling, Tricholoma terreum (Schff.) Kummer: Hut dünner, grau, haarig-filzig-schuppig. Lamellen gekerbt. Vom sehr ähnlichen Tigerritterling durch die gräulich getönten Lamellen verschieden.

VI. Blauhütige oder blaustielige Arten (Rötelritterlinge)

a) Violetter oder Nackter Ritterling, Lepista nuda (Bull.) Cooke = Tricholoma nudum; Bild S. 85

b) Maskenritterling, Lepista personata (Fr.) Cooke = Tricholoma personatum; Bild S. 84
Mit diesen Pilzen zusammen erscheint im Herbst auch der weißlichblasse Veilchenritterling, Tricholoma irinum (Fr.) Kummer, dessen anfangs nach unten gerollter Rand feine Kerben oder Riefen zeigt. Meist in Kreisen.

VII. Arten mit hygrophanen Hüten und faserstreifigen Stielen. Je nach dem Wassergehalt sind die Hüte hell- bis dunkelbraun. Man faßt sie als Weichritterlinge zusammen.

a) Frühlings-Weichritterling, Melanoleuca cognata (Fr.) K. et M. = Tricholoma arcuatum Bull.: Vom April an auf Wiesen gesellig. Hut und Stiel ocker bis graubraun. Lamellen ockerlich. Stielgrund knollig.

b) Schwarzweißer Weichritterling, Melanoleuca melaleuca (Pers.) Mre. = Tricholoma melaleucum: Wiesen und grasige Wälder. Hut grau- bis umbrabraun. Lamellen weiß. Stiel faserstreifig.

c) Rillstieliger Weichritterling, Melanoleuca grammopodia (Bull.) Pat. = Tricholoma grammopodium: Wiesen und feuchte Wälder. Hut braun. Stiel grob längsgerillt.

VIII. Gesellige Ritterlinge (Raslinge), gesellig-büschelig-wachsend. Etliche lassen beim Brechen der Hüte ein deutliches Knacken des Fleisches hören. Stiele mehr oder weniger stark miteinander verwachsen. Bild S. 86: L. favrei, sehr selten.

Nachstehende drei eßbar und häufig, besonders im Herbst:

a) Panzerritterling, Lyophyllum loricatum (Fr.) Kühn. = Tricholoma cartilagineum Bull.; Hut schwarzbraun.

b) Geselliger Ritterling, Lyophyllum fumosum (Pers.) Kühn. = Tricholoma conglobatum: Hut grau bis graubraun, grauweißlich, oft überfasert.

c) Weißer Rasling, Lyophyllum connatum (Schum.) Sing.: Hut weißlich bis reinweiß.

Man kann obige drei «Gesellige» auch als eine einzige Sammelart auffassen, deren Hutfarbe stark vom Licht und der Temperatur und die Verwachsung der Stiele von den räumlichen Gegebenheiten abhängig sind. Verwandte der Raslinge fallen auch auf, indem sie bei Berührung oder Druck rasch blauen, röten oder schwärzen, besonders an den Lamellen.

Rüblinge

Umfassend die Gattungen Oudemansiella, Collybia, Flammulina, Pseudohiatula/Strobilurus (Nagelschwämme oder Zapfenrüblinge), Bilder S. 87, 88.

Kennzeichen: **Stiel** bei den typischen Arten ringlos, faserig, röhrig-hohl.
Hut dünnfleischig, gegen das Licht gehalten durchscheinend.
Lamellen wie bei den Ritterlingen um den Stiel ausgebuchtet oder abgerundet.
Sporenfarbe weiß.

Unter den Rüblingen gibt es wie bei den Ritterlingen und Trichterlingen einige beringte Arten, welche die Beziehungen zu Pilzen mit stärkerer Velumbildung erkennen lassen. Nebst ansehnlichen Pilzen gibt es unter den Rüblingen auch sehr kleine. Man unterscheidet die Rüblinge teilweise nach dem Aussehen der Stiele (längsgerillt oder glatt) und nach der Stellung und Breite der Blätter.

Überblick über die häufigsten Rüblinge:

I. Gruppe: Rillstielige, mit längsstreifigem bis längsfurchigem Stiel.

1 Blätter breit, weit gestellt

a) Stiel zylindrisch, am Grund quer abgestutzt, mit anhängenden Mycelfasern. Hut sehr dünn, radialfaserig-rissig. Lamellen sehr breit, gekerbt . . . . **Breitblätteriger Rübling**
Oudemansiella platyphylla (Pers.) Moser = Collybia platyphylla

b) Stiel langzylindrisch, am Grunde wurzelähnlich ins Substrat hinein verlängert. Hut braun, runzelig, in feuchtem Zustand schmierig . . . . **Wurzelrübling**
Oudemansiella radicata (Relhan) Sing. = Collybia macroura = Collybia radicata

c) Stiel spindelig-bauchig, nach oben und unten verdünnt, grob längsfurchig, rotbraun. Hut etwa gleichfarbig braun. Lamellen fleischrötlich, rotfleckig . . . . **Spindeliger Rübling**
Collybia fusipes (Bull.) Quél.

1* Blätter schmal, enggestellt

2 Stiel verdreht, längsfurchig, gelblich . . . . **Verdrehter Rübling**
Collybia distorta (Fr.) Quél., Bild S. 87

2* Stiel am Grunde keulig aufgetrieben

3 Hut rotbraun . . . . **Kastanienroter Rübling**
Collybia butyracea (Bull.) Quél.

3* Hut gelblichbraun bis gräulich . . . . **Horngrauer Rübling**
Collybia asema Fr.

II. Gruppe: Glattstielige, mit glatten, nackten Stielen

4 Hut rötlichgelb . . . . **Bernsteinbrauner Rübling**
Collybia succinea (Fr.) Quél.

4* Hut ledergelblich, gelbbräunlich bis blaß, häufig auf moderndem Laub . . . . **Gemeiner Rübling oder Laubfreund**
Collybia dryophila (Bull.) Kummer

III. Gruppe: Auf Holz (auch an milden Wintertagen) büschelig wachsend.

Stiel samtig, schwarzbraun, abwärts verjüngt . . . . **Samtfußrübling**
Flammulina velutipes (Curt.) Sing. = Collybia velutipes, Bild S. 88

IV. Gruppe: Nagelschwämme, Zapfenrüblinge, nur 1–3 cm groß, auf (im Boden oft versteckten) Zapfen wurzelnd. Häufig schon zur Zeit der Schneeschmelze erscheinend.

5 Auf Fichtenzapfen . . . . **Fichtenzapfenrübling**
Pseudohiatula esculenta (Wulfen) Sing.

5* Auf Föhren-(Kiefern-)zapfen . . . . **Kiefernzapfenrübling**
Pseudohiatula conigena (Pers.) Sing.
Kommt auch in einer bitterlichen, kaum genießbaren Abart vor.

Helmlinge

Gattung Mycena, Bild Seite 117 unten

Kennzeichen: Im allgemeinen kleine, ein bis wenige Zentimeter große, gebrechliche Pilze.
Hut glockig bis flach, dünn, fast häutig, mit geradem Rande.
Stiel schlank, knorpelig-röhrig.
Lamellen nie herablaufend.
Sporenstaub: weißlich.

Die Helmlinge gehören zu den zierlichsten Pilzen. An Kleinheit kommen ihnen fast nur noch die Schwindlinge und wenige andere Gattungen gleich. Doch haben die Schwindlinge größtenteils radförmige Hütchen, sind zäher und schrumpfen im Gegensatz zu den vergänglichen Helmlingen.

Die Eleganz des kleinen Hutes, die schlanken Stiele und oft auch die Hutfarben machen viele Helmlinge zu richtigen Kleinoden. Die zitronengelben, orangeroten bis purpurnen oder rosafarbigen Hütchen kontrastieren nicht selten mit den anders gefärbten Lamellen. Manchmal sind auch die Lamellenschneiden bunt.

Eine besondere Gruppe sind die «milchenden Helmlinge», aus deren Stiel sich beim Brechen ein weißer, roter oder schwefelgelber Milchsaft ergießt. Diese kleinen Hutpilzchen zeigen hier also eine Eigenschaft, welche sonst für die Milchlinge kennzeichnend ist.

Der Kleinheit entsprechend, wachsen die Helmlinge oft truppweise auf modernden Blättern, zwischen und auf Nadeln, an dürren Ästchen, an Zapfen, an welken Stengeln und Rindenstücken oder zwischen Moosen.

Als Speisepilze kommen sie nicht in Frage. Ausnahmsweise wird der einzige aus dieser Gruppe abgebildete Pilz, der Rettichhelmling, Mycena pura (Pers.) Kummer, Bild S. 117, als einer der größten, gelegentlich von Sammlern mitgenommen. Er ist aber weder gut noch ergiebig, höchstens ein Mischpilz.

Schwindlinge

Gattung Marasmius (einzelne neuerdings zu Collybia gestellt).

Kennzeichen: Kleine bis sehr kleine, zentralgestielte, zähfleischige Pilze mit dünnen Hüten, welche bei trockener Witterung zusammenschrumpfen und bei neu hinzukommender Feuchtigkeit wieder aufleben können. Im Aussehen gleichen sie kleinen Helmlingen oder Rüblingen.

Hut dach- und schirmartig.

Stiel zäh, lederig, knorpelig, ringlos.

Lamellen weit gestellt oder gedrängt, weiß, weißlich, weißgraubräunlich.

Sporenstaub weiß.

Manche Schwindlinge gehören zu den zierlichsten Pilzzwergen, die wie kleine Seiltänzer auf modernden Ästchen, Nadeln und Blättern wachsen. Viele dieser kleinen Arten haben knorpelige, hornartige, haar- oder saitendünne Stiele. Man unterscheidet denn auch Knorpelfüßler, Saitenfüßler, Borstenfüßler und andere. Gewöhnlich sind die Stiele nackt, oft glänzend oder auch samtig oder weißlich bereift oder haarig.

Auch die kräftigeren Schwindlinge, welche einige Zentimeter groß werden, sind für die Küche keine ergiebigen Pilze, da ihre Hüte dünn und die zähen Stiele nicht verwertbar sind. Höchstens die größten, gesellig wachsenden, wie der Nelkenschwindling oder der büschelig in Hexenringen wachsende Rasige Schwindling können mit den Hütchen eine Mahlzeit liefern.

Etliche Schwindlinge werden heute zur Gattung Collybia (Rüblinge) gerechnet, so zum Beispiel der erwähnte Rasige Schwindling. Dieser Aufsplitterung wird hier aus praktischen Gründen nicht nachgelebt. Aus der Vielfalt der Schwindlinge sind nachstehend nur einige Vertreter der wichtigsten Gruppen herausgegriffen:

I. Winzige Arten, mit nur 5–15 mm großen Hütchen.

1 Lamellen um den Stiel herum kragenartig miteinander verwachsen, ein sogenanntes Collar bildend . . . . **Halsbandschwindling** *Marasmius rotula (Scop.) Fr.*

1* Lamellen unter sich ganz frei

2 Hut fleisch- oder rotbräunlich, radial runzelig-gerieft, auf schwarzem, dünnem Stiel. . . **Roßhaarschwindling** *Marasmius androsaceus (L.) Fr.*

2* Hut milchweiß. Stiel bräunlich . . . . **Aderblätteriger Schwindling** *Marasmius epiphyllus (Pers.) Fr.*

II. Arten mit Knoblauchgeruch

a) Mit rotbraunem Stiel, 1–3 cm . . . . **Knoblauchschwindling** *Marasmius scorodonius (Fr.) Fr.*

b) Mit schwarzem, teilweise weiß bereiftem Stiel, 2–3 cm . . . . **Saitenstieliger Schwindling** *Marasmius alliaceus (Jacq.) Fr.*

c) Mit purpurbraunem Stiel, 2–3 cm . . . . **Großer Knoblauchschwindling** *Marasmius prasiosmus (Fr.) Fr.*

III. Größere Arten, ohne Lauchgeruch, mit 2–5 cm messenden Hütchen.

3 Lamellen gedrängt, Pilze büschelig in Kreisen oder Linien auf Moderboden wachsend. Hut fleischbräunlich. Stiel mehr oder weniger striegelig-filzig, hohl, meistens etwas abgeplattet, mitunter zylindrisch und nur oben verbreitert . . . . **Rasiger Schwindling** *Marasmius confluens Pers.* *= Collybia confluens*

3* Lamellen entfernt.

4 Hut fleischbräunlich, braunocker bis milchkaffeebraun, einzeln oder herdenweise, mitunter einige vereint, vorkommend . . . . **Nelkenschwindling, Feldschwindling** *Marasmius oreades (Bull.) Fr.*

4* Hut mit deutlichem Stich ins Lila, Rosa oder Violettgraue . . . . **Violettlicher Schwindling** *Marasmius wynnei Bk. et Br.*

Rißpilze, auch Faserköpfe oder Wirrköpfe genannt

Gattung Inocybe, Bilder Seiten 89, 90

Kennzeichen: Kleine bis mittelgroße Pilze, 3–8(–12) cm messend.
Hut zuerst kegelig-glockig, dann geschweift-gebuckelt, im Alter auch ausgebreitet, radialfaserig-schüppelig, oft längsrissig. Rand in den typischen Fällen eingerissen.
Lamellen matt, erdgraubraun, weißlich, tongrau, oliv, Schneiden mitunter weißlich berandet.
Stiel zylindrisch, ringlos, spitzenwärts oft kleiig-schüppelig.
Sporenpulver erdfarben, schmutzigbraun-ocker. Sporen glatt oder eckig.

Viele Rißpilze sind stark giftig. Sie enthalten wie der Fliegenpilz Muskarin als Giftstoff. Der Muskaringehalt ist aber bei manchen Rißpilzen ein wesentlich höherer als beim Fliegenpilz, weshalb die Rißpilze trotz ihrer Kleinheit recht gefährliche Giftpilze sein können. Bei dem schon im Frühling erscheinenden Ziegelroten Rißpilz beträgt der Muskaringehalt, bezogen auf das Frischgewicht, 0,037 %. Derjenige des recht häufigen Kegeliggeschweiften Rißpilzes ist 0,01 %. Im Vergleich dazu ist der Fliegenpilz, mit 0,0002 bis 0,0003 % Muskaringehalt, recht muskarinarm. Muskarin ist eine salzartige Verbindung von der Summenformel $C_9H_{20}O_2N + Cl +$. Es wirkt bereits in sehr geringen Mengen. Die Vergiftungssymptome treten rasch auf.

Die Rißpilze, zu denen einige Dutzend Arten gehören, muß jeder Pilzler im Gesamtcharakter kennen. Die einzelnen Arten dagegen lassen sich vielfach nur mit Hilfe des Mikroskopes bestimmen, weil es auf die Sporenform, ob eckig oder glatt, und auf die Cystiden und deren Verteilung auf den Lamellen ankommt. Wer ein Mikroskop besitzt, findet hier ein dankbares Arbeitsfeld. Bei etlichen Rißpilzen kann man ganz besonders schön die Sporentetraden, welche auf den Basidien entstehen, erkennen.

Die Gefährlichkeit der Rißpilze besteht darin, daß sie unerkannt bleiben und deshalb nur allzuleicht in den Sammelkorb schlüpfen.

Einige auch makroskopisch ziemlich gut erkennbare Rißpilze sind:

a) Kegeliggeschweifter Rißpilz, Inocybe fastigiata (Schff.) Quél.; Bild S. 90
b) Ziegelroter Rißpilz, Inocybe patouillardii Bres. = Inocybe lateraria Ricken; Bild S. 89
c) Erdblättriger Rißpilz oder Faserkopf, Inocybe geophylla (Sow.) Kummer. Hut weißlich bis violettlila.

Fälblinge
Gattung Hebeloma

Kennzeichen: Kleine bis große, fleischige Pilze, welche mit ihren falbbraunen Hut- und Sporenfarben den richtigen Namen haben.
Hut falb, oft semmelbraun bis semmelgelb, gegen den Scheitel hin oft braunrötlich und am Rande gelblich ausgeblaßt, meist gewölbt, kahl oder fleckig-schuppig, bei feuchtem Wetter schmierig, bei trockener Witterung glänzend, häufig mit anklebenden Nadel-, Laub- oder Erdresten.
Lamellen schmutzigbraun.
Stiel oft mit hellerer, weißmehlig-schüppeliger Spitze, bei den verbreitetsten Arten ringlos, bei anderen mit vergänglichem, bei noch anderen mit ausgeprägtem Ring.
Geruch: Bisweilen bittermandel- oder rettichartig.
Alle Arten ungenießbar.

Etliche Fälblinge bilden schöne Hexenringe. Vielfach sind es Herbstpilze, die mit dem Einsetzen der Nebel erscheinen. Einige häufigere sind:

a) Stiel beringt, schuppig, am Grunde mit in den Boden hineinreichender (oft abbrechender) wurzelartiger Verlängerung. Pilz mit Bittermandelgeruch	**Wurzelfälbling** *Hebeloma radicosum (Bull.) Ricken*
b) Stiel vergänglich beringt, nicht schuppig. Höchstens mit schwachem Rettichgeruch . .	**Tränender Fälbling** *Hebeloma fastibile (Fr.) Kummer*
c) Stiel weder deutlich beringt noch wurzelartig in den Boden hinein verlängert. Pilz mit Rettichgeruch	
1 Lamellen mit gekerbter Schneide. Stiel oben weißlich-kleiig	**Gemeiner Fälbling** *Hebeloma crustuliniforme (Bull.) Quél.*
1* Lamellen ganzrandig. Stiel mehr oder weniger beschuppt	**Rettichfälbling** *Hebeloma sinapizans (Paulet) Gill.*

Schleierlinge oder Rostsporer Umfassend die

HAARSCHLEIERLINGE (Sammelgattung Cortinarius) und die verwandten HAUTSCHLEIERLINGE mit den Gattungen Pholiota (Schüpplinge), Phaeolepiota (Goldschüpplinge), Rozites (Runzelschüpplinge), Kuehneromyces (Stockschwämmchen), Flammula (Flämmlinge) und Agrocybe (Ackerlinge), Bilder S. 91, 92, 93, 94, 95, 97.

Kennzeichen: Haar- oder Hautschleier (siehe Allgemeiner Teil, Seite 20/21).
Rostbrauner Sporenstaub.

Haarschleierlinge: Wenden wir uns zuerst diesen zu. In Anbetracht der großen Artenzahl, um die zweihundert, müssen wir uns auf wenige Musterbeispiele beschränken, welche erlauben, diese Gruppe in ihrer Gesamtheit zu erfassen. Außer dem Haarschleier und seinen Faserresten sind die schleimige oder faserfilzige Hutbedeckung und die Gestalt des Stielgrundes wegleitend.

In der modernen Pilzliteratur ist die altherkömmliche, für den Anfänger gar nicht schlechte Unterteilung in verschiedene Untergattungen mehr oder weniger aufgegeben worden. Wir wollen diese alte Gliederung der Cortinarien, auch wenn sie nicht ganz durchgreift, trotzdem aufrechterhalten. Sie weist manchem Anfänger doch den Weg, wie er sich in der Vielfalt dieser Nachsommer- und Herbstpilze zurechtfinden kann. Man kann in recht vielen Fällen die nachstehenden Untergattungen doch deutlich erkennen:

I. Hut und Stiel an frischfeuchten Pilzen schleimig	**Schleimfüße, Myxacium**
II. Nur der Hut schleimig, wenn vertrocknet mit anklebenden Nadel-, Blatt- oder Moosresten	**Schleimköpfe, Phlegmacium**
Untergruppen der Schleimköpfe sind die:	
a) Klumpfüße: Stielgrund gerandet-knollig, Bilder S. 91 b) Zwiebelfüße: Stielgrund keulig-zwiebelig verdickt c) Dünnfüßler: Ganzer Stiel zylindrisch	
III. Hut stets trocken, faserfilzig, schüppelig-filzig	
a) Dickfüße, Inoloma: Stielgrund keulig, Hut dickfleischig, S. 92 b) Hautköpfe, Dermocybe: Stiel zylindrisch, Hut dünn	
IV. Hut hygrophan	
1 Stiel durch zarte, vergängliche Querbinden gegürtelt	**Gürtelfüße, Telamonia**
1* Stiel nicht gegürtelt	**Wasserköpfe, Hydrocybe**

Die Haarschleierlinge sind mehr Pilze fürs Auge als für den Gaumen. Abgesehen von wenigen guten, eßbaren, sind die meisten ungenießbar. Der Orangefuchsige Haarschleierling oder Hautkopf (Cortinarius orellanus (Fr.) Fr. = Dermocybe orellana) wird sogar als sehr giftig bezeichnet. Lassen wir diese Pilze deshalb als Zierde der Wälder stehen.

Die Schleimfüße erfreuen uns bei feuchtem Wetter mit besonders zarten Farben. Am schönsten treffen wir sie, wenn wir mit Schirm und Regenmantel ausgerüstet auf Pilzsuche gehen müssen. Würden wir sie nach Hause nehmen, so verblaßten sie bald.

Auch die Klump-, Zwiebel- und Dünnfüße können recht bunt sein. Je nach Witterungsverlauf wechseln sie ihre Farben sehr rasch.

Zu den farbenprächtigsten Pilzjuwelen gehören die kleinen Hautköpfe (Dermocybe), wie etwa der Blutrote Hautkopf. Sie wetteifern an Farbenpracht mit einigen Gürtelfüßen.

Hautschleierlinge: Sehen wir uns jetzt noch unter diesen um. Abgesehen von den kleinen und kleinsten Hautschleierlingen, den Schnitzlingen (Naucoria), den oft in weiche Moosrasen gebetteten Häublingen (Galera) und ähnlichen Pilzzwergen, wartet uns diese Pilzgruppe bei den Schüpplingen und Flämmlingen auch mit großen oder farbenprächtigen Pilzen auf. Wir unterscheiden:

1 Auf dem Erdboden wachsend	
a) Frühlingspilz, mit glattem, weißlichem, blaßbräunlichem bis ockergelblichem, mürbem Hut und Mehlgeruch. Stiel gebrechlich, vergänglich beringt	**Voreilender Schüppling** *Agrocybe praecox (Pers.) Fay.*
b) Sommer- und Herbstpilz, mit goldbraungelbem, staubig-körnigem Hut, an die Körnchenschirmlinge erinnernd, aber viel kräftiger gebaut, mit schlaffem, oft fetzig zerreißendem, herabhängendem Ring	**Goldschüppling** *Phaeolepiota aurea (Matt.) Mre. = Pholiota aurea,* Bild S. 93
c) Herbstpilz, auf moorigen bis moosigen Böden, mit braungelblichem, oft faltig-runzeligem, am Scheitel silbergrau bereiftem Hut	**Runzelschüppling oder Zigeunerpilz oder Reifpilz** *Rozites caperata (Pers.) Karst. = Pholiota caperata,* Bild S. 95
1* An Holz wachsend	
2 Hut braun, hygrophan, mit wässerigen Randzonen. Büschelweise an Strünken	**Stockschwämmchen** *Kuehneromyces mutabilis (Schff.) Sing. et Smith = Pholiota mutabilis,* Bild S. 97
2* Hut nicht hygrophan, gelb, gelblich	
a) Hut rostgelb, mit anklebenden braunen Schüppchen	**Hochthronender Schüppling** *Pholiota aurivella (Batsch) Kummer*
b) Hut und Stiel auf gelblichem Grunde mit sparrig abstehenden, rostbraunen Schuppen. Wie der Hallimasch büschelig wachsend	**Sparriger Schüppling** *Pholiota squarrosa (Pers.) Kummer* Bild Umschlagrückseite
c) Hut leuchtend gelb, mit gelblichen, strubbeligen Schüppchen	**Feuergelber Schüppling** *Pholiota flammans (Fr.) Kummer*

Scheidlinge

Gattung Volvariella, Bild S. 98

Kennzeichen: **Stielgrund** mit häutiger Scheide.
Stiel ohne Ring.
Hut zentral gestielt, glockig bis ausgebreitet.
Lamellen frei, rötlich.
Sporenpulver rosa. Sporen glatt, eiförmig.

Im Aussehen sind diese Pilze den Scheidenstreiflingen ähnlich, unterscheiden sich aber durch die rosafarbigen Sporen, die rötlichen Blätter und den nicht oder auf alle Fälle schwächer gerieften Hutrand. Standorte sind humöse Böden, Gärten, Parkanlagen, Holz, Rinden und Baumstämme. Der Parasitische Scheidling gedeiht auf den alten Hüten des Nebelgrauen Trichterlings und der Ritterlinge.

Abgebildet: Schwarzstreifiger Scheidling, Volvariella volvacea (Bull.) Sing.; Bild S. 98.

Dachpilze

Gattung Pluteus

Kennzeichen: **Stiel** ohne Ring und ohne Scheide, faserfleischig.
Hut zentral gestielt.
Lamellen frei, rosa, rötlich.
Sporenpulver rosa. Sporen glatt, eiförmig.

Diese Pilze wachsen an Holz und Holzresten, welche oft im Boden versteckt sein können.

Von den zahlreichen Arten mit braunen, weißlichen oder grauen Hüten seien folgende zwei hervorgehoben:

1 Lamellenschneide schwarzflockig	**Schwarzschneidiger Dachpilz** *Pluteus atromarginatus (Konr.) Kühn.*
1* Lamellenschneide kahl	**Rehbrauner Dachpilz** *Pluteus cervinus (Schff.) Kummer*

Rötlinge

Gattungen Rhodophyllus, Entoloma (vgl. auch Clitopilus, Bild Seite 121).

Kennzeichen: **Stiel** ohne Ring und ohne Scheide.
Hut zentral gestielt, gewölbt bis gebuckelt oder verflacht.
Lamellen rötlich gelbrötlich, um den Stiel ausgebuchtet (bei Clitopilus stark herablaufend).
Sporenpulver rosa.

Die zahlreichen kleinen Rötlinge wie auch die Zärtlinge (Leptonia), die Glöcklinge (Nolanea) und die Nabelrötlinge (Eccilia) können gar nicht berücksichtigt werden. Alle faßt man neuerdings als Rosablättler (Rhodophyllaceae) in einer einzigen Familie zusammen. Wir können die Verwandtschaft aber auch noch ausdehnen auf weitere Pilze mit rötlichen Sporen. Man kann sie unter dem Begriff der Rosasporer vereinigen, welche alsdann auch die bescheideten Scheidlinge, weiter die Dachpilze und den Mehlräsling (Mehlschwamm) einschließen.

Die Rosasporer sind im allgemeinen zu meiden. Der beste davon ist der Mehlschwamm. Unter den Rötlingen verbergen sich etliche stark giftige. Manche Rötlinge fallen durch den eigenartigen Geruch auf. Nur wenige können hier angeführt werden:

A. Lamellen ausgebuchtet bis angewachsen. Sporen eckig (siehe S. 15).

1 Frühlingspilz, mit hygrophan-fleckigem, radialfaserigem, etwa 5–8 cm messendem, gebuckeltem, graubraunem Hut und wellig-lappigem Rand. Stiel weiß, faserig gestreift. Wuchs eher schmächtig . . . . **Frühlingsrötling** *Rhodophyllus clypeatus (L.) Quél.* = *Entoloma clypeatum*

1* Sommer- und Herbstpilze

2 Hut groß, fleischig, 8–20 cm, weißlich bis ockergelbbräunlich, zart dunkel überflammt. Lamellen zuerst blaßgelblich, dann gelbrötlich, mit wellig-kerbigen Schneiden . . . . **Herbst- oder Riesenrötling** *Rhodophyllus sinuatus (Bull.) Sing.* = *Entoloma lividum*, Bild S. 99

2* Hut kleiner, oft mit speziellem Geruch, erkennbar für gute Nasen

a) Geruch alkalisch . . . . **Alkalischer Rötling** *Rhodophyllus nidorosus (Fr.) Quél.* = *Entoloma*

b) Geruch obstartig . . . . **Rötender Rötling** *Rhodophyllus ameides (Bk. et Br.) Quél.* = *Entoloma*

c) Geruch stark mehlartig . . . . **Gesäter Rötling** *Rhodophyllus sericeus (Bull.) Quél.* = *Entoloma*

d) Ohne besondern Geruch, Hut niedergedrückt . . . . **Niedergedrückter Rötling** *Rhodophyllus rhodopolius (Fr.) Quél.* = *Entoloma*

B. Lamellen herablaufend. Habitus fast trichterig. Mehlgeruch. Sporen ellipsoidisch-spindelig (siehe S. 26) . . . . **Mehlschwamm** *Clitopilus prunulus Kummer*, Bild S. 121

Champignons oder Egerlinge

Gattung Psalliota = Agaricus

Kennzeichen: **Hut** weiß, gelblich oder braun, glatt, mitunter rissig oder schuppig, fleischig.
Stiel mit Ring.
Lamellen jung weißlich, dann rosa bis rosagrau, violettbraun bis kaffeebraun.
Sporenstaub violettbraun, purpurbraun.

Die Champignons werden fast immer als leicht verwechselbar mit den giftigen Knollenblätterpilzen hingestellt. Das stimmt, wenn man sie nur oberflächlich betrachtet, was man bei Pilzen überhaupt nie tun darf. Tatsächlich kann beim Dünnfleischigen Champignon der Hut fast genau so gelblichweiß, ja grünstichig werden, wie der eines verblaßten Grünen Knollenblätterpilzes. Unterscheidend ist aber immer die rosenrote, violettbraune bis kaffeebraune Lamellenfarbe, wie sie an erwachsenen Champignons stets vorhanden ist. Dies ist das sicherste Unterscheidungsmerkmal. Bei manchen eßbaren Champignons kommt noch der feine Anisduft als weiteres Kennzeichen hinzu.

Junge, noch kugelige Waldchampignons, deren Velum partiale ganz geschlossen ist, soll man zu Speisezwecken nur sammeln, wenn darunter das Rosa der Blätter eindeutig festzustellen ist. Oft ist die Rosatönung an den Blättern kleiner Champignons noch schwach. Dann lasse man sie sein, ansonst man Gefahr läuft, einen giftigen Knollenblätterpilz zu erwischen.

Unter den Champignons selbst hat man in erster Linie auf den Gift- oder Karbolchampignon aufzupassen. Er kommt zur gleichen Zeit wie die eßbaren Arten, ja oft am gleichen Ort vor. Die Reibprobe, an Hut und Stielgrund ausgeführt, entscheidet hier. Denn er läuft an den Reibstellen chromgelb an (bei Feuchtigkeit stärker und rascher als bei Trockenheit). Sein Hutscheitel ist gewöhnlich verflacht, der Hutlängsschnitt gewöhnlich trapezförmig. Auch die Geruchsprobe kann bei den Champignons von Nutzen sein. Etliche eßbare Arten zeichnen sich durch einen feinen Anisduft aus.

Schlüsselartiger Überblick über die wichtigsten Champignons:

I. Giftchampignon: Hut glatt oder rissig, weiß bis weißlich. Beim Reiben auf der Hutoberseite und am Stielgrund chromgelb anlaufend. Gelegentlich auch mit unangenehmem, karbolähnlichem Geruch (oft erst beim Kochen wahrnehmbar) . . . . **Karbol- oder Giftchampignon** *Psalliota xanthoderma Gen.*, ungenießbar

II. Gilbende: Hut glatt, mitunter rissig, weiß bis weißlich, mit zunehmendem Alter von Natur aus gilbend, mit feinem Anisduft und Anisgeschmack (Gruppe der Flavescentes).

1 Pilz kräftig, 10–20 cm. Hut dickfleischig. Lamellen langezeit blaßrosa, später kaffeebraun . . . . **Schaf- oder Ackerchampignon** *Psalliota arvensis Fr.*, eßbar

1* Pilz von schwächerer Statur, 5–10–12 cm, Hut dünnfleischig, gewöhnlich bald und stark gilbend, mitunter sogar grünstichig, dem Grünen Knollenblätterpilz am ähnlichsten werdend. Lamellen schön rosa . . . . **Dünnfleischiger Champignon** *Psalliota silvicola Vitt.*, eßbar Bild S. 100

III. Rötende (ohne starke Schuppen): Hut glatt bis rissig, mitunter ganz schwach schüppelig, weiß, weißlich, mit zunehmendem Alter bräunend bis rötend. Fleisch mehr oder weniger rötend. Ohne Anisduft (Gruppe der Rubescentes) . . . . **Feldchampignon** *Psalliota campestris Fr.*, eßbar

2 Mit zahlreichen Unterarten und Formen: Mit blaß schmutzig-bräunlichem Hut, auf Kompost, auf Gartenland, in Gewächshäusern . . . . **Gartenchampignon** *Psalliota hortensis Cooke (Brauner)* *Psalliota bispora Lange (Blaßbrauner)*, beide eßbar

2* Mit weißlichem, auffallend hartfleischigem, oft sehr breitgedrücktem Hut, jung oft wie Kieselsteine aus dem Boden schauend . . . . **Trottoir- oder Stadtchampignon** *Psalliota edulis Vitt.*, eßbar, Bild S. 101

IV. Schuppige: Schuppenhütige Arten, auf hellerem Untergrund rotbraun bis gelbbraun bis gelblich beschuppt.

3 Hut dicht rotbraun-schuppig. Fleisch rötlich bis rot . . . . **Waldchampignon** *Psalliota silvatica Schff.*, eßbar

mit der Unterart des Blutchampignons, dessen Fleisch fast blutrot ist (besonders bei Nässe) . . . . **Blutchampignon** *Psalliota haemorrhoidaria Kalchbr.*, eßbar

3* Hut auf hellerem Grund mit braunen oder gelblichen Schuppen

4 Faserschuppen mehrheitlich dunkelbraun . . . . **Braunschuppiger Riesenchampignon** *Psalliota augusta Fr.*, eßbar

4* Faserschuppen gelblich . . . . **Strohgelber Riesenchampignon** *Psalliota perrara Schulz.*, eßbar Beide meist stattlich

Träuschlinge

Gattung Stropharia, Bild Seite 102

Kennzeichen: **Hut** (feucht) schleimig-klebrig, oft mit feinen Schüppchen behangen, bald vertrocknend und in den Farben ausblassend.
Stiel vergänglich beringt.
Lamellen angewachsen, purpurbraun bis schwärzlich verfärbend, Schneiden weißflockig.
Sporenstaub purpurbraun bis dunkelviolett.

Die Träuschlinge sind den Champignons verwandt, aber viel zarter und gebrechlicher. Am schönsten sind sie dort, wo sie kein Sonnenstrahl trifft und feuchte Luft umgibt, zwischen Moosteppichen, unter Gesträuch, im modernden Laub. Bei Licht und Wärme verblassen sie bald. Zu den größten und auffälligsten gehören:

1 Hut 3–8 cm, jung blaugrün, schleimig, mit weißen Schüppchen, später in Gelblich verfärbend. Stiel zuerst weißflockig . . . . **Grünspanträuschling** *Stropharia aeruginosa (Curt.) Quél.*, Bild S. 102

1* Hut ockerblaß bis zitronengelblich, sonst dem obigen ähnlich . . . . **Krönchenträuschling** *Stropharia coronilla (Bull.) Quél.*

Schwefelköpfe

Gattungen Hypholoma, Nematoloma, Bild Seite 103

Kennzeichen: **Hut** glatt, gelblichgrün, gelborange oder ziegelrotbraun, jung am Rand oft mit vergänglichen Velumflocken.
Stiel mit angedeuteter, durch einfallenden Sporenstaub oft geschwärzter Ringzone.
Lamellen zuerst blaßoliv, rauchgrau oder grünlichgelb, dann schmutzig verfärbend, zuletzt purpurschwärzlich.
Sporenstaub violettschwarz, purpurbraun.
Fleisch bei den meisten bitterlich.

Alle an Holz büschelweise, seltener einzeln wachsend. Fast alle ungenießbar. Verwechslungen sind mit andern büschelig an Holz wachsenden Pilzen möglich, siehe Bilder S. 76, 96 und 97.

Wie die meisten an morschen Hölzern wachsenden Pilze sind auch die Schwefelköpfe von der Wasserversorgung weniger abhängig. Sie können auch bei ziemlich trockenem und kühlem Wetter, ja sogar im Winter erscheinen. Einige Schwefelköpfe sind:

a) Hut ziegelrot. Lamellen aus Blaßolivgelblich in schmutzig Violettschwarz verfärbend	**Ziegelroter Schwefelkopf** *Hypholoma sublateritium (Fr.) Quél.* = *Nematoloma,* Bild S. 103, Mitte
b) Hut schwefelgelbgrünlich. Fleisch bitterlich. Lamellen aus Gelblichgrün in Graubraunviolett verfärbend	**Büscheliger Schwefelkopf** oder Grünblätteriger Schwefelkopf *Hypholoma fasciculare (Huds.) Kummer* = *Nematoloma,* Bild S. 103, unten
c) Hut gelbrötlich bis orangegelb. Lamellen aus Weißlich in Rauchgrau verfärbend und weiter nachdunkelnd. Fleisch nicht bitter	**Rauchblätteriger Schwefelkopf** *Hypholoma capnoides (Fr.) Kummer,* Bild S. 103, oben

Tintlinge

Gattung Coprinus, Bilder Seiten 104, 105

Kennzeichen: Kurzlebige, sehr rasch wachsende, dunkelsporige Pilze, die sich von ähnlichen Arten durch das Zerfließen in eine tintenartige Brühe unterscheiden. Zuerst verfärben sich die weißen Blätter von unten her rosa (ähnlich wie bei den Champignons). Dann werden sie schwarz, und bald darauf fangen sie an zu zerfließen.

Die Tintlinge gedeihen vielfach auf fetten, schweren Böden, in der Nähe neuer Siedlungen, auf frisch umgeworfenem, oft wieder verfestigtem Garten- oder Bauland, in Rasenflächen, auf Äckern und Feldern, an Waldwegen, aber auch im Mull der Wälder auf vermorschten Hölzern und Exkrementen.

Die Haltbarkeit aller beträgt nur wenige Stunden. Am Morgen gesammelt, sollten sie zum Mittagessen Verwendung finden. Nur so lange die Hüte und Lamellen ganz weiß sind, taugen sie als Speisepilze. Der zähfaserige Stiel wird beim Schopftintling nicht gebraucht.

Während der Schopftintling in gekochtem Zustand ohne weiteres gegessen werden kann, darf man den Faltentintling nur unter der Bedingung genießen, daß man zum Mahl und auch noch vierundzwanzig Stunden hernach keinen Alkohol trinkt. Der Faltentintling wird deshalb scherzweise auch «Antialkoholikerpilz» genannt. Bei gleichzeitigem Alkoholgenuß treten vielfach Kreislaufstörungen, Pulserhöhung und Hyperämie in der Hals- und Kopfgegend auf.

Man unterscheidet große und kleine Tintlinge:

I. Große Arten:

1 Wuchs herdenweise. Stiel röhrig, zylindrisch-langgestreckt, faserfleischig, flüchtig beringt. Hut zylindrisch-glockig bis eiförmig, mit schuppigem oder fast glattem, etwas ockergelblichem Scheitel. Die weißen Lamellen von unten her bald rosenrötlich anlaufend, saftig, dann schwärzend und zerfließend . . . . **Schopftintling** *Coprinus comatus (Müll.) S. F. Gray,* Bild S. 104

Eine Varietät mit weniger ausgeprägt zylindrischem, sondern mehr eiförmigem Hut ist der . . . . **Eiertintling** *(var. ovatus)*

1* Wuchs büschelig-gedrängt. Stiel meistens gekrümmt, im untern Teil mit knotig-ringartigem Wulst. Hut schmutzig silbergraubräunlich, am Scheitel oft schüppelig, mit der Länge nach verlaufenden, gegen den Rand hin stärkern, wulstigen Falten . . . **Faltentintling** *Coprinus atramentarius (Bull.) Fr.,* Bild S. 105

II. Kleine, zwerghafte, zierliche Tintlinge:

2 Pilz 3–5 cm. Hut rostbraungelblich bis fuchsigbraun, gerieft. Jung mit glimmerigen Schüppchen übersät . . . . **Glimmertintling** *Coprinus micaceus (Bull.) Fr.*

2* Pilz zirka 1–2 cm. Hut graugelblich-ocker, herdenweise an Strünken . . . . **Gesäter Tintling** *Coprinus disseminatus (Pers.) S. F. Gray*

Saumpilze: Düngerlinge, Mürblinge, Faserlinge

Umfassend die Gattungen Anellaria, Psathyrella und Panaeolus.

Kennzeichen: Dunkelblättrige, gebrechliche, schlankstielige Pilze, mit schwachem Velum partiale, das am Hutrand als zackige Flöckchen oder faseriger Behang einige Zeit verbleibt und ebenso am Stiel ringartige, vergängliche Reste hinterläßt. Pilze oft tintlingartig aussehend, aber nicht zerfließend. Häufig an dungreichen Orten, auf Matten, Gartenland, an Wegrändern, auf Alpweiden.
Dadurch, daß die Sporen ungleich heranreifen, sind die Lamellen oft gescheckt, hell- und dunkelfleckig.

Einige Arten sind:

1 Lamellen vorübergehend gescheckt

2 Hut glockig, graublaß bis rotbräunlich. Rand oft mit weißen Flocken zackig behangen. Lamellen mit weißlichen Schneiden. Stiel mehr oder weniger beringt. Oft um verrottete Kuhfladen herum, 5–15 cm . . . . **Ringdüngerling** *Anellaria semiovata (Sow.) Pers. et Dennis (= Panaeolus fimiputris)*

2* Hut ausgebreitet, fuchsig reh- bis ockerbraun, am Rand filzig-faserig behangen. Lamellen zuerst scheckigbraun, dann purpurschwarz, mit weißlichen Schneiden. An Weg- und Waldrändern, in Gärten und Feldern, 5–15 cm . . . . **Tränender Saumpilz** *Pathyrella velutina (Pers.) Sing. = Hypholoma lacrimabundum*

1* Lamellen nie gescheckt. Hut blaß, oft etwas überfasert, sehr mürb und gebrechlich. Gartenland, Rasen, gedüngte Böden, 3–10 cm . . . . **Tonblasser Mürbling oder Faserling** *Psathyrella fatua (Fr.) Konr. et Maubl.*

Trichterlinge

Umfassend die Gattungen Hygrophoropsis (Falscher Eierschwamm), Clitocybe (eigentliche Trichterlinge), Pseudoclitocybe (Gabeltrichterlinge) und Laccaria (Lacktrichterlinge).

Kennzeichen: **Stiel** massiv oder ausgestopft wattig, bei den typischen Arten ohne Ring.
Lamellen am Stiel herablaufend. Nur bei den Lacktrichterlingen, die sich durch dickliche, sehr weit gestellte Blätter

und amethystblaue bis fleischrötliche Farben zu erkennen geben, laufen die Lamellen kaum herab.
Sporenfarbe weiß.

Man stellt sich die Trichterlinge, wie der Name besagt, gerne mit trichterförmigen Hüten vor. Das ist nur teilweise richtig. Es gibt nämlich auch Trichterlinge mit gewölbten Hüten. Entscheidend ist nur das Herablaufen der Lamellen am Stiel. Auch Milchlinge und Täublinge haben häufig trichterige Hüte, ohne zu dieser Gattung zu zählen. Erstere unterscheiden sich durch das bei Verletzung eintretende Milchen, letztere durch vorwiegend sehr spröde Lamellen.

Bei manchen Trichterlingen macht die Hutgestalt während der Entwicklung eine große Wandlung durch. Vergleiche dazu die Jugendstadien des Mönchskopfes, Bild S. 107.

Beim Nebelgrauen Trichterling und verwandten Arten bleibt der Hut bis ins hohe Alter polsterförmig gewölbt. Er verflacht sich erst spät und kann sogar eingedellt werden.

Die eigentlichen Trichterlinge haben matte Farben. Im Gegensatz dazu stehen der intensiv orange gefärbte «Falsche Eierschwamm» mit seinen gegabelten Blättern und die bunten Lacktrichterlinge.

Giftige Arten trifft man unter den kleinen weißen, grauen bis fleischrötlichen Trichterlingen. Sie werden als Gifttrichterlinge zusammengefaßt.

Als fleischige Pilze sind die Trichterlinge zu gewissen Zeiten stark vermadet, so oft der zähfleischige Mönchskopf.

Schlüsselartiger Überblick über die wichtigsten Trichterlinge

A. Lamellen gegabelt, enggestellt und Pilz orangegelb bis orangebraun, sammetfilzig . . .	**Falscher Eierschwamm** *Hygrophoropsis aurantiaca Fr. = Clitocybe aur. = Cantharellus aurantiacus* Als ungiftiger, aber doch nicht schmackhafter Doppelgänger des Eierschwammes unterscheidet er sich von letzterem durch die breiten Lamellen und orange Hutfarbe
B. Lamellen nicht gegabelt (oder wenn etwas gegabelt, dann Farbe der Pilze braun), nie sattorange.	
I. Pilz mit Anisgeruch	**Spangrüner Anistrichterling** *Clitocybe odora (Bull.) Kummer,* Bild S. 106
II. Pilz ohne Anisgeruch	
a) Mittelgroße und kleine, weißliche, graue bis fleischbräunliche Trichterlinge. Gruppe der **Gifttrichterlinge:**	
* Hut weiß, glanzlos, bereift, alt gelblich	**Bleiweißer Trichterling** *Clitocybe cerussata (Fr.) Kummer,* giftig
** Hut weiß bis gräulich, oft leicht seidig	**Feldtrichterling** *Clitocybe dealbata (Sow.) Kummer,* giftig
*** Hut fleischbräunlich, weiß bereift. Geruch erdig	**Rinnigbereifter Trichterling** *Clitocybe rivulosa (Pers.) Kummer,* giftig
b) Mittel- bis sehr große trichterige, ledergelbe, ockerfalbe bis fuchsige Trichterlinge (wenn weiß, dann stets sehr groß)	
* Hut ausgewachsen 8–30 cm, trichterig, ledergelblich bis ockerweißlich	**Riesentrichterling oder Mönchskopf** *Clitocybe geotropa (Bull.) Quél.,* Bild S. 107
* Hut etwa gleich groß, weiß bis weißlich	**Weißer Riesentrichterling** *Clitocybe maxima (Fl. Wett.) Kummer*
c) Kleinere trichterige, ledergelbe, ockerfalbe bis fuchsige Arten	
* Hut regelmäßig, 3–8 cm, im Trichtergrund mit oder ohne Buckelchen. Kleine Ausgabe des Riesentrichterlings	**Gebuckelter Trichterling** *Clitocybe gibba (Pers.) Kummer = Clitocybe infundibuliformis,* eßbar
** Hut gelbbräunlich, mit kleinen Schüppchen und braunfilzigem Nabel	**Schuppiger Trichterling** *Clitocybe squamulosa (Pers.) Lge.*
*** Hut gelbbräunlich oder blaß, mit kleinen kreisrunden dunkleren Wasserflecken (besonders gegen den Rand)	**Wasserfleckiger Trichterling** *Clitocybe gilva (Pers.) Kummer,* eßbar
**** Hut rötlichbraun, mit lange eingeschlagenem Rand, mitunter wasserfleckig . . .	**Fuchsiger Trichterling** *Clitocybe inversa (Scop.) Quél.*
**** Hut mit flatterig-welligem Rand, trichterig	**Flatteriger Trichterling** *Clitocybe flaccida (Sow.) Kummer*

d) Mittelgroße bis kräftige nebelgraue, aschgraue bis schokoladenbraune, kaum hygrophane Trichterlinge mit nicht immer trichterigen Hüten

1 Hut trichterig

2 Hutoberseite schokoladenbraun. Stiel blasser. Lamellen rostfalb . . . . **Schokoladenbrauner Trichterling** *Clitocybe cacabus (Fr.) Gill.*

2* Hut aschgrau, Stiel grau, abwärts zottig. Lamellen weiß . . . . **Zottiger Trichterling** *Clitocybe trullaeformis (Fr.) Karst.*

1* Hut gewölbt, nur im Alter verflacht bis eingedellt, dick und weißfleischig. Lamellen lassen sich durch Daumendruck leicht abstreifen.

3 Stielbasis mäßig dick, keulig . . . . **Nebelgrauer Trichterling** *Clitocybe nebularis (Batsch) Kummer,*

3* Stielbasis auffällig keulig verdickt, schwammig . . . . **Keulenfüßiger Trichterling** *Clitocybe clavipes (Pers.) Kummer* Bild S. 108

e) Eher schmächtige, hygrophane, braune Arten (Gabeltrichterlinge). Lamellen bisweilen etwas gegabelt. Hut dünnfleischig . . . . **Kaffeebrauner Trichterling** *Pseudoclitocybe cyathiformis (Bull.) Sing.*, Bild S. 109

f) Zirka 3–7 cm große Arten mit violettblauen, fleischbraunrötlichen oder honiggelbfuchsigen Farben. Lamellen dick, entfernt, breit angewachsen bis herablaufend.

1 Hut violettlila bis fleischrötlich, fleischbräunlich, oft etwas schüppelig . . . . . . (var. rosella fleischrosabraun, var. amethystina violettlila) **Lacktrichterling** *Laccaria laccata (Scop.) Bk. et Br.*, eßbar

1* Hut honiggelbfuchsig, oft flockigbraun beschüppelt. . . . . **Hallimaschtrichterling** *Armillariella tabescens (Scop.) Sing.* = *Clitocybe tabescens*

Nabelinge

mit den Gattungen Omphalia (= teilweise Clitocybe) und Omphalina

Kennzeichen: Im Aussehen den Trichterlingen gleichende kleine bis mäßiggroße Pilze, mit dünnen Hüten, herablaufenden Lamellen und weißlichem Sporenstaub. Im typischen Fall aber unterschieden durch den röhrig-hohlen Stiel.

Die Nabelinge sind infolge ihrer häufig braungrauen, fleischbraunen bis braungelblichen oder weißlichen Farben keine auffälligen Pilze. Die kleineren sind etwa 1–3, die größeren 4–8 cm groß. Nur die größten, etwa vom Aussehen des hygrophanen Kaffeebraunen Trichterlings (siehe Bild S. 109) fallen auf. Da ein gleitender Übergang von den Trichterlingen zu den Nabelingen besteht, werden neuerdings die größeren Arten den Trichterlingen zugeordnet. Nicht allzu selten sind:

a) **Glattrandiger Nabeling,** Clitocybe umbilicata (Schff.) Sing. = Omphalia: Hut olivgrau. Stiel grau, mit weißseidiger Zone an der Spitze.

b) **Faserstieliger Nabeling,** Clitocybe litua (Fr.) Métr. = Omphalia: Hut kastaniengrau. Stiel grau.

Milchlinge, Reizker

Gattung Lactarius, Bilder Seiten 110, 111, 112

Kennzeichen: Bei Verletzung tritt Milchsaft aus (dies geschieht allerdings nur dann, wenn die Pilze frisch und saftig sind).
Hut nicht selten trichterig vertieft, an Trichterlinge erinnernd, oft mit zentralem Buckel, häufig konzentrisch gezont.
Stiel im Vergleich zur Hutbreite kurz, ringlos, oft fleckig.
Lamellen manchmal fast herablaufend, verschiedenfarbig.
Fleisch blasig-körnig, nicht faserig, frisch milchend.

Regel: Milde Arten der Milchlinge, solange sie milchen, eßbar. Nicht mehr milchende für die Küche unbrauchbar. Scharfe ungenießbar.

Schlüsselartiger Überblick über die wichtigsten Milchlinge:

I. Milchsaft weiß austretend und an der Luft so bleibend

1 Scharf pfefferartig-brennende Arten

a) Hut fleisch- bis gelbrötlich, konzentrisch gezont, fransig, Lamellen gedrängt . . . . **Birkenreizker oder Giftreizker** *Lactarius torminosus (Schff.) S. F. Gray,* Bild S. 110

b) Hut weißlich bis cremestichig, oft trichterig, oberseits zart weißflaumig. Lamellen weit gestellt . . . . **Wolliger Milchling** *Lactarius vellereus (Fr.) Fr.,*

c) Hut weißlich bis creme, oft trichterig, oberseits kahl, Lamellen schmal, gedrängt . . **Pfeffermilchling** *Lactarius piperatus (L.) S. F. Gray*

d) Hut bleigrau bis graubraun, kahl, gezont. Lamellen gedrängt . . . . **Bleimilchling** *Lactarius blennius Fr.*

e) Hut blaßgelbrötlich, kahl, langsam scharf, dem Echten Reizker ähnelnd . . . . **Blasser Milchling** *Lactarius pallidus Pers.*

f) Hut intensiv braunrot, mit Papille . . . . **Braunroter Milchling** *Lactarius rufus (Scop.) Fr.*

g) Hut orange, langsam scharf, unter Lärchen, dem Echten Reizker ähnlich . . . . **Lärchenmilchling** *Lactarius porninsis Roll.*

1* Milde, auf der Zunge nicht brennende Arten

h) Hut sattbraun, aber bei Nässe bis gelbbraun oder weißlichbraun ausblassend, hartfleischig. Blätter braunfleckend . . . . **Brätling** *Lactarius volemus Fr.,* eßbar

i) Hut gelborange, mit Papille, meist kleinerer Pilz, weichfleischig . . . . **Milder Milchling** *Lactarius mitissimus Fr.,* eßbar

II. Milchsaft, an der Luft seine Farbe verändernd

1 Scharf pfefferartig-brennende Arten

k) Milch weiß, dann schwefelgelb. Hut blaß, fransig, gezont . . . . **Fransenmilchling** *Lactarius cilicioides Fr. inkl. Lact. resimus*

l) Milch weiß, dann schwefelgelb. Hut strohgelb, gezont. Stiel mit grubigen Flecken . . **Grubiger Milchling oder Erdschieber** *Lactarius scrobiculatus (Scop.) Fr.*

m) Milch weiß, dann schwefelgelb. Hut goldorange, dunkel gezont oder gefleckt . . . **Goldflüssiger Milchling** *Lactarius chrysorrheus Fr.*

n) Milch weiß, dann rötend. Hut rußigbraun, samtig. Lamellen gelblich . . . . **Rosaanlaufender Milchling** *Lactarius acris Bolt.*

1* Mit fast mildem, weißem, dann rötendem Milchsaft. Hut braunschwarz. Stiel weiß . . **Gefaltetrunzeliger Milchling oder Mohrenkopf** *Lactarius lignyotus Fr.*

III. Milchsaft tritt farbig (gelb, orange, rötlich oder wäßrig (wie gepantschte Milch) aus:

o) Milch orangegelb bis orangerötlich, mild bis herb. Sammelart einiger biologischer Formen: Wacholderschwamm, Föhrenreizker (= deliciosus), Fichtenreizker (= semisanguifluus, unter Fichten) . . . . **Echter Reizker** *Lactarius deliciosus L., inklusive L. salmoneus, L. semisanguifluus,* eßbar, Bild S. 111

p) Milch weinrötlich, mild . . . . **Blutreizker** *Lactarius sanguifluus (Paulet) Fr.*

q) Milch wäßrig-weiß, mild. Hut braunrot, niedergedrückt, brüchig . . . . **Purpurstriegeliger Milchling** *Lactarius subdulcis Bull.*

r) Milch wäßrig, mild. Hut braunrot, trocken würzig duftend . . . . **Kampfermilchling** *Lactarius camphoratus (Bull.) Fr.*

s) Milch wäßrig, Hut ziegelrötlich, filzig, niedergedrückt, trocken würzig riechend . . . **Filziger Milchling oder Zichorienpilz** *(= Maggipilz), Lactarius helvus Fr.*

Täublinge

Gattung Russula, Bilder Seiten 113, 114, 115, 116, 117 oben

Kennzeichen: Geduckte Pilze mit breiten Hüten und kurzen Stielen, welch letztere kaum länger sind als der Hutdurchmesser, ohne Milch. **Fleisch** blasig-körnig, muschelig brechend, spröde.

Hut gewölbt bis verflacht bis trichterig.
Stiel kräftig, kurz, ringlos.
Lamellen spröde, brüchig, splitternd (ausgenommen beim Violettgrünen, Grasgrünen und dem fleischrötlichen Speisetäubling, bei denen die Blätter biegsam-elastisch sind).
Sporenpulver weiß, ocker, gelb. Sporen mit Wärzchen oder Leisten (Figuren S. 15).

Regel für die Täublinge: Milde Arten eßbar. Scharfe ungenießbar.

Viele der eßbaren Täublinge sind sehr madenanfällig. Man tut gut, sie bereits vor dem Sammeln darauf zu prüfen. Gewisse Täublinge sehen im Alter den Trichterlingen sehr ähnlich.

Schlüsselartiger Überblick über die wichtigsten Täublinge:

I. Arten mit weißen, grauen, grauschwarzen, braunen bis gelbbraunen Hüten.

1 Hut braun bis braungelblich

2 Mit brennend scharfem Fleisch und unangenehmem, stinkendem Geruch. Hut schmierig, lange kugelig. Rand perlig gerieft (Fig. S. 24 unten) . . . . **Stinktäubling** *Russula foetens Fr.*, ungenießbar

2* Hut mit mildem hartem Fleisch, nie schmierig, ohne besonderen Geruch . . . . . . **Mardertäubling** *Russula mustelina Fr.*, eßbar

1* Hut weißlich oder grau bis schwarz

a) Fleisch an der Luft schwärzend . . . . **Schwarzanlaufender Täubling** *Russula albonigra Krbh.*, ungenießbar

b) Fleisch an der Luft rötend . . . . **Kohliger Täubling** *Russula nigricans (Bull.) Fr.*, ungenießbar

c) Fleisch an der Luft unverändert

* Lamellen dünn, gedrängt . . . . **Angeräucherter Täubling** *Russula adusta (Pers.) Fr.*, ungenießbar

** Lamellen beim Darüberblicken mit blaugrünem Schimmer (sehr an einen weißlichen Trichterling erinnernd) . . . . **Blauender Täubling** *Russula delica Fr.*, ungenießbar

II. Arten mit grünen, grünblauvioletten, schiefergrünblauen bis blauvioletten Hüten. Hier Arten mit biegsamen Blättern. Alle diese eßbar.

a) Hut spangrün, felderig aufgerissen . . . . **Grünschuppiger Täubling** *Russula virescens (Schff.) Fr.* eßbar, Bild S. 113 unten

b) Hut grasgrün, glatt . . . . **Grasgrüner Täubling** *Russula aeruginea Lindbl.* = *Russula graminicolor*, eßbar

c) Hut violettgrün, rötlichgrün, schiefergrünblau, violett . . . . **Violettgrüner Täubling** *Russula cyanoxantha Schff.*, eßbar, Bild S. 116

III. Rothütige, scharf-brennende Arten, alle ungenießbar.

1 Lamellen weiß, weißlich

2 Hut feucht schmierig, glänzend, blut- bis zinnoberrot, Pilz 5–11 cm. . . . . **Kirschroter Speitäubling** *Russula emetica (Schff.) S. F. Gray*, giftig, Bild S. 113 oben

2* Hut schmutzigrot ausblassend, Rand höckerig gerieft . . . . **Rosaroter Speitäubling** *Russula persicina Krombh.*, giftig

2** Hut nur 2–5 cm breit, veränderlich schmutzigrot, sehr gebrechlich . . . . **Gebrechlicher Täubling** *Russula fragilis (Pers.) Fr.*, giftig

2*** Hut leuchtendrot wie R. emetica, aber verblassend. Lamellen und Stiel gelblich fleckend . . . . **Blutroter Täubling** *Russula sanguinea Bull. (= rosacea)*, giftig

1* Lamellen gilben, gelblich

a) Stiel weißlichgrau . . . . **Weißstieliger Täubling** *Russula rubra Krbh.*, giftig

b) Stiel violett graurot, mit charakteristischen bräunlichen Flecken, besonders an Berührungsstellen. Lamellen jung blaß zitronengelblich . . . . **Tränender Täubling** *Russula sardonia Fr.*, giftig

c) Stiel trüb karminrot wie der Hut . . . . **Stachelbeertäubling** *Russula queletii Fr.*, giftig

IV. Milde, rot- bis braunhütige oder olivgrüne Arten

1 Lamellen weiß (bisweilen grau oder rostfleckig)	
a) Hut kahl, fleischrötlich, feucht schmierig. Lamellen biegsam	**Speisetäubling** *Russula vesca Fr.*, eßbar
b) Hut glänzend, heller oder dunkler apfelrot. Stiel weiß bis rötlich	**Apfeltäubling** *Russula paludosa Britz.*, eßbar
c) Hut zinnober-karminrot, bei Nässe oft in Gelbweißrötlich ausblassend, feinfilzig, trocken, hartfleischig	**Zinnoberroter Täubling** *Russula rosacea Pers. = R. lepida*, eßbar
d) Hut orange-ziegel- oder apfelrot. Stiel und Fleisch grauend	**Orangeroter Graustieltäubling** *Russula decolorans Fr.*, eßbar, Bild S. 114
1* Lamellen gilben, ockergelblich	
2 Kräftige mittelgroße bis große Pilze, Hut meist düsterrotbraun bis braunolivgelb.	
3 Stiel weiß oder blaßrosa (Sammelart R. alutacea)	
a) Hut überwiegend düsterbraunrot	**Ockerblätteriger Täubling** *Russula alutacea Pers.*, eßbar
b) Hut purpurbraunrot bis kupferig	**Brauner Ledertäubling** *Russula integra L.*, eßbar
c) Hut dunkelweinrot, weißlich bereift	**Reiftäubling** *Russula xerampelina (Schff.) Fr.*, eßbar
d) Hut überwiegend olivbraungrün	**Olivgrüner Täubling** *Russula olivacea (Schff.) Fr.*, eßbar
e) Hut olivgelb	**Olivgelber Täubling** *Russula olivascens Pers.*, eßbar
3* Stiel über und über schön rosa bei sattrotbrauner Hutfarbe	**Rosastieliger Täubling** *Russula Linnaei Fr.*, eßbar
2* Kleinere, zerbrechliche Pilze. Hutrand deutlich gerieft	
4 Hutmitte dunkelpurpurn	**Vergilbender Täubling** *Russula puellaris Fr.*, wertlos
4* Hutmitte olivfleckig ausblassend	**Eckeliger Täubling** *Russula nauseosa (Pers.) Fr.*, wertlos

V. Hut entschieden ockergelb oder leuchtend goldgelb, orange oder leuchtend rot und gelb zugleich, seltener nur rot, aber dann mit dottergelblichen Blattschneiden

1 Fleisch brennend-scharf. Hut ocker. Blätter weiß. Herbstpilz	**Weißgelber Täubling** *Russula ochroleuca (Pers.) Fr.*, ungenießbar
1* Fleisch mild.	
a) Hut blaßocker (eßbarer Doppelgänger des Weißgelben Täublings)	**Ockergelber Täubling** *Russula ochracea Schw.*, eßbar
b) Hut satt dottergelb	**Goldgelber Täubling** *Russula lutea (Huds.) Fr.*, eßbar
c) Hut sattgelb, rot gerandet.	**Chamäleontäubling** *Russula chamaeleontina Fr.*, eßbar
d) Hut orange, Stiel gräulich.	**Orangeroter Graustieltäubling** *Russula decolorans Fr.*, eßbar, Bild S. 114
e) Hut mit goldgelben und blutroten Farben, seltener ganz blutrot. Lamellenscheiden dottergelblich	**Goldtäubling** *Russula aurata With.*, eßbar, Bild S. 115
f) Hut olivgelb	**Olivgelber Täubling** *Russula olivascens Pers.*, eßbar

Dickblättler, Hygrophoreae

Umfassend die Gattungen Hygrocybe (Saftlinge, Glaspilze), Camarophyllus (Ellerlinge) und Hygrophorus (= Limacium, Schnecklinge).

Kennzeichen: Dicke, weitgestellte, meist sichelförmig herablaufende, selten nur angewachsene Blätter von wachsartigem Aussehen. Sporenstaub weiß.

Auch unter den übrigen Blätterpilzen gibt es Arten mit dicklichen und weitgestellten Blättern. Die Dickblättler stellen jedoch eine leicht erkennbare und ziemlich geschlossene Einheit dar. Sie bringt die Gestalt der Hutpilze wieder einen Schritt näher an die kreiselförmige Form des Eierschwammes heran.

Die Dickblättler sind, abgesehen vom Märzellerling, der sehr früh im Jahr erscheint, vorwiegend Herbstpilze. Bei regnerischen und eher kühlen Herbstwetterlagen treten sie reichlich auf. Giftige Arten fehlen unter ihnen. Doch gibt es, mit Ausnahme des Märzellerlings, unter ihnen auch keine vorzüglichen Speisepilze. Vielen kommt nur der Wert von Mischpilzen zu.

Überblick

1 Hut spröde, glockig, geschweift-kegelig bis ausgebreitet-gebuckelt, mit lebhaften roten, gelben, grünen, braunen Farben. Feucht schmierig. Lamellen angewachsen bis herablaufend	**Saftlinge oder Glaspilze**
1* Hut mit matten, weniger auffälligen Farben. Lamellen sichelförmig herablaufend	
2 Hut trocken, nicht schleimig-klebrig	**Ellerlinge**
2* Hut feucht schmierig-schleimig, oft fadenziehend	**Schnecklinge**

Saftlinge oder Glaspilze

Gattung Hygrocybe, Bild Seite 118

Kennzeichen: Buntfarbige, feucht schmierige Pilze mit dicken, wachsartigen, weitstehenden, brüchigen Lamellen. Hüte glockig bis geschweift-gebuckelt. Sporenstaub weiß. Besonders in Wiesen.

Vorwiegend Herbstpilze, die im taunassen Gras, vielfach auf Bergwiesen und Heumatten wachsen. Ihre dicken Blätter sind saftig und bröckeln leicht. Durch die feurigen, roten oder gelben Farben oder das papageibunte Farbgemisch der Hüte aus gelben, grünen, roten und bräunlichen Tönen fallen sie uns auf. Bei feuchter Witterung strotzen sie vor Wasser, bei Sonne und trockener Luft blassen sie aus. Trotz der schreienden Farben sind keine giftig, aber auch keine wertvoll. Die faserigen geben «Suppenfleisch». Am besten läßt man sie auf den herbstlich gestimmten Wiesen stehen. Sie passen dahin, gleich den bunten Blättern und den letzten Herbstblumen. Die wichtigsten Gruppen sind:

I. Faserstielige Arten: Stiel faserfleischig und faserstreifig	
a) Hut orange-scharlach. Stielgrund bei Druck schwärzend. Pilz 4–7 cm	**Schwärzender Saftling** *Hygrocybe nigrescens (Quél.) Kühn.*
b) Hut scharlach-blutrot. Stiel nicht schwärzend. Pilz 5–12 cm	**Größter Saftling** *Hygrocybe punicea (Fr.) Kummer,* Bild S. 118
c) Hut orangerot. Lamellen gelb. Pilz nur 2–5 cm	**Kegeliger Saftling** *Hygrocybe conica (Scop.) Kummer*
d) Hut olivbraun bis braunschwarz. Lamellen zitronengelblich	**Schwarzbräunlicher Saftling** *Hygrocybe spadicea (Scop.) Karst.*
e) Hut lila bis rosa, wie die Herbstzeitlose, alt verblaßt und gebräunt	**Rosenroter Saftling** *Hygrocybe calyptraeformis (Bk. et Br.) Fay = H. amoena*
II. Glattstielige Arten: Stiel glatt, schmierig, fast glänzend bis wachsartig	
1 Lamellen um den Stiel ausgerandet	
2 Hut und Lamellen ziegelrotbraun, im Alter ausblassend	**Ziegelbrauner Saftling** *Hygrocybe sciophana (Fr.) Karst.*
2* Hut gelb bis gelbgrün	
3 Hut, Stiel und Blätter mit gelben und saftgrünen Tönen, alt blaßrötlich verbleichend	**Papageigrüner Saftling** *Hygrocybe psittacina (Schff.) Karst.*
3* Hut zitronenschwefelgelb. Blätter und Stiel etwas blasser	**Stumpfer Saftling** *Hygrocybe chlorophana (Fr.) Karst.*
1* Lamellen am Stiel angewachsen bis herablaufend	
4 Hut klein, kirschrot. Lamellen orange bis blutrot	**Kirschroter Saftling** *Hygrocybe coccinea (Schff.) Kummer*
4* Hut und Stiel wachsgelb, bald ausblassend	**Gebrechlicher Saftling** *Hygrocybe ceracea (Wulf.) Karst.*

Ellerlinge

Gattung Camarophyllus, Bild Seite 119

Kennzeichen: Pilze mit matten Farben, trockenen, faserseidigen oder glatten Hüten, alle glanzlos.
Lamellen dick, entfernt, ungleich lang, sichelförmig, herablaufend, wachsartig.
Stiel ohne Schleierreste.

Die fleischigen Ellerlinge stellen unter den Dickblättlern noch die für die Küche wertvollsten Arten. Man findet:

I. Hut zart orangefuchsig, glanzlos . . . . **Orange-Ellerling** *Camarophyllus pratensis (Fr.) Karst.*, eßbar

II. Hut weiß, grau bis schwarz
1 Frühlingspilz, sozusagen der erste nach dem Schnee. Hut zuerst weiß, bald grau bis grau-schwarzfleckig, im Alter grau bis schwarz. Oft halb im Boden versteckt . . . . **Märzellerling** *Hygrophorus marzuolus (Fr.) Bres.* = *Camarophyllus marzuolus*, eßbar, Bild S. 119

1* Nachsommer- und Herbstpilze
2 Hut weiß, dünnfleischig, durchscheinend gerieft . . . . **Glasigweißer Ellerling** *Camarophyllus niveus (Scop.) Karst.*

2* Hut grau, violettgrau, umbra- bis rötlichbraun
a) Hut und Lamellen violettgrau . . . . **Violettgrauer Ellerling** *Camarophyllus lacmus Fr.*

b) Hut und Lamellen zinngrau . . . . **Grauer Ellerling** *Camarophyllus cinereus (Fr.) Karst.*

c) Hut rußig-faserig-gestreift . . . . **Faseriggestreifter Ellerling** *Camarophyllus caprinus Scop.*

d) Hut umbra bis rötlichbraungrau, Rand durchscheinend gerieft . . . . **Graublätteriger Ellering** *Camarophyllus colemannianus (Blox.) Ricken*

Schnecklinge

Gattungen Hygrophorus, Limacium, Bild Seite 120

Kennzeichen: Hut feucht klebrig-schleimig, sogar beim Berühren fadenziehend, vertrocknet oft glänzend, mit anklebenden Erd-, Moos-, Laubresten. Lamellen sichelförmig herablaufend. Sporenstaub weiß.

Vorwiegend Herbstpilze. Infolge der starken Schleimigkeit nicht immer appetitlich aussehend. Sie kleben beim Sammeln zusammen, verkleben mit andern Pilzen oder mit Papier. Viele eignen sich höchstens als Mischpilze. Zu den wichtigsten gehören:

I. Rötliche, fleischorange oder rötende Arten
a) Hut schmutzigrot bis fleischgraubräunlich, zuerst weißlichen, dann rotfleckigen Lamellen . . . . **Geflecktblätteriger Pupurschneckling** *Hygrophorus russula (Schff.) Quél.* = *Limacium russula*

b) Hut mattpurpurn und stellenweise gelblich, feinschüppelig . . . . **Rasiger Purpurschneckling** *Hygrophorus erubescens Fr.* = *Limacium erubescens*

c) Hut zart orangerötlich, am Scheitel intensiver. Lamellen weißlich bis orangestichig . . **Isabellrötlicher Schneckling** *Hygrophorus poetarum Heim* = *Limacium pudorinum*

II. Gelbe Arten
a) Hut zitronengelb. Lamellen weiß, dann vom Rand her gelblich . . . . **Lärchenschneckling** *Hygrophorus lucorum Kalchbr.* = *Limacium lucorum*

b) Hut gelbolivbraun bis grau-oliv, etwas radialfaserig, vom Frost oft aufgerissen . . . . **Frostschneckling** *Hygrophorus hypotheijus (Fr.) Fr.* = *Limacium hypotheijum*, eßbar, Bild S. 120

III. Olivfarbige bis graubraune, graue oder schwarze Arten

a) Hut olivbraun mit rötlichem Unterton, etwas radialfaserig . . . . **Frostschneckling** *Hygrophorus hypotheijus (Fr.) Fr.* = *Limacium hypotheijum*, eßbar, Bild S. 120

b) Hut olivbraun, graubraun bis braunrußigschwarz. Stiel mit olivbräunlichen Querbinden . . . . **Olivgestiefelter Schneckling** *Hygrophorus olivaceoalbus (Fr.) Fr.* = *Limacium olivaceoalbum*

c) Hut olivgrau, ganzgrau, gelblichgrau, Bittermandelgeruch . . . . **Wohlriechender Schneckling** *Hygrophorus agathosmus (Fr.) Fr.* = *Limacium agathosmum*

d) Hut grau, graubraun, kein besonderer Geruch. Stiel feinpunktiert-gekörnt. . . . . . **Schwarzpunktierter Schneckling** *Hygrophorus pustulatus (Pers.) Fr.* = *Limacium pustulatum*

IV. Hut ganz weiß, schneeig oder elfenbeinweiß bis ockergelbbräunlich verbleichend oder weiß mit zitronengelben Flöckchen

a) Hut frisch weiß, von zähem, fadenziehendem Schleim überzogen, leicht vertrocknend und ockerbräunlich bis wüstfarbig ausblassend, Herbstpilz . . . . **Elfenbeinschneckling** *Hygrophorus eburneus (Bull.) Fr.* = *Limacium eburneum*

b) Hut weißlich, mit, besonders am Rand, zitronengelben Flöckchen, Herbstpilz . . . . **Goldzahnschneckling** *Hygrophorus chrysodon (Batsch) Fr.* = *Limacium chrysodon*

Schmierlinge

Gattungen Gomphidius und Chroogomphus, Bild Seite 122

Kennzeichen: Fleischige, fast kreiselförmige Pilze mit schleimigen, häutigen oder faserigen bis ringartigen Velumresten.
Hut klebrig-schleimig bis trocken, grau, violettgrau, graurosa bis kupferbraun.
Lamellen aus Hellgrau ins Orangegelb, dann in Schokoladebraun bis Schwarz verfärbend.
Stielgrund gelb oder orangegelb.
Sporenpulver dunkel.

Alle Schmierlinge sind eßbar. Der Große Schmierling ist in feuchtem Zustand derart klebrig-schleimig, daß man ihm am besten schon beim Sammeln die ziemlich leicht ablösbare Huthaut abzieht.

Die zitronengelbe Stielbasis kennzeichnet ihn auch dann noch gut. Die zwei wichtigsten sind:

---

1 Hut klebrig-schmierig, Stielgrund zitronengelb. . . . . **Großer Schmierling, Gelbfuß, Kuhmaul** *Gomphidius glutinosus (Schff.) Fr.*, eßbar, Bild S. 122

1* Hut kupferbraunrötlich, weinbraunrötlich, kaum schleimig. Stielgrund orange bis safranfarben . . . . **Kupferroter Schmierling** *Chroogomphus rutilus (Schff.) O. K. Miller* = *Gomphidius viscidus*, eßbar

---

Seitlinge

Umfassend die Gattungen Pleurotus, Omphalotus, Pleurotellus und Pleurocybella, Bilder Seite 123, 124

Kennzeichen: Exzentrisch bis ganz seitlich gestielte oder zungenförmig ungestielte, zuerst weich, dann zähfleischige Blätterpilze, welche vorwiegend an Hölzern wachsen.
Sporenstaub weiß.

Dem Aussehen nach ähnlich, aber mit blaßbraunem Sporenstaub, sind die Kremplinge. Außer ansehnlichen Arten, welche als Speisepilze verwendet werden können, gibt es unter den Seitlingen den giftigen Ölbaumpilz, ferner viele wertlose kleine und kleinste Arten. Die meisten der kleinen sind mit dem Hutscheitel der Unterlage aufgewachsen. Ihre Lamellen strahlen in einem exzentrisch gelegenen Punkt zusammen. Im Winter ist von diesen kleinen oft der **Schneeweiße Zwergseitling,** Pleurotellus chioneus (Pers.) Kühn. auffällig. Von den mittelgroßen Arten ist der **Ohrförmige Seitling** auf Seite 124 abgebildet.

Einige große Seitlinge:

Von den Arten, mit bis oder über 10 cm messenden zungenförmigen Fruchtkörpern, sind etliche durch mehr oder weniger stark am Stiel herablaufende Blätter gekennzeichnet, welche am Übergang vom Hut zum Stiel oft durch Anastomosen miteinander verbunden sind. Nach der vorherrschenden Hutfarbe können wir zum Beispiel unterscheiden:

---

a) Hut weißlich, weißlichgrau, bräunlichgrau . . . . **Behangener Seitling**
Pleurotus dryinus (Pers.) Kummer
an Laubholz, im Spätherbst

b) Hut schwarz, graubraun oder mit Stich ins Blaue, Aschfarbene oder Weiße . . . . . . **Austernseitling**
Pleurotus ostreatus (Jacq.) Kummer,
an Weiden, Pappeln, Birken, Erlen, Herbst und Winter. Mit verschiedenen Varietäten, zum Beispiel mit blaulilafarbigem Hut:
Taubenblauer Seitling
Pleurotus columbinus Quél., Bild S. 123

c) Hut wie auch Stiel und Blätter orangegelb . . . . **Ölbaumpilz**
Omphalotus olearius (DC) Sing., giftig.
Nur in wärmern Gegenden, an Ölbäumen, Kastanien, Eichen. Im Dunkeln oft leuchtend.

Zählinge

Umfassend die Gattungen Lentinellus (eigentliche Zählinge), Lentinus (Sägeblättlinge), Schizophyllum (Spaltblättlinge), Panus (Knäuelinge) und Trogia (Aderzählinge).

Kennzeichen: An Hölzern wachsende, lederzähe, schrumpfende und bei Feuchtigkeit wiederauflebende Pilze, mit exzentrisch oder randlich gestielten bis ungestielten muschel- oder nierenförmigen Hüten, oft den Seitlingen und Trichterlingen gleichend. Etliche wachsen das ganze Jahr über.
Lamellen meist herablaufend.
Stiel, wenn vorhanden, zäh, ringlos oder flüchtig beringt.

Wir begegnen davon oft folgenden:

---

1 Mit starkem Anisgeruch. Büschelig wachsend, trichterig bis halbtrichterig. Lamellen gesägt und eingerissen . . . . **Aniszähling**
Lentinellus cochleatus (Pers.) Karst.,
als Würzpilz verwendbar

1* Ohne oder nur schwachem Anisduft

a) Lamellen ganzrandig. . . . . **Wohlriechender Knäueling**
Panus suavissimus (Fr.) Sing.

b) Lamellen an den Schneiden grob gesägt und eingerissen . . . . **Sägeblättlinge**
Darunter:
Schuppiger Sägeblättling
Lentinus lepideus (Fr.) Fr.,
dessen niedergedrückter Hut auf weißlichem bis gelblichem Grunde grob braunschuppig ist. Oft fast wohlriechend.

c) Lamellen der Länge nach aufspaltend, rötlich. Pilz muschelförmig, klein, oberseits striegelig-weißfilzig, oft furchig. Herdenweise an Hölzern . . . . **Gemeiner Spaltblättling**
Schizophyllum commune Fr.

d) Lamellen kraus gefaltet, bläulich-weiß. Pilz schüsselig bis lappig abstehend, gelblichbraun bis weiß, dünn und zäh. Nur 1–2 cm, oft zu vielen dachziegelig an Buchenholz . . . . **Buchen-Aderzähling** *Trogia crispa Pers.*

Kremplinge

Gattungen Paxillus und Phylloporus, Bild Seite 125

Kennzeichen: Im Aussehen ähnlich den Seitlingen und Trichterlingen.
Stiel zentral bis exzentrisch.
Hut mit nach unten eingeschlagenem Rand, trocken, bereift oder feinfilzig.
Lamellen herablaufend, unten anastomosierend-löcherig, falb, oliv-gelblich bis gelblichgrau oder leuchtend gelb.
Sporenstaub schmutzigbraun.

Beim Goldblätterigen Krempling treten die Anastomosen so stark hervor, daß man fast weite Poren vor sich zu haben glaubt. Man stellt diesen Pilz daher in der neuern Systematik als Blattporling (Phylloporus) an den Anfang der Löcherpilze, insbesondere in die Verwandtschaft der Filzröhrlinge (Xerocomus).

Bei vielen Kremplingen läßt sich die Blätterschicht durch Fingerdruck verhältnismäßig leicht vom Hut abtrennen. Auch darin kann man ein Merkmal erblicken, das an die Verwandtschaft mit Röhrlingen erinnert, bei welch letzteren die Röhrenschicht sich leicht vom Hute trennen läßt.

Der Empfindliche Krempling hat seinen Namen davon, weil seine holzbraungelben Blätter auf Fingerdruck hin dunklere Fleckstellen bekommen. Man sieht genau, wo er berührt worden ist.

Als Speisepilze sind die Kremplinge nicht zu empfehlen.

Einige auffällige Kremplinge sind:

---

1 Lamellen blaßgelblich bis gelblichbraun

2 Stielgrund dunkel-filzig-samtig . . . . **Samtfuß-Krempling** *Paxillus atrotomentosus (Batsch) Fr.*, ungenießbar, Bild S. 125

2* Stiel kahl . . . . **Empfindlicher oder Kahler Krempling** *Paxillus involutus (Batsch) Fr.*, ungenießbar

1* Lamellen leuchtend zitronengoldgelb, in auffälliger Weise durch Queradern miteinander verbunden . . . . **Goldblätteriger Krempling** *Phylloporus rhodoxanthus (Schw.) Pers.* = *Paxillus rhodoxanthus*, schützenswert

---

Leistlinge

Umfassend die Gattungen Neurophyllum (Schweinsohr) und Cantharellus (Eierschwamm, Pfifferling), Bilder Seiten 126, 127, 128

Kennzeichen: Dick- oder dünnfleischige Pilze mit mehr oder weniger kreisel-, trichter- oder trompetenförmigen Hüten, an deren Unter- beziehungsweise Außenseite statt eigentlicher breiter Blätter nur gabelige, schwach erhabene Leisten vorhanden sind.
Sporenstaub weißlich bis gelblich.

Gestaltlich ähnliche Formen kommen bei den Trichterlingen vor, zum Beispiel Gabeltrichterlinge. Bei Reizkern und Täublingen können die Blätter durch Befall eines Schmarotzerpilzes (Hypomyces) so mißbildet werden, daß sie nur als Leisten sichtbar sind. Der Rote Gallertpilz mit glatter Außenseite und schwabbelig-gallertigem Fleisch wird vom Laien gerne und irrtümlicherweise für das Schweinsohr gehalten. Der Falsche Eierschwamm (Hygrophoropsis) ist unter den Trichterlingen (Seite 213) aufgeführt. Er hat statt Leisten breite gabelige Blätter.

Die besten Leistlinge sind das Schweinsohr und der Eierschwamm. Der letztere gehört zu den haltbarsten Pilzen. Frisch gesammelt und an einem kühlen Ort ausgelegt, bleibt er mehrere Tage verwendbar. Er eignet sich zum Kochen, Sterilisieren, Einfrieren, Einlegen in Essig oder Salzwasser, nicht aber zum Dörren. Nach dem Trocknen bleibt er auch beim Einweichen zäh.

Der Eierschwamm gedeiht an den gleichen Orten wie der Steinpilz und der Fliegenpilz. Dieses Trio braucht aber zeitlich nicht immer miteinander zu erscheinen. Er ist ein Pilz der Laub- und Nadelwälder, immer auf ausgesauerten Böden, wo Heidelbeersträucher, Heidekraut, das Borstgras oder das Weißmoos (Leucobryum) gedeihen.

Der Gelbe Pfifferling und der Trompetenpfifferling sind ausgesprochene Herbstpilze. Während der Eierschwamm bei uns etwa vom Juli weg reichlicher auftritt, findet man jene Pfifferlinge erst gegen Ende der Pilzsaison. Feuchte, moosige Wälder sind der Standort. Sie sind daher oft ganz von Wasser durchtränkt. Es ist gut, sie vor der weiteren Verwendung etwas antrocknen zu lassen. Im Spätherbst leiden sie nicht selten unter dem Einfluß starker Fröste. Sie werden glasig. Dasselbe Schicksal erreicht oft auch den Eierschwamm in höheren Lagen, wenn im August schon Schnee fällt und Eisbildung vorkommt. Er verfärbt sich dann nicht selten weißlich und hat glasige oder gebräunte Ränder.

Überblick über die wichtigsten Leistlinge:

I. Fruchtkörper kreiselförmig, fleischig

a) Pilz dickfleischig, violettbraun bis fleischbraungelblich, kreiselförmig, ohrförmig oder keulig, mit querverbundenen, gabelig verzweigten, oft etwas gelblichen Längsleisten	**Schweinsohr** *Neurophyllum clavatum Fr.* = *Cantharellus clavatus,* Bild S. 126
b) Pilz gelb, faserfleischig	**Eierschwamm** = *Pfifferling, Cantharellus cibarius Fr.,* Bild S. 126 Dazu eine Unterart mit violettlichen oder bräunlichen Schüppchen auf dem Hut **Violetter Eierschwamm** *Cantharellus cibarius Fr. var. amethysteus Quél.*
c) Pilz orangegelb, dünnhütig, oberseits sehr fein samtflaumig	**Samtiger Leistling** *Cantharellus friesii Quél.*

II. Fruchtkörper trichterig bis hohl-trompetenförmig, dünnfleischig

a) Ganzer Pilz orange, feinsamtig	**Samtiger Leistling** *Cantharellus friesii Quél.*
b) Stiel lebhaft gelb bis orangegelb, Hut bräunlich	**Gelbe Kraterelle, «Eierhörnli»** *Cantharellus lutescens Pers.,* Bild S. 127
c) Stiel mattgelblich bis bräunlichgelb, Hut bräunlich. Alle Farben matter, weniger kontrastreich	**Trompetenpfifferling** *Cantharellus tubaeformis Bull.* = *Cantharellus infundibuliformis,* Bild S. 128
d) Stiel, Hut und Lamellen braunschwarz, grau bis rußig (Pilz totentrompetenähnlich, aber unterschieden durch die außen aufsteigenden, deutlich gabeligen Leisten)	**Ganzgrauer Leistling** *Cantharellus cinereus Pers.*

II. Blätterlose Pilze

Unter «Blätterlosen Pilzen» verstehen wir in populärem Sinn solche, die sich auf den ersten Blick durch das Fehlen der Blätter (Lamellen) von den Blätterpilzen unterscheiden. Auf eine verhältnismäßig kleine Zahl von Übergangsformen, welche je nach Ermessen der einen oder andern Gruppe zugeteilt werden können, wurde vorn, auf Seite 26, verwiesen. Während die Blätterpilze eine schwer zu gliedernde natürliche Verwandtschaftsgruppe darstellen, gehören zu den «Blätterlosen» nicht nur verschiedene Familien, sondern sogar Vertreter zweier verschiedener Pilzklassen. Dies verdeutlicht die nachstehende Übersicht der «Blätterlosen»:

«Alpenrosenäpfelchen» (Exobasidium rhododendri), an den Blättern der Rostblätterigen Alpenrose

I. Löcherpilze, Polyporales
gekennzeichnet durch Fruchtkörper mit Röhren, Poren, Löchern, Gruben oder faltigen Vertiefungen, Seite 225.

II. Stachelpilze, Hydnales
gekennzeichnet durch Fruchtkörper mit Stacheln, Zähnchen oder Wärzchen, Seite 235.

III. Rindenpilze, Thelephorales
gekennzeichnet durch lederige bis fast holzigzähe oder faserig-häutige, entweder krustig dem Substrat anliegende oder aufrechte trompetenartige bis korallenähnliche Fruchtkörper, Seite 236.

IV. Keulenpilze, Clavariales
gekennzeichnet durch fleischige, keulen- bis spindelförmige oder geweih- bis korallenartig verzweigte Fruchtkörper mit glatter Oberfläche, seltener borstendünn verzweigte, fast knorpelige Formen, Seite 237.

V. Gallertpilze, Tremellales
gekennzeichnet durch gallertige, schwabbelige, schlüpfrige Fruchtkörper von verschiedener Gestalt, Seite 238.

VI. Ohrläppchenpilze, Exobasidiales
gekennzeichnet durch parasitischen Wuchs auf Alpenrosen- oder Azaleenblättern, daran ohr- oder apfelähnliche, blasse oder rotbackige Anschwellungen erzeugend. Siehe nebenstehende Figur und Seiten 42, 50 und 239.

VII. Bauchpilze, Gasteromycetales
gekennzeichnet durch ober- oder seltener unterirdische kugelige bis knollige derbbehäutete Fruchtkörper, welche die Sporenmassen im Innern (im Bauch) produzieren, sich alsdann verschiedenartig öffnen oder zerfallen und die Sporen als Staub entlassen, Seite 239.

VIII. Schlauchpilze, Ascomycetales
gekennzeichnet durch oberirdische becherförmige, bienenwabenartig gefeldertgrubige, gehirnartig gewundene bis lappige oder spatel- bis keuliggeweihartige oder aber unterirdisch knollige Fruchtkörper. Von den Gruppen I–VII, welche alles Basidienpilze sind, unterscheidet sich diese letzte Gruppe dadurch, daß die Sporen in Schläuchen gebildet werden. Im Zweifelsfalle kann nur eine mikroskopische Untersuchung entscheiden, Seite 244.

In der modernen Mykologie werden den «Blätterpilzen» die «Nichtblätterpilze» (Aphyllophorales) gegenübergestellt. Diese letzteren haben aber einen viel beschränkteren Umfang als unsere «Blätterlosen». Sie umfassen zur Hauptsache nur die holzigharten Porlinge und einige diesen nahestehende fleischige Pilze.

I. Die Löcherpilze (Polyporales)

Kennzeichen: Fruchtkörper mit Röhren, Poren, Löchern, Gruben oder Falten

Unter den Löcherpilzen spielen für den Pilzler die Röhrlinge, vereint in der Sammelgattung Boletus, die wichtigste Rolle. Viele gute bis sehr gute, zartfleischige Pilze finden sich darunter. Auch der begehrteste Handelspilz, der Steinpilz, gehört dazu. Dementsprechend werden die Röhrlinge in den Vordergrund gestellt.

Die Löcherpilze scheinen trotz des einheitlichen Merkmals der Löcher oder Poren verschiedener Abstammung zu sein. Besonders in der modernen Pilzsystematik tritt dies zutage, indem die «alten Gattungen» in so viele «neue Gattungen» aufgespalten worden sind, daß dem Anfänger ob all den vielen Namen und Kombinationen Sehen und Hören vergeht. Der manchen von uns wohlvertraute Begriff «Porlinge» (Polyporaceae s. lato) gilt heute als Verlegenheitsbezeichnung und wird in etwa 7 Familien, die zwei verschiedenen Ordnungen angehören, aufgeteilt. Nicht besser ist es der im Gesamtcharakter leicht erkennbaren Gattung Boletus ergangen. Sie ist als «Sammelgattung» in zahlreiche Kleingattungen aufgeteilt worden. Viel mehr als ein Wirrwarr von Namen ist damit aber nicht erreicht worden. Trotz alledem müssen wir uns zu einem einfachen, dem Anfänger dienenden Überblick über die Löcherpilze entschließen. Er sieht folgendermaßen aus:

Faltenschwämme, Fältlinge: Fruchtkörper fladenförmig, omelettenartig der Unterlage aufliegend, seltener konsolenartig abstehend, oberseits faltig-runzelig, netzartig bis zähnig, von weißen, bauschigen Mycelwatten umgeben, im Zentrum durch die Sporen rostbraun. Sporen eiförmig. Auf Holz und Vegetabilien.

Echter Hausschwamm, Merulius lacrymans Fr. = Serpula, s. Bild S. 129 und Kapitel S. 55.
Gallertfleischiger Fältling, Merulius tremellosus (Schrad.) Fr.

Reischlinge: Fruchtkörper fleischig, zungenförmig, innen blutigrot, von blasseren, zähen Fasern durchzogen, außen körnigrauh. Fruchtschicht (Hymenium) aus sehr eng zusammengedrängten hohlröhrigen Stachelchen bestehend, welche unter sich ganz frei sind. Besonders an Eichenstämmen zu finden.

Leberpilz, Fistulina hepatica, innen blutrot.

Grüblinge: Fruchtkörper hutförmig, fleischig, kahl, mit weiten, grubenartigen, am Stiel herabziehenden «Röhren», welche eine kaum ablösbare Schicht bilden. In feuchten Erlen-, Heidelbeer- und Grasbeständen. (Vergleiche auch Hohlfußröhrling, Sandröhrling und Kuhröhrling mit kaum abtrennbarer Röhrenschicht).

Erlengrübling, Gyrodon lividus (Bull.) Sacc. = sistotremoides = rubescens, Bild S. 130

Röhrlinge: Fruchtkörper hutförmig, fleischig, mit engen bis weiten Röhren, die auf der Hutunterseite ein kompaktes, meistens vom Hutfleisch leicht ablösbares Röhrenpolster bilden. Gewöhnlich auf dem Erdboden gedeihende Symbionten, Seite 226 und folgende.

Porlinge: Fruchtkörper hut-, huf- (konsolen-) oder blattförmig, meistens zäh, holzig, seltener fleischig. Röhren zu einer kompakten Schicht vereinigt, die zwar anders geartet ist als die Hutsubstanz, sich jedoch von dieser nicht oder nur schwer trennen läßt. Vorwiegend auf Hölzern wachsend, Seiten 232 und folgende.

Trameten und Blättlinge: Fruchtkörper huf- oder blattartig, lederig, holzig, bald mit sehr feinen, oft kaum wahrnehmbaren Poren oder aber mit lamellenartig gestreckten bis labyrinthisch verlaufenden großen Poren, die Blätter vortäuschen. Letzteres bei Übergangsformen zwischen Blätter- und Löcherpilzen. An Hölzern wachsend, Seite 232.

Röhrlinge

Boletoideae umfassend die Sammelgattung Boletus

Kennzeichen: Fleischige, in Hut und Stiel gegliederte Pilze, mit meistens leicht vom Hut abtrennbarer Röhrenschicht (nicht oder schwer abtrennbar ist die Röhrenschicht aber z. B. beim Hohlfußröhrling, Kuhröhrling, Sandröhrling. Diese Pilze erinnern in diesem Merkmal an die Grüblinge, vgl. Erlengrübling).

Die Sammelgattung Boletus wird heute in folgende Untergattungen oder Kleingattungen aufgeteilt, deren Merkmale eine Ergänzung zu jenen darstellen, die in der weiter hinten folgenden schlüsselartigen Übersicht angeführt sind:

Strobilomyces: Hut mit groben grauschwarzen Schuppen, einem Föhrenzapfen nicht unähnlich.
Strubbelkopf, Bild S. 131

Porphyrellus: Hut und Stiel düsterbraun, Röhrenschicht zuerst blaß, dann auch düsterbraun. In den Farben der eintönigste, am düstersten aussehende Röhrling.
Porphyrsporiger Röhrling, Bild S. 139

Gyroporus: Mit hohlem oder gekammertem, jung ausgestopftem Stiel, ringlos.
Hasenpilz, Bild S. 143
Kornblumenröhrling, Bild S. 144

Boletinus: Mit hohlem Stiel, vergänglich beringt, Hut zimtbraun-orange, filzig-schuppig (Schuppenröhrlinge). Unter Lärchen.
Hohlfußröhrling, Bild S. 135

Suillus (Schmierröhrlinge): Feucht mit schmierig-klebrigen Hüten. Vorwiegend unter Lärchen, Föhren, Arven, selten unter Fichten.

Beringte:
- **Goldröhrling,** Bild S. 133
- **Lärchenröhrling,** Bild S. 134 (ähnlich Gelbbeschleierter Lärchenröhrling)
- **Rostroter Röhrling,** Bild S. 136
- **Beringter Arvenröhrling**
- **Blaßgelber Röhrling**
- **Butterpilz,** Bild S. 132

Ringlose:
- **Körnchenröhrling,** Bild S. 137
- **Ringloser Butterpilz**
- **Elfenbeinröhrling**
- **Kuhröhrling**
- **Ringloser Arvenröhrling**
- **Sandröhrling**
- **Pfefferröhrling**

Xerocomus (Filzröhrlinge): Hut fein filzig-samtig, fühlt sich trocken (nicht schmierig) an. Nadel-, Laub- und Mischwälder.
Parasitischer Röhrling (auf Kartoffelbovist), Bild S. 142
Maronenröhrling, Bild S. 140
Ziegenlippe
Rotfußröhrling, Bild S. 141
Blutroter Röhrling

Röhrenschicht (Polster) um den Stiel ausgebuchtet (vertieft)

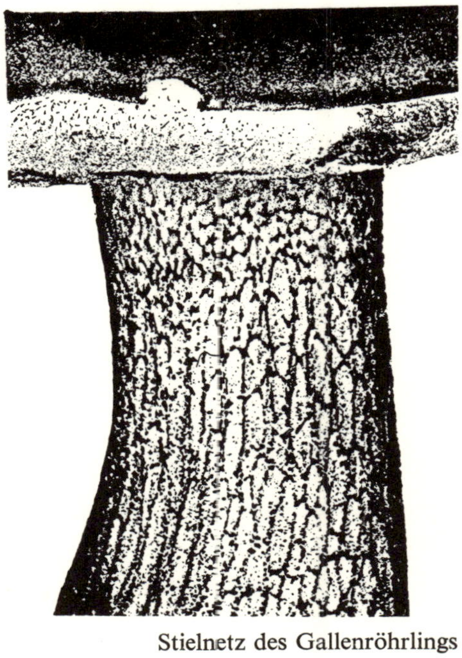

Stielnetz des Gallenröhrlings

Pulveroboletus: Am jungen Pilz Poren goldgelb bis leuchtend schwefelgelb. Hut schwefelgelb oder rosa.
Goldporiger Röhrling
Schwefelröhrling (nicht mit dem Schwefelporling zu verwechseln)

Boletus sensu stricto (Steinpilzartige): Röhrenschicht um den Stiel herum vertieft. Stiel kräftig, oft keulig, dickbauchig, seine Oberfläche häufig ganz oder teilweise, vielfach nur spitzenwärts mit einem gröberen oder feineren Netz gezeichnet, in einigen Fällen dieses fehlend oder durch eine allerfeinste Schüppelung der Stielspitze ersetzt.

Röhren rot
- **Hexenröhrling**
  - netzstieliger, Bild S. 152
  - schuppenstieliger, Bild S. 154
- **Purpurröhrling**
- **Satanspilz,** Bild S. 148

Röhren weiß gelb grün
- **Steinpilz,** Bild S. 147
  - Sommersteinpilz
  - Bronzeröhrling, Bild S. 149
  - Föhrensteinpilz
- **Anhängselröhrling,** Gelber Steinpilz, Bild S. 150
- **Dickfußröhrling**
  - Rotfreier Dickfuß, Bild S. 145
  - Schönfußröhrling, Bild S. 146
- **Schwarzblauender Röhrling**
- Fahler Röhrling, Wohlriechender Röhrling, Königsröhrling, Sommerröhrling: Seltene Arten

Tylopilus: Fleisch sehr bitter. Röhren weiß, dann rosa. Stiel keulig, mit grobem, dunklem Netzwerk.
Gallenröhrling

Leccinum (Rauhfüße): Stiel ringlos, durch körnige, meist schwärzliche Schüppchen rauh, bisweilen die Körner eine mehr oder weniger deutliche Netzung bildend, seltener nur ein schwaches Netz. Unter Birken, Zitterpappeln (Espen), Hagebuchen (Weißbuche), seltener unter Föhren.
Rotkappe
Birkenröhrling, Kapuzinerpilz, Bild S. 138
Weißer Birkenröhrling, **Gelbporiger Birkenröhrling**: Stiele oft nur schwach gekörnt, genetzt

Als fleischige Pilze sind die Röhrlinge nur kurze Zeit haltbar. Beim Aufbewahren auf den andern Tag, was nicht besonders ratsam ist, müssen sie einzeln verlegt werden. Wenn möglich sollte man sie bei verhältnismäßig trockener Witterung und in noch festfleischigem, mittelgroßem Zustand sammeln. Bei Regenwetter sind sie vielfach schwammigweich, manche, wie z. B. der Rotfußröhrling und ähnliche weichfleischige Sorten, schimmeln und faulen schon am Standort im Wald draußen. Die beringten Röhrlinge haben bei starker Durchfeuchtung matschig-weiches Fleisch. In diesem Zustand sollte man sie nicht sammeln. Der Wechsel zwischen feuchter und trockener Witterung, zwischen Regen und Sonne bedingt bei etlichen, rasch wachsenden Röhrlingen (Rotfuß, Steinpilz, Kapuziner) ein felderig-würfeliges Aufreißen der Hutoberfläche. Die gleiche Pilzart kann dann ganz verschieden aussehen, bald mit geschlossenem Hut, bald fast wie ein Schachbrett gefeldert. Bei den beringten Röhrlingen trocknet der Ring bei trockenem Wetter bald ein und fällt sogar ab. Beim Butterpilz kann er unter solchen Umständen sogar im Boden drin zurückbleiben. Viele Röhrlinge sind sehr madenanfällig. Man achte schon beim Sammeln darauf und lasse die vermadeten im Walde, damit sie wenigstens der Vermehrung dienen.

Der Steinpilz gilt als der edelste aller Pilze. Er ist der Pilzkönig. Stolz und pfundschwer steht er nicht selten im niederen Gras baumbestandener Alpweiden. Trotzdem mundet sein weiches, gekocht fast schleimiges Fleisch nicht jedermann. Mancher liebt eher hartfleischige Pilze. Der Steinpilz zeigt in allen seinen Formen weitestgehende Verwendungsmöglichkeiten. Er eignet sich als Pilzgemüse, zum Dörren und Sterilisieren. Er zählt mit andern Pilzen zusammen zu den eigentlichen Dörrpilzen (siehe Kapitel Dörrpilze Seite 54).

Was hat man bei der Bestimmung der Röhrlinge alles zu beachten? Es sind viele Kleinigkeiten, die der Anfänger gerne übersieht. Man muß sehen:

ob parasitisch (nur ein Fall) oder nicht parasitisch wachsend (alle andern),
ob unter Laubbäumen (Birken, Zitterpappeln) oder Nadelbäumen (Föhren, Lärchen, Arven) wachsend,
ob das Pilzfleisch (Kostprobe) bitter, scharf brennend oder mild ist,
ob es sich um einen beschleierten, d.h. mit Velum partiale versehenen oder schleierlosen Röhrling handelt,
ob das Röhrenpolster um den Stiel furchig vertieft, d.h. frei ist, oder ob die Röhrenschicht am Stiel mehr oder weniger herabläuft,
ob die Röhrchenmündungen (Poren) weit, mittelweit, eng, rund oder eckig sind,
ob die Röhrenschicht auf Druck hin blaut oder sonstwie verfärbt,
ob die Porenfläche während des Pilzwachstums aus Weiß in Rosa oder aus Weiß über Gelblich in Grünlich verfärbt oder ob sie rot ist und mit dem Altern des Pilzes in schmutziges Braun- bis fast Schwarzrot übergeht,
ob die Hutoberfläche glatt, schmierig, filzigsamtig oder flockigschuppig ist,
ob das Hutfleisch am Rand elastisch biegsam ist (wie beim Kuhröhrling) oder ob es beim Biegen leicht bricht,
ob der Stiel beringt oder unberingt ist,
ob der Stiel von Natur aus hohl oder zellig-gekammert ist (er kann auch nur von Maden ausgehöhlt sein, was nicht dasselbe ist. Das letztere erkennt man am Vorhandensein von Fraßpulver und Exkrementen),
ob der Stiel zylindrisch, schlank, kurz, bauchig oder keulig ist,
ob die Stieloberfläche glatt, längsgestreift, fein gekörnelt oder grobkörnig bis faserig oder sehr feinschüppelig ist, ob eine Netzzeichnung zu sehen ist, die ihrerseits nur im oberen Stielteil auftritt oder fast über den ganzen Stiel hinwegzieht, bald mit feinen rundlichen, bald mit groben, langgestreckten Netzmaschen,
ob das Fleisch des Pilzes, frisch aufgebrochen, gelb, weiß oder rötlich ist,
ob das Fleisch nach dem Bruch seine Farbe unverändert beibehält oder mehr oder weniger stark, bald langsam, bald rasch blaut, grünt, rötet oder schwärzt. Nasse Pilze verfärben viel rascher und intensiver als trockenere.

Stiel der Rotkappe

Mumien des Perlstäublings

Schlüsselartige Übersicht über die Röhrlinge (Boletus)

umfassend die auf Seiten 226/227 näher charakterisierten Untergattungen: Strobilomyces, Porphyrellus, Gyroporus, Boletinus, Suillus (=Ixocomus), Xerocomus, Pulveroboletus, Boletus s. str., Tylopilus und Leccinum.

A) Auf dem Kartoffelbovist parasitierend.

Parasitischer Röhrling, Xerocomus parasiticus (Bull.) Quél. – Hut halbkugelig, oft gefeldert. Röhren herablaufend, mit gelben Poren. Stiel abwärts verjüngt, faserfilzig. Ungenießbar. Bild S. 142.

B) Nicht parasitisch wachsende Röhrlinge.

Bitter oder pfefferig schmeckende Röhrlinge

I. Geschmack bitter, bitterlich, pfefferartig (Kostprobe).

a) Fleisch sehr bitter (gallenbitter), weiß.
Gallenröhrling, Tylopilus felleus (Bull.) Karst. – Ähnlichster Doppelgänger des Steinpilzes. Unterschieden durch die aus Weiß in Rosa verfärbenden Poren, den weit herab grob genetzten Stiel, mit dunkler Netzzeichnung auf hellerem Grund. In Nadelwäldern, unter Föhren und Rottannen. Ungenießbar.

b) Fleisch bitterlich, blaßgelblich, blauend (oft nur leicht).
Dickfußröhrling oder Bitterröhrling, Boletus pachypus Fr. – Doppelgänger des Steinpilzes. Unterschieden durch das gelbliche, blauende Fleisch, die auf Druck hin blauende Röhrenschicht. Stattlicher, dickfleischiger Pilz. Kommt in zwei Unterarten vor:
* *Dickfußröhrling, Rotfreier Dickfuß,* Boletus pachypus Fr. var. albidus (= Boletus radicans Pers. = Boletus albidus Roq.) – Bild S. 145 – Ganzer Pilz in matten Farben, ohne jegliche Spuren von Rot. Hut blaß, grauweißlich-grünlich. In Laubwäldern und Parkanlagen, Baumgärten. Ungenießbar.
** *Schönfußröhrling,* Boletus pachypus Fr. var. calopus – Bild S. 146 – Pilz bunter, Poren schwefelgelb, auf Druck blauend. Stiel oben schön gelb, abwärts leuchtend- bis düsterrot, weißlich oder rötlich genetzt. Mischwälder. Ungenießbar.

c) Fleisch pfefferartig-brennend, im Stiel zitronengelb.
Pfefferröhrling, Suillus piperatus (Bull.) O. Kuntze. – Meist kleiner Pilz. Poren rostrot, eckig. Röhren herablaufend. Stiel dünn, abwärts verjüngt. Nadelwälder und Weiden. In größeren Mengen ungenießbar, einzeln als Pfefferersatz oft gebraucht.

Beringte Röhrlinge
(umfassend Strobilomyces, Boletinus, Suillus, zum Teil)

II. Geschmack weder bitter noch pfefferartig brennend.

1 Hut mit groben, grauschwarzen, schwammig-filzigen, fast dachziegelig angeordneten Schuppen, einem Föhrenzapfen gleichend.
Strubbelkopf, Strobilomyces floccosus (Vahl) Karst. (= Str. strobilaceus = Boletus strobilaceus) – Bild S. 131 – Der schuppige Hut ist von wollig-flockigen Schleierresten behangen. Poren erst weiß, dann grau-schwärzlich. Stiel schwarzbraun, rauh, über dem vergänglichen Ring mit weißer, fast genetzter Zone. Mischwald. Ungenießbar.

1* Hut anders

2 Stiel solid

3 Poren gelb, im Alter trüb gelbbräunlich, fahlgelblich, olivgrau.

a) Hut dunkelschokoladebraun bis rostgelbbraun, oft etwas geflammt gefleckt.
Butterpilz, Suillus luteus (L.) S. F. Gray – Hut anfangs mit eintrocknendem Schleim überzogen, schmierig, mit weißem häutigem Schleier, der später den heidelbeerfarbigen, schrumpfenden Ring liefert. Stielspitze gelb, mit feinsten Körnchen. Besonders unter Föhren und zwischen Heidekräutern. Eßbar. Bild. S. 132.

b) Hut gelb, zitronengelb, goldbraungelb. Poren gelb. Mittelgroßer Pilz, meist gesellig unter Lärchen oder wo solche gestanden haben, mit engen bis mittelweiten Poren.
Goldröhrling, Suillus grevillei (Klotzsch) Sing. (= Boletus elegans = B. flavus) – Bild S. 133 – Hut feucht schleimig, gelb, Fleisch zitronengelb. Poren gelb. Stiel gelb, fest, an der Ansatzstelle des Ringes oft wulstig verdickt. Unter Lärchen. Eßbar.
Ähnlich: *Blaßgelber Röhrling,* Suillus flavidus (Fr.) Sing., aber schlanker, schmächtiger, dünnstieliger, mit weiten, eckigen Poren. An sumpfig-torfigen Stellen alpiner Föhren- und Fichtenwälder.

c) Hut strohgelbbräunlich bis bräunlich, mit dunkleren Flecken. Unter Arven.
Beringter Arvenröhrling, Suillus sibiricus Sing. – Hutrand von Schleierresten behangen. Poren gelb. Stiel gelblich, mit drüsigen, weißen bis bräunlichen oder rötlichbraunen, oft Flüssigkeit absondernden Wärzchen besetzt.

3* Poren nicht gelb (höchstens am Hutrand so).

4 Hut und Poren grauweißlich, aschgrau bis braungelbrötlichviolett.
Lärchenröhrling, Suillus aeruginascens (Secr.) Snell (= Boletus viscidus) – Bild S. 134 – Bisweilen zeigt der Hut auch einen Stich ins Grünliche oder Gelbliche, ist feucht klebrig, oft dunkler meliert. Fleisch schmutzigweiß bis gräulich oder gelblich. Lärchenwälder. Eine Varietät ist der
Gelbbeschleierte Lärchenröhrling, var. bresadolae – Hut, Stiel und Ring mehr gelblich getönt. Poren am Hutrand gelb. Gebirgswälder.

4* Hut auf gelblichem oder orangebraunem Grund dunkler faserschüppelig meliert. Poren orange bis rostbraun.
Rostroter Röhrling, Suillus tridentinus (Bres.) Sing. – Bild S. 136 – Der orange-rostrote schuppige Hut ist oft radiär geflammt, am Rande mit weißlichen Velumresten behangen. Röhren an der Stielspitze in ein Netz übergehend. Stiel rostbräunlich, bisweilen filzig punktiert oder faserschuppig mit weißlichem Ring. Unter Lärchen, nicht häufig. Schützenswert.

2* Stiel von Anfang an hohl, am Grund oft bauchig angeschwollen.
Hohlfuß-Röhrling, Boletinus cavipes (Opat.) Kalchbr. – Bild S. 135 – Hut filzig, gelbzimtfarben-schuppig, mit scharfem, jung von weißlichem Schleier behangenem Rand. Poren gelbgrünlich, auffällig weit, radiär gestreckt, zusammengesetzt, herablaufend. Röhrenschicht schwer ablösbar. Ring häutig-wulstig, weißlich. Unter Lärchen. Eßbar.

Ringlose Röhrlinge

1. Mit gekörntem Stiel (Gekörntstielige).

1 Röhrenschicht am Stiel angeheftet bis herablaufend, kaum darum herum etwas eingedellt, Stiel besonders oberwärts sehr fein gekörnt.

a) Hut braunrot bis braungelb.
Körnchenröhrling, Schmerling, Suillus granulatus (L.) O. Kuntze – Bild S. 137 – Hut feucht schmierig, sonst trocken, glänzend, glatt. Fleisch jung hellgelb, unveränderlich. Poren hellgelb. Nadel- und Mischwald. Eßbar.

b) Hut schokoladebraun, meist etwas geflammt.
Ringloser Butterpilz, Suillus collinitus (Fr.) O. Kuntze

c) Hut elfenbeinweiß bis elfenbeingelblich, alt fahl braunrötlich bis violettlich.
Elfenbeinröhrling, Suillus placidus (Bon.) Sing. (= Boletus fusipes) – Hut feucht schleimig-schmierig. Fleisch innen weißlich. Röhren weißlich, dann zitronengelb werdend. Poren weißlich. Stiel weißlich oder stellenweise zitronengelblich, mit purpurbräunlichen Körnchen. Unter Weymouthskiefern und Arven. Eßbar.

d) Hut in den Farben sehr variabel, von Schwarzbraun über Braun in Schwefel-Strohgelb bis Weißlich ändernd, durch dunklere Faserbüschel unregelmäßig geflammt.
Ringloser Arvenröhrling, Suillus plorans (Roll.) Sing. – Hut jung kugelig, schmierig, dann ausgebreitet. Fleisch gelblichbraun bis blaßorangerot. Poren braunoliv bis schwefelgelb. Stiel in den Farben sehr veränderlich. Arvenwälder.

1* Röhrenschicht um den Stiel herum als Ringfurche eingedellt, selten fast flach an den Stiel heranlaufend. Stiel in der ganzen Länge dunkel gekörnt, manchmal fast körnignetzig.

2 Röhren weiß bis gräulich, alt gebräunt

a) Hut rotbraun bis orangerot oder orangegelb. Unter Birken und Zitterpappeln.
Rotkappe, Leccinum aurantiacum (Bull.) S. F. Gray (= Boletus versipellis = Boletus rufus = Leccinum testaceo-scabrum) – Fleisch im Schnitt lilaschiefergrau bis schwärzlich anlaufend. Eßbar.

b) Hut schwarzbraun, graubraun. Unter Birken und Zitterpappeln.
Birkenröhrling, Kapuzinerpilz, Leccinum scabrum (Bull.) S. F. Gray, inkl. Leccinum duriusculum – Bild S. 138 – Fleisch im Schnitt zuerst oft rötend und dann grau bis schwärzlich anlaufend. Eßbar.

c) Hut weiß, weißlichgrau bis blaugraugrünlich oder weißbräunlich.
Weißer Birkenröhrling, Leccinum holopus (Rostk.) Watling – Fleisch nicht schwärzend. Selten.

2* Röhren gelb, oft auch der Hut gelb bis olivbraun, ebenso Stiel und Fleisch gelblich.
Gelbporiger Birkenröhrling, Leccinum crocipodius (Let.) Watling (= Boletus rimosus = Boletus tessellatus = Boletus nigrescens) – Fleisch im Schnitt gewöhnlich zuerst rötend, dann schwärzend. Laub- und Mischwälder. Ziemlich selten. Stiel oft fast körnchenlos, bisweilen oben etwas genetzt.

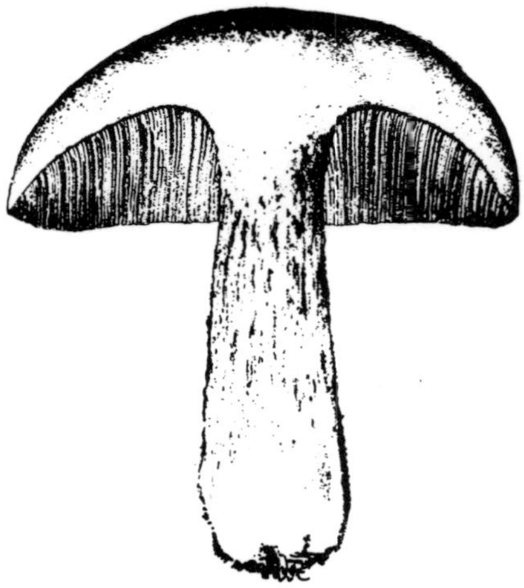

Röhrenschicht dem Stiel angewachsen (angeheftet)

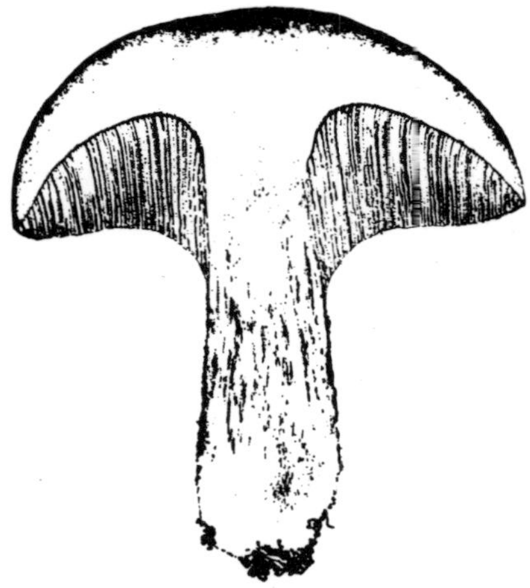

Röhrenschicht am Stiel herablaufend

2. Mit glattem Stiel, d. h. Stiel ohne Körnung, ohne deutliche Netzzeichnung, selten zu oberst schwach längsstreifig-netzig, alle ringlos, weder bitter noch brennend. Hut fühlt sich bei manchen fein samtig an *(Glattstielige und Filzhütige Röhrlinge).*

1 Röhrenschicht am Stiel angewachsen bis herablaufend.

2 Fleisch im Bruch nur mäßig blauend, grünend, rötend oder unveränderlich.

3 Hut glatt, feucht schmierig, nicht samtfilzig.

a) *Porphyrsporiger Röhrling,* Porphyrellus pseudoscaber (Secr.) Sing. (= Boletus porphyrosporus) – Bild S. 139 – Hut und Stiel düsterbraun. Poren zuerst blaß, dann bräunend, weit, eckig. Fleisch weißlich, blauend. In sandigen Nadelwäldern. Ungenießbar.

b) *Kuhröhrling,* Suillus bovinus (L.) O. Kuntze – Hut und Stiel kuhbraunrötlich, am Rand oft violettlich, letzterer elastisch biegsam, kaum brechend. Poren graugelblich, kurz, weit, zusammengesetzt, herablaufend, nicht abtrennbar. Fleisch falb. Unter Föhren. Eßbar.

c) *Maronenröhrling,* Xerocomus badius (Fr.) Kuhn. – Bild S. 140 – Hut braun bis fast schwarz, feucht schmierig, trocken glatt oder zartfilzig. Fraßstellen gelblich oder braun. Fleisch blaßgelblich, über der Röhrenschicht stärker gelb oder rötlich, mäßig blauend. Poren blaß gelblichgrün, auf Druck blauend, mittelweit. Stiel gelblichbraun. Wälder. Eßbar.

3* Hut zartfilzig, flaumig, fleckig, schüppelig, samtig.

a) *Ziegenlippe,* Xerocomus subtomentosus L. – Hut filzig, unter der Huthaut nicht rot. Fraßstellen und Risse gelblich. Poren leuchtend goldgelb, weit, eckig. Fleisch

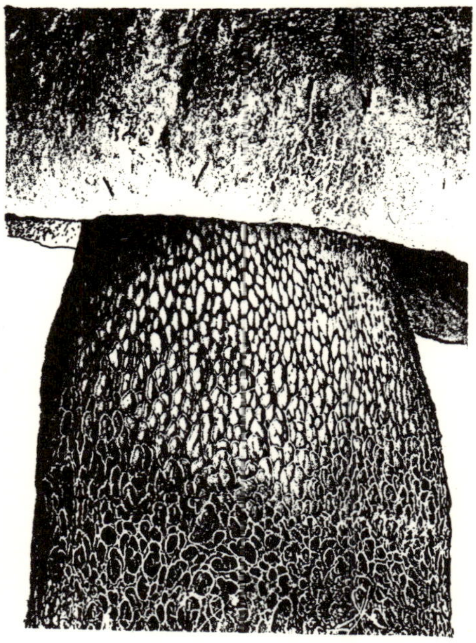

Stielnetz des Schönfußröhrlings

weißgelb, fast unveränderlich. Stiel gelbbräunlich, kaum je mit roten Tönen, oft feinfilzig oder oben fast etwas genetzt. Wälder. Eßbar.

b) *Rotfußröhrling*, Xerocomus chrysenteron (Bull.) Quél. – Bild S. 141 – Mäßig großer Pilz. Hut olivbraun, gelbbraun bis fast schwarzbraun, sehr häufig felderig aufgerissen. Sehr zart, fault und schimmelt leicht. Fraßstellen und Risse rötend. Fleisch weich, blaßgelb, unter der Huthaut meist rötlich, leicht blauend. Poren blaß grüngelb bis olivgrün, an Druckstellen schmutzig-blaugrün. Stiel meist schlank mit rötlichen Längsstreifen oder rot, gelegentlich fein punktiert bis fast genetzt. Moosige Wälder. Eßbar.

c) *Goldporiger Röhrling*, Pulveroboletus cramesinus (Secr.) Sing. (Boletus sanguineus) – Hut rosa. Poren leuchtend goldgelb. Fleisch weiß. Selten. Schützenswert.

d) *Blutroter Röhrling*, Xerocomus rubellus (Krombh.) Mos. (= Boletus versicolor = Boletus barlae) – Hut lebhaft kirschblutrot oder rosa ausgeblaßt. Röhren gelblich. Fleisch leicht blauend. Stiel gelbrosa bis rot. Selten. Schützenswert.

e) *Sandröhrling*, Suillus variegatus (Sow.) O. Kuntze – Hut braungelb, fein schüppelig, feucht schleimig. Hutrand scharf, Poren schmutzig gelboliv bis bräunlich-olivgrün. Fleisch blaß, weißlich bis gelblich, meist nur leicht blauend. Sandige Föhrenwälder. Eßbar.

f) *Schwefelröhrling*, Pulveroboletus hemichrysus (Bk.) Sing. (= Boletus sulphureus) – Hut, Stiel und Poren zuerst schwefelgelb, die Poren später grüngelb, auf Druck sofort grünend. Fleisch im Bruch blauend. Meist auf Nadelholzstrünken, mit goldgelbem Mycel ansitzend. Ungenießbar.

2* Fleisch im Bruch sofort tief tintenblau anlaufend.
Schwarzblauender Röhrling, Boletus pulverulentus Opat. – Hut braun bis rotbraun, Fraßstellen rötlich. Poren goldgelb, bei Berührung sofort dunkelblau, alt grüngelb. Fleisch gelblich, im Bruch augenblicklich tiefblau. Stiel bei geringster Berührung schwärzend. Nicht häufig.

1* Röhrenschicht um den Stiel eine Einsenkung bildend. Hieher gehören seltene bis sehr seltene Arten, welche, abgesehen vom fehlenden Stielnetz, dem Steinpilz ähneln. Siehe auf dieser Seite die vier untersten Arten.

Hohlstielige Röhrlinge

3. Mit hohlem Stiel, dazu gehören Arten, deren Stiel von Natur aus hohl oder gekammert oder locker ausgestopft ist.
Hohlfußröhrling, Boletus cavipes (Opat.) Kalchbr. – Bild S. 135 – Gehört zugleich zu den Beringten, siehe dort.
Hasenröhrling, Gyroporus castaneus (Bull.) Quél. – Bild S. 138 – Hut und Stiel zimtbraun, samtig, glatt. Röhren weiß bis blaßgelblich. Fleisch weiß, unveränderlich, brüchig. Selten.
Kornblumenröhrling, Gyroporus cyanescens (Bull.) Quél. – Bild S. 144 – Hut weißlich bis strohgelb-ockerbraun, haarfilzig, auf Druck blauend, dann grünlich. Ältere Stiele im Innern mit Höhlungen (cavernös). Fleisch weißlich, wird kornblumenblau. Selten.

Netzstielige Röhrlinge, Steinpilzartige

4. Mit genetztem Stiel: Stiel meist kräftig, dick, oft keulig, mit feiner oder gröberer Netzzeichnung oder sehr feinfilziger Schüppelung, seltener ohne diese Merkmale. Die Netzzeichnung kann sich nur über gewisse Stielpartien oder aber über den ganzen Stiel erstrecken.

1 Fleisch im Geschmack bitter, bitterlich (kräftige Kostprobe).

2 Poren zuerst weiß, dann rosa bis rotbräunlich.
Gallenröhrling, Tylopilus felleus (Bull.) Karst.

2* Poren gelb, dann grünlich bis schmutzigbraungrün, auf Druck blauend bis bräunend. Stielnetz bisweilen undeutlich oder nur einseitig am Stiel entwickelt.
Dickfußröhrling, Rotfreier Dickfuß, Boletus pachypus Fr. var. albidus – Bild S. 145.
Schönfußröhrling, Boletus pachypus Fr. var. calopus – Siehe Bild S. 146 (Pilz mit Rot).

1* Fleisch im Geschmack mild

3 Poren weiß, dann gelb, grün, bräunlichgrün.
Stiel an der Spitze mit feinem weißem (selten bräunlichem) Netz auf lichtbräunlichem Grund. Pilz ohne jede Spur von Rot. Fleisch weiß, im Bruch so bleibend (gelegentlich unter der Huthaut bräunlich getönt).

Steinpilz, Boletus edulis Bull. – Bild S. 147 – Hut bald heller, bald dunkler braun, am Scheitel meist dunkler, gegen den Rand heller gefärbt. Fleisch weiß, bei sehr dunkelbraunen Pilzen unter der Huthaut braunrötlich. Poren aus Weiß in Gelb, Gelbgrün bis Schmutzigoliv verfärbend. Stiel oft keulig, bräunlich, bisweilen mit ziemlich weit herabreichender Netzzeichnung. Tritt in etlichen Formen auf, zum Beispiel als:

Sommersteinpilz, Boletus aestivalis Paulet – Hut hellbraun bis weißlich, erscheint schon im Mai und Juni in Laubwäldern.

Stielnetz des Steinpilzes

Bronzeröhrling, Boletus aereus Bull. – Bild S. 149 – Hut tief schwarzbraun, besonders unter Eichen.
Föhrensteinpilz, Boletus pinicola Vitt. – Hut satt rotbraun, besonders unter Föhren.

Dem Steinpilz ähnlich sind einige seltene Arten, bald mit, bald ohne Netzzeichnung, unterschieden durch oft gelbliches, etwas verfärbendes Fleisch oder durch rötliche Farbtöne an Stiel und Hut. Dazu gehören:

Fahler Röhrling, Boletus impolitus Fr. – Hut fahl. Druckstellen fuchsig verfärbend. Stiel oben körnig-rauh. Fleisch blaßgelb.
Wohlriechender Röhrling, Boletus fragrans Vitt. – Hut meist dunkel-umbra. Röhren gelbgrünlich. Stiel gelb, oft sich rot verfärbend. Fleisch gelb.
Königsröhrling, Boletus regius Krombh. – Hut rosa bis blutrot, haarig überfasert. Poren und Stiel schwefelgelb bis grünstichig. Fleisch gelb.
Sommerröhrling, Boletus fechtneri Vel. – Hut silbergrau, auf Druck bräunend. Poren und Stiel zitronengelb, Stielgrund oft rötlich. Fleisch gelb, blauend.

3* Poren gelb (siehe auch obige seltene Arten), auf Druck blaugrün fleckend. Stiel in den Boden hinein spindelig-wurzelnd-verlängert.

Anhängselröhrling (= Gelber Steinpilz), Boletus appendiculatus Fr. – Bild S. 150 – Hut braun-rötlich, bisweilen mit eingewachsenen feinen Fasern, auf Druck bräunend. Poren zitronengelb, blaugrün fleckend. Stiel gelb, meistens bräunlich bis rötlich angehaucht, mit mehr oder weniger ausgeprägtem Netz. Nicht häufig.

3** Poren rot, düsterbraunrot, orangerot (Rotporige Röhrlinge).

Purpurröhrling, Boletus rhodoxanthus Kbch. (= B. purpureus) – Hut rosa bis ganz rotpurpurn. Poren leuchtend karminrot, oft mit gelber Randzone, später düster. Stiel innen mit auffällig zitronengelbem Fleisch. Selten.
Hexenröhrling, Boletus luridus Fr. – Hut schmutzig gelbbraun bis olivgelb-ziegelrötlich. Poren gelbrot, dann leuchtend orangerot bis schmutzig olivbraun, sehr druckempfindlich. Stiel gelbrotbraun. Fleisch im Moment des Brechens blaß gelbrötlich, gewöhnlich rasch und stark blauend. Junge, gesunde Exemplare eßbar. Tritt auf als:

Netzstieliger Hexenröhrling, *Donnerpilz*, ssp. reticulatus – Bild S. 152 – Stiel deutlich genetzt. Netzmaschen länglich. Poren gelborangerot, später braunrot.
Schuppenstieliger Hexenröhrling, *Schusterpilz*, ssp. miniatoporus – Bild S. 154 – Stiel besonders oberwärts mit sehr feinen, oft zonenweise angeordneten, mennigroten Schüppchen.

Satanspilz, Boletus satanas Lenz – Bild S. 148 – Hut blaß, graubräunlich, grauweißlich, fahl bis leicht grünstichig. Poren erst blaß, dann karminrot, am Rand oft noch mit gelblicher Zone. Fleisch blaß, gelblich, weißlich, nur schwach blauend. Stiel vergleichsweise zum Hut unverhältnismäßig dick, fast kugelig-knollig, an der Spitze gelb, um den Bauch mit scharlachroter (oder auch rosa bis blutroter) Zone. Stielspitze mit feinem, gelblichem bis dunkelrotem Netz, das sich am Stiel oft weitherab ausdehnt. Jung ein farbenprächtiger Pilz, alt dagegen mit schmutzigen Farbtönen. Ungenießbar.

Porlinge, Trameten, Blättlinge

Obwohl diese an Holz wachsenden Pilze uns wenig Eßbares bieten, interessieren sie manchen Pilzfreund doch. Die Mehrzahl ist hart und dauerhaft. Alle mehrjährigen Formen weisen eine weichere, meist anders gefärbte Rand- oder Zuwachszone auf. Sie sind äußerlich mit Jahreszonen versehen und im Innern jahrringartig geschichtet (Schichtporlinge). Die Röhrenlage ist mit dem Fleisch fest verbunden. Manche Porlinge sehen bunt aus. Der Schmetterlingsporling hat davon seinen Namen. Solche Arten dienten früher als Hutschmuck oder als Ansteckbroschen. Schöne Hufporlinge sammelt der eine oder andere als Schaustücke. Er befestigt sie daheim als Konsolen an der Wand oder stellt sie auf ein Möbelstück. Man kann mit diesen Pilzerinnerungen allerdings Pech haben. Denn viele schließen Insekteneier oder Maden in sich ein, welch letztere den Pilz im Innern bis auf eine äußere papierartige Kruste vermor-

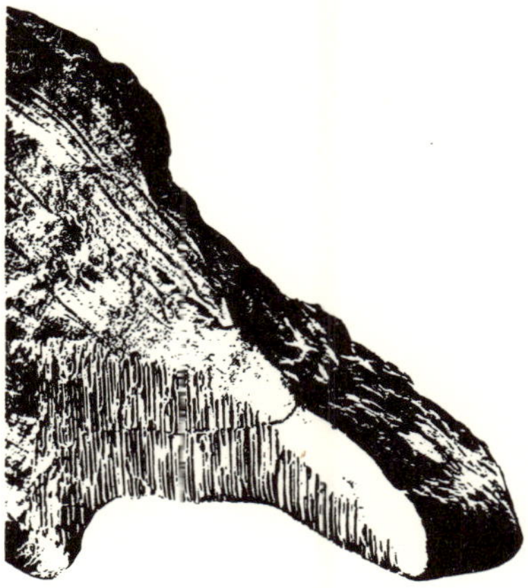

Schnitt durch einen Schichtporling, jährliche Zuwachszonen

schen und in Fraßmehl auflösen. Eine stete Kontrolle solchen Wandschmukkes ist in der Wohnung notwendig, sonst finden wir eines Tages an Stelle der Pilztrophäe nur noch ein Häufchen Pilzmehl vor, aus dem die Motten flattern. Man kann die Fruchtkörper, um ihrer Haltbarkeit sicher zu sein, auch mit Insektiziden behandeln oder vor dem Eintrocknenlassen in giftige Lösungen tauchen. Für Pilzsammlungen ist dies unerläßlich.

Einige wenige Porlinge sind weichfleischig und mindestens in den jungen Partien eßbar, so der Eichhase, der Semmelporling, der Schafporling und der Schwefelporling.

Porlinge trifft man in reichhaltiger Auswahl in feuchten, schattigen Wäldern mit vielen verschiedenen Baumarten. Sie lieben Orte, wo der Mensch den Wald infolge Unzugänglichkeit oder Abgelegenheit wenig nutzt, wo viele alte, absterbende Bäume stehen und morsche Stämme und Äste am Boden liegen. Aber auch in besiedeltem Gelände kann man Porlinge finden, an Lattenzäunen, Bretter- und Balkenwänden, an Klafter- und Rundholz. In Obstgärten sind alte Apfelbäume nicht selten der Standort des Filzigzottigen Porlings (Inonotus hispidus). An Kirschbäumen ist besonders im Frühling und Vorsommer, wenn das Holz im Saft ist, der klumpige, weithin leuchtende Schwefelporling (Laetiporus sulphureus) zu sehen. Er besiedelt außerdem noch Quitten- und Pflaumenbäume, Robinien und Rottannen, Lärchen und Föhren. In wenig gepflegten alten Beerengärten gewahren wir am Grund der Äste großer Johannis- und Stachelbeersträucher den von der Erde sich wenig abhebenden Strauch-Schichtporling (Phellinus ribis).

Bei den an toten Hölzern wachsenden Porlingen kann man nicht immer sicher entscheiden, ob sie saprophytisch oder parasitisch leben, denn möglicherweise können sie das Holz erst im dürren Zustand befallen haben oder aber, sie brachten das lebende Holz zum Absterben.

Die meisten parasitischen Porlinge dringen an Wundstellen in die Bäume ein, die durch Sturm, Frost, Blitz, Steinschlag oder durch nagende Tiere entstanden sind. Aber auch der Mensch verletzt die Bäume beim Holzfällen und Holztransport aus dem Wald, bei Grabarbeiten oder mutwillig, wenn er seinen Namen in die Rinde ritzt. Oberirdische Wunden können von Pilzsporen befallen werden, in unterirdische dringt der vorerst saprophytisch im Waldboden lebende Pilz vom Erdreich aus ein. Auch die holzbewohnenden Blätterpilze infizieren die Bäume auf gleiche Weise.

Holzbewohnende Pilze verursachen Holzfäulen. Verzehrt der Pilz nur die Zellulose, nicht aber das braunrote Lignin der Holzsubstanz, so entsteht Rotfäule. Wird auch das Lignin abgebaut, so bleicht das Holz aus. Wir sprechen von Weißfäule. Etliche Pilze erzeugen ganz charakteristische Zerfallsbilder des Holzes. So entsteht auch das eigenartig gescheckte Rebhuhnholz. Außer den Porlingen verfärben auch andere Pilze vermorschendes Holz auffällig. Die Grünfäule wird durch den winzigen Schlauchpilz Chlorosplenium aeruginascens verursacht. Das malachitgrüne Buchenholz diente früher, wenn es noch nicht zu stark vermorscht war, zu Einlagezwecken.

Je stärker spezialisiert ein Pilz ist, um so mehr beschränkt sich sein Vorkommen auf eine einzige Holzart und einen bestimmten Waldtypus, je weniger er spezialisiert ist, um so eher kann man ihn überall finden. Hauptsächlich in Tannenwäldern und auf Tannenholz finden wir: die Tannentramete (Hirschiopsis abietinus), den Bitteren Saftporling (Tyromyces stipticus), den Blauen Saftporling (Tyromyces caesius), die Fencheltramete (Osmoporus odoratus). Im Buchenwald sind verbreitet: der Winterporling (Polyporus brumalis), die Striegelige Tramete (Trametes hirsuta), der Schmetterlingsporling (Trametes versicolor). In Birkenwäldchen finden wir: den Birkenporling (Piptoporus betulinus) und wenn wir ganz besonderes Glück haben, den selten gewordenen Echten Zunderschwamm (Fomes fomentarius).

Fast jedes vermorschende Holz zeigt verschiedene Phasen des Pilzbefalls. Die Pilze treten in einer bestimmten Abfolge, in Sukzessionen auf. Als erster erscheint gewöhnlich ein Vertreter der Blätterpilze, der kleine, in Scharen gedeihende, einer filzigen Muschelschale gleichende Spaltblättling (Schizophyllum commune), dann oft die Striegelige Tramete und der Schmetterlingsporling. Wenn der Strunk sich dem Zerfall nähert, siedeln sich die schwärzlichen, holzigen Kernkeulen oder Holzkeulen an.

Im großen und ganzen kann man die Porlinge in weichfleischige, zumindest in der Jugend saftige Arten und in trockenere, lederig-holzige Arten einteilen. Die ersten nennt man Saftporlinge. Als «saftigste und weichfleischigste» gehören dazu die weiter unten aufgezählten eßbaren Porlinge. Viele Saftporlinge verlieren aber während des Wachstums ihre Weichheit. Sie werden immer lederartiger, zäher, so daß man sie als ungenießbar bezeichnen muß, z.B. der Riesenporling, der Schuppenporling und viele andere.

Den Saftporlingen stellt man die Lederporlinge gegenüber, mit von Anfang an saftloser, lederiger, aber häufig doch gut biegsamer Substanz. Zu ihnen zählen der Gebänderte Schillerporling, der prächtige Schmetterlingsporling und andere. Während die Saftporlinge fast ausnahmslos einjährig sind, leben manche Lederporlinge viele Jahre lang.

Die härtesten von allen Porlingen sind die Haut- oder Krustenporlinge. Sie sind gewöhnlich mehrjährig und besitzen eine harte, bald matte, bald glänzende Rinde. Nur die Zuwachszonen sind weicher. Beispiele dafür sind die Lackporlinge oder der häufige Abgeflachte Schichtporling.

Eßbare Porlinge

Eichhase, Grifola umbellata (Pers.) Pilat (= Polyporus ramosissimus), Bild S. 153. – Aus dem dicken, strunkartigen Pilzgrund erheben sich viele gestielte, rundliche Hütchen auf verzweigten Ästen. Hütchen braungelb, oft angedrückt schüppelig. Röhren weißlich, eng, überziehen auch die Ästchen. Eßbar, sehr oft madig. – Ähnlich ist der zähliche Klapperschwamm, Polyporus frondosus. Seine bukettähnlichen Fruchtkörper bestehen aus flachgedrückten, blattartigen, braungrauen Ästen.

Semmelporling, Albatrellus confluens (Alb. et Schwein.) Kotl. et Pouz. (= Polyporus confluens) – Hüte semmelgelbrot, kahl, oft rissig schuppig, bisweilen nur einseitig entwickelt, am Grunde oft zu mehreren verbunden. Stiel und Röhren blaßweißlich, letztere am Stiel herablaufend. Fleisch brüchig, jung eßbar, alt oft bitterlich. Kein guter Dörrpilz.

Schafporling, Albatrellus ovinus (Schff.) Kotl. et Pouz. (= Polyporus ovinus), Bild S. 151 – Hut, Stiel und Röhrenschicht weißlich bis gräulich, oft fleckig, mit zitronengelblichen Anlaufstellen. Fleisch brüchig, jung eßbar, alt bitterlich. Kein guter Dörrpilz. Oft in Masse auf Weiden der Bergregion.

Schwefelporling, Laetiporus sulphureus (Bull.) Boud. et Sing. (= Polyporus sulphureus), Bild S. 155 – Fruchtkörper klumpig, mit dachartig vorspringenden Rändern, schwefel-orangegelb bis fast ziegelrot, stiellos. Röhren schwefelgelb. Fleisch gelb, läßt sich ähnlich wie Käse schneiden. Junge, weiche Zuwachszonen eßbar, innere Fleischpartien zäher. An Baumstämmen.

Ungenießbare Porlinge und Trameten (einige häufige Arten):

Riesenporling, Meripilus giganteus (Pers.) Karst.
Schuppenporling, Polyporus squamosus (Huds.) Fr. – Bild S. 156
Winterporling, Polyporus brumalis (Pers.) Fr.
Nördlicher Porling, Spongipellis borealis (Fr.) Pat.
Gebänderter Schillerporling, Coltricia perennis (L.) Murr. (= Polystictus)
Filzigzottiger Porling, Pelzporling, Inonotus hispidus (Bull.) Karst. (= Polyporus) – Bild S. 157
Abgeflachter Schichtporling, Ganoderma applanatum (Pers.) Pat. – (Placodes applanatus), Partie der Hutunterseite abgebildet S. 50

Glänzender Lackporling, Ganoderma lucidum (Leyss.) Karst. (= Placodes lucidus) – Bild S. 159
Birkenporling, Piptoporus betulinus (Bull.) Karst. (= Placodes betulinus)
Fencheltramete, Osmoporus odoratus (Wulf.) Sing. – Bild S. 160
Striegelige Tramete oder **Sofapilz,** Trametes hirsuta (Wulf.) Pilat.
Zinnoberrote Tramete, Trametes cinnabarina (Jacq.) Fr. – Bild S. 158
Eichenwirrling oder **Eichen-Tramete,** Trametes quercina (L.) Pilat (= Daedalea)
Zaunblättling, Gloeophyllum saepiarium (Wulf.) Karst. (= Lenzites)

II. Die Stachelpilze (Hydnales)

Kennzeichen: Fruchtkörper mit Stacheln, Warzen oder Zähnchen (vgl. auch den zu den Gallertpilzen gehörenden, zähnchentragenden Eispilz, Bild S. 168).

Die Stachelpilze haben verschiedenen Habitus. Die gewöhnlichen Arten sind hut- oder halbhutförmig, zentral- oder seitlichgestielt. Sie tragen das aus weichen fleischigen Stacheln bestehende Hymenium auf der Hutunterseite. Außer diesen normalen Stachelingen gibt es solche mit keulenartigen oder korallenförmig-verzweigten Fruchtkörpern. Die mitunter langen Stacheln sind über die ganze Oberfläche allseitig abstehend verteilt, oder sie hängen herab oder befinden sich hauptsächlich am Ende der Verästelungen. Diese Stachelbärte sitzen gewöhnlich Baumstämmen an. Man begegnet ihnen bisweilen in Fichtenwäldern der Berggegenden. Die Bärte überdauern, vertrocknet und abgestorben, auch den Winter. Noch andere Stachelinge entwickeln sich nur krustenförmig. Sie liegen der Unterlage auf oder stehen randartig ab. Die Oberfläche ist von zähnchenartigen Auswüchsen bedeckt.

An jungen Stachelpilzen sind die «Stacheln» noch wenig entwickelt. Man nimmt ihre Anfangsstadien nur als warzenförmige Erhebungen wahr. An ganz jungen Stoppelpilzen scheinen daher die Stacheln fast zu fehlen.

Von den Stachelingen kennt man zwar keine giftigen, aber auch nur wenig eßbare. Die meisten Stachelinge sind lederig, zäh, herb, bitterlich und daher ungenießbar.

Der bekannteste Stacheling ist der Habichts- oder Rehpilz. Diese beiden Namen verdankt er dem verschiedenen Aussehen der Ober- und Unterseite. Die Oberseite ist schuppig wie ein Habichtsflügel, die weichstachelige Unterseite fühlt sich wie ein Rehfell an. Er ist ein ausgesprochener Dörrpilz. Seine Standorte sind die Nadelwälder der Berge (Fichtenwald), wo er gegen den Herbst hin recht häufig auftreten kann. Ein ungenießbarer, aber seltener vorkommender Doppelgänger ist der Gallenstacheling (Hydnum scabrosum Fr.), der sich durch einen viel weniger ausgeprägt beschuppten Hut und bitteres Fleisch unterscheidet. Seine dünnen Schuppen liegen flach an.

Auch der Semmelstoppelpilz mit fleischigen, ziegelgelben Hüten hat einen zwar eßbaren, aber weniger guten Doppelgänger. Das ist der Rostrote Stoppelpilz, Hydnum rufescens. Er ist kleiner, mehr ins Ziegelrote gefärbt, und hat nicht selten einen bitterlichen Geschmack, der nach Abbrühen verschwindet.

Mit den Stachelingen kann auch der zungenförmig an Holzstrünken wachsende Eispilz, Tremellodon gelatinosus, ein Vertreter der Gallertpilze, verwechselt werden, da dieser schwabbelige Pilz auf der Unterseite auch mit warzenartigen Erhebungen bedeckt ist.

Die wichtigsten Gattungen sind:

I. Hymenium (Fruchtschicht), aus pfriemlichen Stacheln (in der Jugend Wärzchen) bestehend.	
1 Fruchtkörper hutförmig.	
2 Fruchtkörper zentralgestielt	**Stachelinge,** Hydnum (inkl. Sarcodon, Calodon)
2* Fruchtkörper seitlichgestielt	**Stachelseitlinge,** Pleurodon
1* Fruchtkörper knollig-keulig oder korallenartig.	
3 Stacheln lang, abwärts gerichtet	**Stachelbärte,** Dryodon
3* Stacheln aufwärts oder allseits abstehend	**Stachelkeulen,** Hericium
II. Hymenium aus abgeplatteten, zahnartigen Stacheln bestehend.	
4 Zähne unter sich frei	**Zahnlinge, Reibeisenpilze,** Sistotrema
4* Zähne unter sich an der Basis verbunden	**Eggenpilze,** Irpex

Arten der Stachelpilze (Hydnaceae):
Semmelstoppelpilz, Stoppelpilz, Hydnum repandum Fr. – Hut ziegelgelb, von oft sehr unregelmäßiger Gestalt. Stacheln von ähnlicher Farbe. Fleisch derb, brüchig. Jung eßbar. Laub- und Mischwald. – Bild S. 162
Rostroter Stoppelpilz, Hydnum rufescens (Schff.) Fr. – Hut rotgelb bis ziegelrot. Pilz kleiner als voriger. Fleisch im Alter oft herb. Eßbar, abbrühen.
Habichtspilz oder Rehpilz, Sarcodon imbricatum Fr. (= Hydnum) – Hut umbrabraun, mit groben, im Zentrum fast würfelartigen Schuppen. Stacheln zuerst weißgrau, dann braun. Fleisch schmutzigweiß, oft herb im Geschmack. Nadelwälder der Bergregion. Im Nachsommer und Herbst oft sehr häufig. Als Dörrpilz verwendbar und gut. – Bild S. 161
Gallenstacheling, Hydnum scabrosum Fr. (= Sarcodon amarescens Quél.) – Hut braunrötlich mit kleinen, flachen, angedrückten Schuppen bis fast schuppenlos. Fleisch blaß, schmutzig, von bitterem Geschmack. Stiel grauweiß bis schwärzlich. Ungenießbarer Doppelgänger des Habichtspilzes.
Orangegelber Korkstacheling, Calodon aurantiacum (Alb. et Schwein.) Quél. (= Hydnum) – Hut und Stiel orangegelb. Stacheln weißlich, orange bis bräunlich. Fleisch orangerot, gezont, korkartig. Ungenießbar.
Bläulicher Korkstacheling, Calodon caeruleum (Hornem.) Quél. (= Hydnum) – Hut jung himmelblau, dann weißlich mit bläulichem Rand. Fleisch korkig, innen mit blauen und braunen Zonen. Ungenießbar.
Samtiger Korkstacheling, Calodon velutinum (Fr.) Quél. – Hut samtig, rotbraun. Fleisch korkig, rostfarbig. Ungenießbar.
Rotbrauner Korkstacheling, Calodon ferrugineum (Fries) Pat. – Hut weiß bis braunblutrot und im letzteren Fall weißberandet, anfangs filzig, oft blutrote Tropfen ausschwitzend. Fleisch schwammig, derb, gezont, jung mit rötlichem Saft.
Ohrlöffelpilz, Pleurodon auriscalpium L. (= Auriscalpium vulgare) – Kleiner, grauer bis fast schwarzer Stacheling, dessen halbkreisförmige, langgestielte Hütchen modernden Föhrenzapfen entspringen.
Dorniger Stachelbart, Dryodon cirrhatum (Pers.) Quél.
Korallenstachelbart, Dryodon coralloides (Scop.) Fr.
Igel-Stachelbart, Dryodon erinaceus (Bull.) Quél.

III. Die Rindenpilze (Thelephorales)

Kennzeichen: Fruchtkörper faserfleischig bis lederig-holzig, bald trompetenförmig, rosettenartig-lamellig, korallenförmig oder krustenartig, im letztern Fall mehr oder weniger flach der Unterlage aufliegend. Die sporenbildende Schicht überzieht die fast glatten Oberflächen. Sporenpulver weiß bis braun.

Die Rindenpilze haben den Namen nicht etwa davon, daß sie auf Rinden wachsen, was zwar auch vorkommen kann, sondern von ihrer rindenartigen, zähen Beschaffenheit. Nebst solchen mit unauffälligen, grauen, braunen und schwärzlichen Farben gibt es einige bunte, wie zum Beispiel der krustenbildende Violette Schichtpilz.

Die Totentrompete ist der einzige verwertbare Pilz dieser Gruppe. Sie ist ein guter Dörrpilz. Als Pilzgemüse ist sie weniger geeignet. Gesunde junge Totentrompeten sind graubraun und schön trompetenfömig. Überalterte Totentrompeten sehen zerlumpt aus. Sie haben zerschlitzte schmierige schwarze Ränder und zerfallen leicht. In diesem Zustand sollten sie nicht mehr gesammelt werden. Sie sehen auch unappetitlich aus.

Will man Totentrompeten dörren, so zerreißt man die gesunden Exemplare am besten der Länge nach in Streifen.

Gattungen und Arten der Rindenpilze:

Schichtpilze, Stereum, krustenbildend.
Violetter Schichtpilz, Stereum purpureum Pers., Fruchtkörper dünn, lederig, krustig, violettpurpurn.
Wärzlinge, Thelephora
Stinkende Lederkoralle, Thelephora palmata Scop., Fruchtkörper braun-violettlich, rosettig, mit flach handförmigen Ästen.
Erdwarzenpilz, Thelephora terrestris Ehrh., Fruchtkörper braun, muschel-nierenförmig, rosettig ineinandergreifend, oberseits striegelig-zottig.
Totentrompeten, Craterellus
Totentrompete, Craterellus cornucopioides Fr., Fruchtkörper häutig-faserfleischig. Außenseite glatt oder zart-runzelig, von der asch- bis graublauen Fruchtschicht überzogen. Hauptsächlich im Buchenwald. Herbst, Eßbar. Geeignet als Dörrpilz. – Bild S. 163.
Vergleiche: Ganzgrauer Leistling S. 223.

IV. Die Keulenpilze, Ziegenbärte und Glucken (Clavariales)

Kennzeichen: Fruchtkörper fleischig, keulen-, stift- bis spindelförmig oder korallenartig verzweigt mit zylindrischen bis verflachten Ästen. Das sporenbildende Hymenium überzieht Teile der glatten Oberfläche. (Knorpelig sind die Borstenkorallen.) Nicht hieher, sondern zu den Gallertpilzen zählt der einem schmächtigen Ziegenbart gleichende gelbgefärbte und elastische Klebrige Hörnling.

Aus dieser Gruppe sind die Glucken die besten. Sie sind ohne Einschränkungen eßbar.

Die Ziegenbärte sind bekannt als Bauchwehpilze. Gewisse Vorsichtsmaßregeln müssen bei ihrem Genuß beachtet werden: Die besten sind der Goldgelbe, der Zitronengelbe und der Rötliche Ziegenbart, letzterer auch Hahnenkamm genannt. Man halte sich an diese drei. Sie sind durch einen kräftigen, innen weißfleischigen Strunk gekennzeichnet, von dem die verzweigten Äste ausgehen. Wenn man sie in gesundem Zustande, nicht verwässert, nicht zu alt und zu groß, nicht mit gebräunten Spitzen sammelt, abbrüht, gut zubereitet und mit Maß ißt, sind sie nicht schwerer verdaulich als der Eierschwamm. Da die Enden der Äste am raschesten verderben, stutzt man sie etwas zurück. Dieses Rasieren der Ziegenbärte lohnt sich hauptsächlich bei erwachsenen Exemplaren mit schlaffen oder gebräunten Spitzen. Alle andern Ziegenbärte überlasse man dem Walde. Die fast oder ganz strunklosen sind unergiebig. Manche haben düstere, graue, grauviolette bis grünstichige Farbtöne, welche nicht zum Essen einladen.

Die Herkuleskeulen, die oft in ganzen Rudeln im Walde stehen, sind faser- bis schwammigfleischig. Dies verleitet uns, sie zu sammeln. Lassen wir aber alle stehen, wo sie sind. Sie geben kein gutes, ja oft ein recht bitteres Gericht.

Zum Dörren sind keine Schwämme dieser Gruppe geeignet.

Gattungen und Arten:

1 Verzweigt.

2 Zweige blatt- oder bandartig verbreitert.

Krause Glucke, Sparassis crispa Wulf., Zweige kraus verschlungen, in Föhrenwäldern, an Strünken. – Bild S. 164.
Breitblättrige Glucke, Sparassis laminosa Fr., Zweige bandartig, oft aufgerichtet, kaum verschlungen, in Eichenwäldern, an Strünken.

2* Zweige drehrund, stiftförmig, aufrecht, nur selten etwas verflacht.

3 Mit Strunk.
Zitronengelber Ziegenbart, Ramaria flava Schff., Spitzen gleichmäßig gelb.
Goldgelber Ziegenbart, Ramaria aurea (Schff.) Quél., Zweige schön goldgelb bis orangegelb. – Bild S. 165.
Eleganter oder Schöner Ziegenbart, Ramaria formosa Pers., Strunk weißlich, Zweige gelb, Endspitzen orangerosa.
Blasser Ziegenbart, Ramaria pallida (Schff.) Maire – Strunk und Zweige schmutzig blaßgelblich, die Spitzen bisweilen lilastichig.
Fichten- oder Grünspitziger Ziegenbart, Ramaria ochraceo-virens (Jungh.) Donk (= R. abietina), olivgrünlich oder ockergelblich mit grünlichen Spitzen.
Rauchgrauer Ziegenbart, Ramaria grisea Pers., rauchgrau, Spitzen oft gelblich.
Violetter Ziegenbart, Ramaria amethystina Quél., violettgrau, dem vorigen sonst ähnlich.
Hahnenkamm oder Rötlicher Ziegenbart, Ramaria botrytis Fr., Spitzen gerötet, purpurn. – Bild S. 165, oben.

3* Strunklose Arten:
Runzeliger Ziegenbart, Ramaria rugosa Bull., weißlich, zu den Keulenformen überleitend. Oft nur wenig verzweigt, oft mit einigen Gabeln, die an den Spitzen verflacht und fast fingerförmig aufgeteilt sind.
Wiesen-Ziegenbart, Ramaria corniculata Schff., Äste gelb, von Grund auf sehr locker, schlängelnd-gabelig-verzweigt. Auf feuchten Böden, zwischen Gras und Moosen.
Weißliche Borstenkoralle, Pterula multifida Fr., sehr fein borstenförmig verästelt. Ästchen knorpelig, zuerst weißlich, dann gebräunt.

1* Nicht verzweigt: Clavaria, Keulen.

4 Fruchtkörper dick-keulenförmig, braun, braungelblich.
Herkuleskeule, Clavaria pistillaris L., daumengroß bis über 25 cm lang, mit abgerundetem Scheitel. Vorwiegend in Buchenwäldern in Scharen. Bitterlich. Ungenießbar.
Gestutzte Keule, Clavaria truncata Quél., der vorigen ähnlich, aber mit quer abgestutztem bis eingedelltem Scheitel. Ungenießbar. – Bild S. 166.

4* Fruchtkörper dünn, spindelig, oft zu Büscheln vereint.
Wurmförmige Keule, Clavaria vermicularis Sow., weißlich bis gelblich, meist in Büscheln, bis etwa 10 cm hoch. Wurmartig, aufrecht. – Bild S. 167.
Dottergelbe Keule, Clavaria inaequalis Müller, schön gelb, Einzelfruchtkörper spindelig, in Büscheln.
Binsenkeule, Clavaria juncea Alb. et Schw., gelb, zierlich langgezogen-spindelförmig, auf modernden Eichen- und Buchenblättern und Ästchen.

V. Die Gallertpilze oder Zitterpilze (Tremellales)

Kennzeichen: Sie unterscheiden sich durch die gallertige Beschaffenheit von allen übrigen Pilzen. Die Fruchtkörper fühlen sich in den Händen wie Gallerte oder Sulze an, sind weich, bisweilen auch knorpelig-elastisch-schmierig, zeigen beim Rütteln mit der Hand schwabbelnde und zitternde Bewegungen, sind oft halbdurchscheinend. Gestalt und Farbe sind verschieden, bald gelb, klein, ziegenbartähnlich oder muschel- bis ohrförmig, zungenartig mit Stachelchen auf der Unterseite, eisfarben, bläulich, bräunlich, wachsartig, orangegelb.

Verwendet werden bei uns von Feinschmeckern der Eispilz und der Rote Gallertpilz. Sie sind von allen Pilzen die einzigen, welche in rohem Zustand mit Essig und Öl und Kräutern zu einem Salat geschnetzelt werden können.

Auch das Judasohr kann, in feine Stückchen gehackt, als gallertig-knorpelige Beigabe zu Reis verwendet werden. Sein Gebrauch ist bei uns zwar kaum bekannt. Dagegen wird es, getrocknet, aus dem Fernen Osten importiert und gelegentlich zu chinesisch-japanischen Gerichten verwendet.

Man kann die Pilze dieser Gruppe nach Form und Farbe der Fruchtkörper unterscheiden:

I. Fruchtkörper flach, zungenförmig vom Substrat abstehend, meist an mit weißlichem Mycel überzogenen Hölzern sitzend, bald eisblau, weiß, bräunlich, durchscheinend, zitternd, unterseits mit Stachelchen	**Eispilz** oder **Gallertstacheling** *Tremellodon gelatinosus Pers.*, Salatpilz, Bild S. 168
II. Fruchtkörper gelb, meist schwach gabelig, einem kleinen Ziegenbart gleichend, elastisch, klebrig, horn- bis geweihartig, aus Strünken hervorbrechend	**Klebriger Hörnling** oder **Händling** *Calocera viscosa Pers.*, wertlos
III. Fruchtkörper muschelig-becherförmig, ohrartig, aderig, alten Holundersträuchern ansitzend, unauffällig	**Judasohr** *Auricularia sambucina Mart.* *(=A. auricula-judae)*, Bild S. 169
IV. Fruchtkörper düsterrot, rosa- bis rötlichbraun, schwabbelig, halbtrichter- bis ohrförmig, gegen den Grund stielartig zusammengezogen. An Hölzern, auch aus Erde oder Laub hervorbrechend. Oft scharenweise	**Roter Gallertpilz** *Guepinia helvelloides DC. (= Gyrocephalus rufus)*, Salatpilz, Bild S. 170
V. Weitere Gallertpilze auf morschen Hölzern sind die Drüslinge und Zitterlinge.	

VI. Die Ohrläppchenpilze (Exobasidiales)

Siehe Seite 224

VII. Die Bauchpilze (Gasteromycetales)

Kennzeichen: Oberirdisch bis halbunterirdisch wachsende Fruchtkörper von rundlicher, birnenförmiger, gestielt-kugeliger, knollenförmiger oder rutenartiger Gestalt, welche die Sporenmasse im Innern, im Bauch des Pilzes bilden und die reifen Sporen durch Zerfall der Fruchtkörper, durch ein Loch in den Hüllen, durch sternförmiges Aufreißen oder Streckung eines Stieles freilassen.

Alle bisher besprochenen Pilze (Blätter-, Löcher-, Stachel-, Rinden-, Keulen- und Gallertpilze) können wir als Außensporer (Exosporeae) zusammenfassen, weil die sporenbildenden Gewebe am Fruchtkörper außen, entweder auf der glatten Oberfläche oder an besondern Trägern (Blättern, Röhren, Stacheln), gebildet werden. Anders verhalten sich die Bauchpilze. Sie sind Innensporer (Endosporeae). Wie der Name andeutet, entstehen die Sporen im Innern, im Bauch dieser Pilze. Sie werden dadurch frei, daß die Hülle (Peridie) sich auf irgendeine Weise öffnet. Die Verbreitung der Sporen geschieht passiv, durch den Wind oder bei den einen üblen Geruch verbreitenden Pilzen (z. B. Phallus) durch Aasinsekten.

Wir haben weiter vorn im Text schon vernommen, daß die Bauchpilze als die primitiver organisierten Vorläufer der Hutpilze angesehen werden können. Denn vergleichsweise sind bei ihnen die Hüllen verhältnismäßig fest und dauerhaft. Sie umschließen die Sporenmassen bis zur Reife. Auch der Pilzkörper als Ganzes betrachtet hat eine einfache Gestalt. Demgegenüber sind die Fruchtkörper der Hutpilze komplizierter gebaut, und die früh sich öffnenden, vergänglichen Hüllen geben die sporenbildenden Organe bald frei. Man muß diese Hüllen (Velum universale und partiale) als reduzierte Gebilde ansehen, die bei einem großen Teil der Hutpilze überhaupt nur noch andeutungsweise ausgebildet sind. Der Schutz der Sporen ist mit dem Komplizierterwerden der Fruchtkörper geringer geworden.

Die Bauchpilze werden denn auch als angiokarpe (behülltfrüchtige) Pilze den gymnokarpen (offenfrüchtigen) gegenübergestellt.

Die Rutenpilze und Gitterlinge (Phallaceen und Clathraceen), bei denen die Sporenmasse bei der Reife durch Streckung des Stieles oder Dehnung des Gitterwerkes aus den Hüllen befreit wird, und die exotischen, in den Steppen Afrikas vorkommenden Podaxaceen, bei denen die Sporenmasse zur Reifezeit auf der Unterseite eines zentralgestielten Hutes liegt, bilden, gestaltlich gesehen, Übergangsformen zwischen behüllt- und offenfrüchtigen Pilzen.

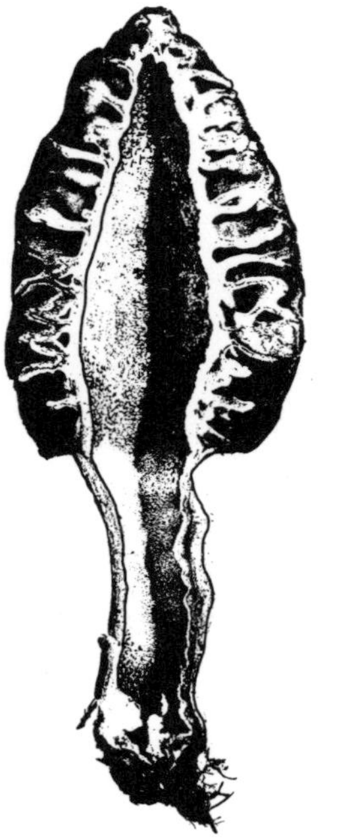
Morcheln sind innen hohl

Dieser etwas andern Organisation der Bauchpilze Rechnung tragend, werden die sporenbildenden Teile und die Hüllen meistens anders bezeichnet. Zum richtigen Verständnis dieser Pilze müssen wir diese Bezeichnungen kennenlernen.

Am Anfang der Entwicklung besteht die Grundmasse eines Bauchpilzes aus einem lockeren Knäuel Hyphengeflecht. Dieses verdichtet sich und differenziert sich später in die Hülle (Peridie) und die basidienführende, sporenbildende Innenmasse (Gleba).

Die Gleba präsentiert sich uns bei jungen Bauchpilzen, von bloßem Auge betrachtet, als gleichförmige, schwammig-poröse, meist weiße Fleischmasse. Diese Einheitlichkeit des Bauchpilzinnern dient in der Pilzpraxis gerade dazu, um die häufigsten Vertreter der Bauchpilze, die Boviste und Stäublinge, von den ähnlichen Jugendstadien der Hutpilze (mit der innern Gliederung in Hut und Stiel) zu unterscheiden.

In Wirklichkeit, bei stärkerer Vergrößerung, ist die Innenmasse der Bauchpilze aber doch nicht so gleichmäßig, wie es aussieht, sondern sie gliedert sich in steriles und fertiles (sporenbildendes) Gewebe, wobei die Verteilung und Gestalt dieser zwei Gewebearten im Pilzkörper ganz unterschiedlich sein kann.

Das sterile Grundgeflecht wird, wenn es z. B. als trennende Leisten zwischen die fertile Masse eingeschaltet ist und rundliche oder längliche oder labyrinthisch gewundene Höhlungen (Kammern) gegeneinander abgrenzt, als Trama bezeichnet. Man kann es etwa mit der Blättertrama der Blätterpilze vergleichen. Nimmt das sterile Innengewebe dagegen die Gestalt eines Stieles an (vgl. Hexenei, Stinkmorchel), dem die Gleba hutförmig aufsitzt, so spricht man von einem Rezeptakulum. Dieses entspricht dem Stiel der Hutpilze. Sehr deutlich ist dieses Rezeptakulum im längsaufgeschnittenen Hexenei, dem Jugendstadium der Stinkmorchel, zu sehen, Bild Seite 176 oben. Das poröse Rezeptakulum streckt sich, sobald die Stinkmorchel aus dem Ei schlüpft.

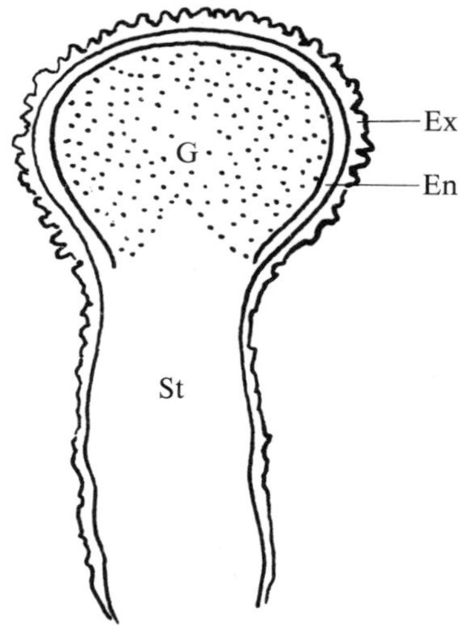

Längsschnitt durch einen Stäubling:
Ex = Exoperidie (Körner)
En = Endoperidie (Haut)
G = fertile Gleba (punktiert) im Kopf
St = sterile Gleba im Stiel

Auch die Hülle (Peridie) der Bauchpilze kann sich in zwei Teile differenzieren, die mehr oder weniger deutlich unterscheidbar sind. Die Innenhülle ist gewöhnlich dünnhäutig, am reifen Fruchtkörper papierartig, wogegen die Außenhülle bald dickschalig, bald in Wärzchen, Perlen, Körnchen oder Staub aufgelöst sein kann. Vielfach trennt sich bei der Fruchtkörperreife die zarte Innenhülle (Endoperidie) von der Außenhülle (Exoperidie). Bei den Stäublingen und Bovisten haften beide Hüllen bis zur Reifezeit aneinander. Sie öffnen sich mit einem Loch am Scheitel, durch das die Sporenwolken auf Druck hin, wie aus einem Vulkanschlot, ausstäuben. Bei den Erd- und

Wettersternen bleibt bei der Sporenreife nur die papierdünne Innenperidie bis auf ein am Scheitel entstehendes Loch intakt, wogegen die derbere Außenperidie sich in Lappen aufspaltet und sich sternförmig ausbreitet. Beim Wetterstern differenziert sich die Außenhülle nochmals in drei Schichten (siehe unten und S. 242).

Fassen wir das über die Differenzierung der Hülle und Gleba Gesagte zusammen, so ergibt sich folgendes Schema:

Hülle (Peridie)	Außenhülle (Exoperidie). Innenhülle (Endoperidie).
Innenmasse (Gleba)	fertil (basidienführend und sporenbildend). steril (als Trama, Rezeptakulum).

Systematisch-morphologischer Überblick über die Bauchpilze

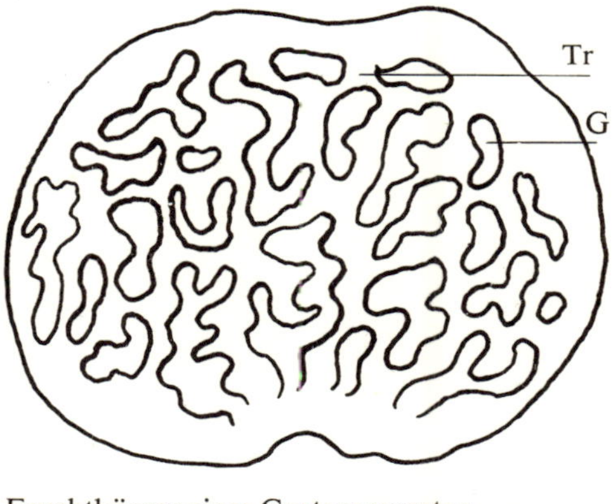

Fruchtkörper eines Gasteromyceten (Erdnuß, Hymenogaster) entzweigeschnitten, mit Trama (Tr) und Glebakammern (G)

Die Ausbildung der Peridie und der Gleba sowie deren Verhalten bei der Reife und das ober- oder unterirdische Vorkommen der Fruchtkörper geben die wichtigsten Merkmale zur Erkennung und zur systematischen Einteilung der Bauchpilze. Daraus ergibt sich folgende Übersicht:

I. Scheintrüffeln, Erdnüsse (Hymenogastrineae): Fruchtkörper knollenförmig, vorwiegend unterirdisch. Innenmasse mit Kammern. Das sterile Grundgewebe (Trama) umschließt Hohiräume, die vom fertilen Gewebe (Hymenium) austapeziert sind. Lohwag nennt das den lakunären Bautypus. Die Gleba behält bis zur Reife annähernd die gleiche Struktur bei. Die Hülle ist einfach und bleibt bis zur Reife geschlossen. Eine Ausnahme macht die Morcheltrüffel, deren Peridie mit dem Wachstum der Gleba nicht schritthält, weshalb die Glebakammern zuletzt ins Freie münden. Dadurch bekommt die Knolle ein morchelartig-grubiges Aussehen. Die Pilze dieser Gruppe täuschen Trüffeln vor. Es sind Konvergenzformen, weshalb man sie als Scheintrüffeln zusammenfaßt. Dazu gehören zum Beispiel:

die Schleimtrüffeln (im engeren Sinn), Melanogaster
die Barttrüffeln (oder Wurzeltrüffeln), Rhizopogon
die Morcheltrüffeln (oder Morchlinge), Gautiera
die Heidetrüffeln, Hydnangium
und andere.

II. Hartboviste (Sclerodermatineae): Sie zeigen den lakunären Bau in etwas anderer Form. Die Fruchtkörper sind oberirdisch, knollig bis kugelig, bald auf dem Boden sitzend oder gestielt. Gleba stärker oder schwächer gekammert. Bei der Reife in eine pulverige Masse zerfallend. Hieher gehören zum Beispiel:

der Hartbovist (oder Kartoffelbovist), Scleroderma
der Erbsenstreuling, Pisolithus
der Wetterstern, Astraeus
der Zitzen-Stielbovist, Tulostoma (Figur S. 243).

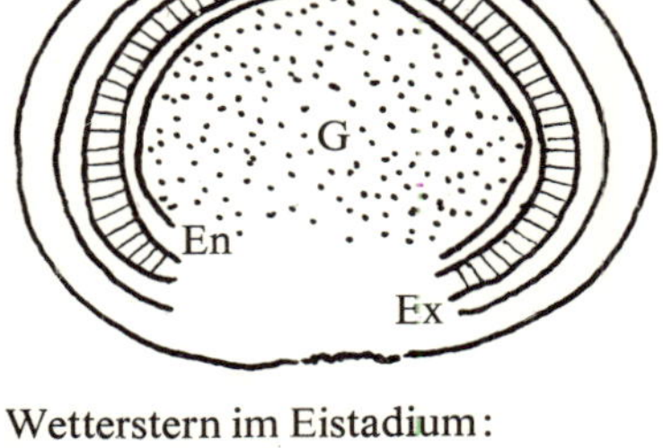

Wetterstern im Eistadium:
G = Gleba
En = Endoperidie
Ex = dreischichtige Exoperidie

Beim Hartbovist zerfällt die Gleba bei der Reife in eine pulverige Masse.

Beim Erbsenstreuling, der bovistartig aussieht, rundet sich während des Wachstums im Innern jede Glebakammer zu einem selbständigen kugeligen Gebilde, einer sogenannten Peridiole, die etwa erbsengroß ist, ab. Alle diese erbsenartigen Körperchen werden beim Zerfall der gemeinsamen Peridie frei und lösen sich ihrerseits in eine staubige Masse auf. Manchmal zerfallen sie auch schon innerhalb der noch fast geschlossenen Gesamtperidie.

Der Wetterstern unterscheidet sich von den beiden vorangehenden darin, daß seine Peridie deutlich in eine Endo- und Exoperidie gegliedert ist, die sich bei der Reife voneinander trennen. Die papierartige Endoperidie umschließt die Sporen. Sie öffnet sich am Scheitel mit einem Loch. Die dicke Exoperidie spaltet in Lappen auf, die sich sternförmig ausbreiten. Die Exoperidie ist, worauf ihre Dicke hinweist, dreischichtig. Von diesen drei Schichten ist die innerste hygroskopisch, das heißt auf Feuchtigkeitsveränderungen der Luft empfindlich, so daß die Lappen sich bei schönem trockenem Wetter ausbreiten, bei feuchtem Wetter sich dagegen der kugeligen Endoperidie wieder anlegen. Da die Feuchtigkeitsschwankungen gewöhnlich den kommenden Wetterphasen vorausgehen, ist dieser Pilz ein Wetterprophet. Inwieweit man sich auf ihn verlassen kann, soll jeder selber sehen.

Wetterstern entfaltet: Exoperidie in Lappen aufgespalten Endoperidie mit Loch zur Entleerung der Sporen

Beim Zitzen-Stielbovist entwickeln sich Teile der Exoperidie stielartig. Sie heben daher zur Zeit der Reife die Endoperidie samt der Gleba in die Höhe, wogegen die äußern Teile der Exoperidie als Fuß zurückbleiben. Die Sporen stäuben durch ein Loch aus.

III. Die Nestpilze (Nidularieae): Auch die wie ein Vogelnest, gefüllt mit winzigen Eierchen, aussehenden Nestpilze gehören dem Bau nach zum lakunären Typus. Die kugeligen Glebakammern verselbständigen sich vorerst ähnlich wie beim Erbsenstreuling zu rundlichen Körperchen (Peridiolen). Das zwischen ihnen befindliche sterile Stützgewebe (Trama) schwindet jedoch bei der Reife, wodurch die Peridiolen voneinander isoliert werden. Doch bleiben sie noch lange durch einen ernährenden, fadenartigen Nabelstrang mit dem Grund des Pilzgehäuses verbunden. Wenn man die Eierchen mit einer Pinzette herauszuheben versucht, sieht man diesen Faden am deutlichsten. Bei den Teuerlingen (Crucibulum, Cyathus) sind die Peridiolen anfänglich von einem trommelfellartigen Häutchen, dem Epiphragma, bedeckt. Erst wenn dieser Deckel schwindet, sieht man die Peridiolen wie Eierchen im Nest liegen.

IV. Boviste, Stäublinge, Erdsterne (Lycoperdineae): Die Fruchtkörper sind oberirdisch. Ihre Peridie ist zweischichtig. Sie reißt bei der Reife an der Spitze mit einem beide Schichten durchsetzenden Loch auf oder zerbröckelt unregelmäßig, oder die beiden Schichten trennen sich voneinander, wobei zum Beispiel die äußere sich sternförmig ausbreiten kann. Die Gleba ist bei diesen Pilzen meistens in einen fertilen, sporenbildenden obern und einen sterilen, stielartigen untern Teil gegliedert. Es gibt daher kürzer- oder längergestielte oder sitzende Formen. Die Boviste sind stiellos. Sie sitzen auf dem Boden. Dagegen sind die Stäublinge durch einen mehr oder weniger langen, meist plumpen Stiel gekennzeichnet. Bei der Reife wird die sporenbildende Partie zuerst breiartig, verfärbt darauf braun oder grüngelb. Dann trocknet das Mus ein und verwandelt sich in eine pulverige Sporenmasse. Häufig besteht die Sporenmasse aus Sporen und sterilen Fasern (Kapillitiumfasern). Die Gesamtheit der sterilen Fasern wird als Kapillitium bezeichnet. Zu dieser Pilzgruppe gehören folgende Gattungen:

Hasenbovist und Riesenbovist, Calvatia. Die Peridie zerfällt bei der Reife.
Stäublinge, Lycoperdon. Peridie öffnet sich mit Loch.
Eierboviste, Bovista. Die äußere Peridie läßt sich wie eine Eischale abschälen.
Erdsterne, Geaster. Exoperidie breitet sich sternartig aus.

V. Gitterlinge und Rutenpilze (Phallineae): Die im jungen Zustand kugeligen oder eiförmigen, mehr oder weniger unterirdischen Fruchtkörper (Hexeneier) sind von einer fleischig-gallertigen Hülle, hier Volva genannt, umgrenzt. Die Innenmasse ist infolge komplizierter Verflechtung der sterilen und fertilen Glebapartien entweder labyrinthisch gekammert und gitterartig aufgeteilt (Gitterlinge) oder zeigt bei einfacherem Bau ein unverzweigtes Rezeptakulum mit hutförmig aufgelagerter fertiler Gleba (Rutenpilze, Stinkmorchel). Die Streckung des Rezeptakulums und das Quellen der Gallertmassen der Hülle sorgen beim Reifungsprozeß für das Aufspringen der Volva. Hieher gehören nebst anderen Gattungen:

die Gitterlinge, Clathraceae, tropisch, subtropisch
die Rutenpilze, Phallaceae, gemäßigte Zone.

Schlüsselartiger Überblick über die Bauchpilze:

I. Epigäische, d. h. oberirdisch wachsende Gasteromyceten.

A. Fruchtkörper gitterförmig oder stielartig (mit hutförmig aufgesetztem Käppchen) oder kopfförmiger Anschwellung am obern Stielende.

1 Fruchtkörper gitterförmig . . . . **Gitterlinge,** Clathrus

Fruchtkörper stielförmig, jung ein «Hexenei», Gleba breiig . . . . **Rutenpilze,** Phallus, Bild S. 176

1* Fruchtkörper stielförmig mit kugeligem Kopf, der sich mit Loch öffnet, Gleba zu Staub vertrocknend . . . . **Stielboviste,** Tulostoma

B. Fruchtkörper zuerst rundlich, dann becher-, napf- oder krugförmig, mit rundlichen, sporenhaltigen Körperchen (Sporangiolen, Eierchen) im Hohlraum.

2 Fruchtkörper klein, zuletzt becher-, napf- oder krugförmig.

3 Fruchtkörper zuerst von einer dünnen Haut (Epiphragma) verschlossen. Nach Zerreißen dieses Deckels mit frei sichtbaren Eierchen im Inneren. Mit Nabelstrang.

4 Fruchtkörper mit orangefilzigem Epiphragma, geöffnet innen glatt . . . . . . **Tiegelteuerling,** Crucibulum

4* Fruchtkörper mit weißem Epiphragma, geöffnet innen längsfurchig . . . . . **Gestreifter Teuerling,** Cyathus, Bild S. 174

3* Fruchtkörper ohne Epiphragma. Peridiolen in gallertigen Schleim gebettet. Ohne Nabelstrang . . . . **Nestlinge,** Nidularia

2* Fruchtkörper groß, einem Bovist oder Stäubling ähnlich, im Innern mit netzfaseriger Innenmasse, in welche erbsengroße, zu Staub zerfallende Peridiolen eingebettet sind . . . . **Erbsenstreulinge,** Pisolithus

C. Fruchtkörper zuerst kugelig, dann sich sternförmig öffnend.

5 Lappen hygroskopisch, dick . . . . **Wetterstern,** Astraeus

5* Lappen kaum hygroskopisch, dünn . . . . **Erdsterne,** Geaster, Bild S. 192 oben

D. Fruchtkörper knollig, kugelig, birnförmig, sitzend oder plump gestielt.

6 Hülle einschichtig, lederig, derb. Innenmasse bald violett . . . . **Kartoffelbovist,** Scleroderma, Bild S. 171

6* Hülle doppelt, äußere schalig oder perlig, körnig, kleiig, staubig, innere zuletzt papierartig-häutig, mit Porus sich öffnend.

7 Mit steriler stielartiger Basis . . . . **Stäublinge,** Lycoperdon, Bilder S. 172–174

7* Ohne Stiel, dem Boden aufsitzend . . . . **Bovista,** Bovista

II. Hypogäische Gasteromyceten, d. h. unterirdisch oder halbunterirdisch wachsend und im letztern Fall aus dem Boden herausschauend. Sammelname: «Falsche Trüffeln».

Bart- oder Wurzeltrüffeln, Rhizopogon, Fruchtmasse olivgrün, zerfließend. Sporen glatt.
Rötliche Barttrüffel, Rhizopogon rubescens Tul.
Gelbliche Barttrüffel, Rhizopogon luteolus Fr.
Schleimtrüffeln, Melanogaster, Fruchtmasse gelatinös-schleimig, schwärzlich.
Bunte Schleimtrüffel, Melanogaster variegatus (Vitt.) Tul.
Morcheltrüffeln, Morchlinge, Gautiera, Oberfläche morchelähnlich.
Echter Morchling, Gautiera morchellaeformis Vitt., zellig-grubig.
Schwanztrüffeln, Hysterangium, mit schwanzartigem Mycelstrang oder in Mycelfilz gebettet.
Heidetrüffeln, Hydnangium, Fruchtmasse rötlich. Sporen kugelig, stachelig.
Orangerote Heidetrüffel, Hydnangium aurantiacum (Herk.) Zell. et Dodge.
Fleischrote Heidetrüffel, Hydnangium carneum Wall.
Orangegelbe Heidetrüffel, Hydnangium caroticolor (Berk.) Pat. (= Stephanospora).
Erdnüsse, Hymenogaster, Fruchtmasse gelb, gelbbraun, ziegelrot, violett bis purpurn. Sporen lanzettlich, zitronenförmig, spindelig, elliptisch, eiförmig, meist warzig oder runzelig.

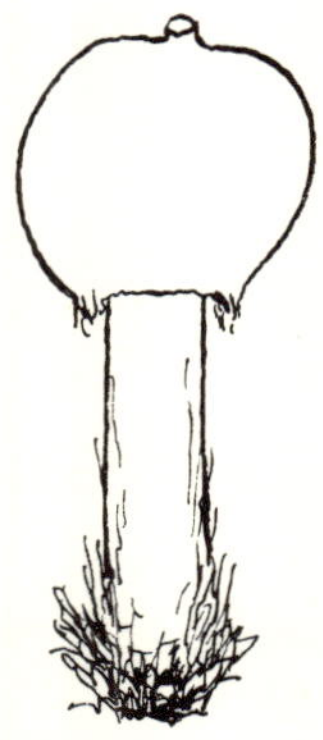

Zitzen-Stielbovist,
Tulostoma brumale Pers.

Die wichtigsten Bauchpilze, nach Familien geordnet:

Clathraceae:
Scharlachroter Gitterling, Clathrus ruber (Micheli) Pers. (= Cl. cancellatus Tourn.).
Tintenfischpilz, Anthurus Muellerianus Kalchbr. – Bild S. 175

Phallaceae:

Rezeptakulum unter der olivgrünen Gleba mehr oder weniger zinnoberrot, Pilz 5 bis 15 cm lang und bis 1 cm dick	**Hundsrute,** Bild S. 177 *Mutinus caninus (Huds.) Fr. (= Phallus)*
Rezeptakulum weiß, cremeweiß, schwammig-porös, unter der olivgrünen Gleba der Kopfpartie weißlich	**Stinkmorchel,** Bild S. 176 *Phallus impudicus (L.) Pers. (= Ithyphallus)*
Tulostomataceae: Fruchtkörper mit scharf vom 2–8 cm langen Stiel abgesetzter kugeliger Kopfpartie. Reif am Scheitel mit zitzenförmiger Mündung	**Zitzen-Stielbovist** *Tulostoma brumale Pers. (= Tulostoma mammosum)*

Nidulariaceae:
Nestlinge, Nidularia.
Tiegelteuerling, Crucibulum vulgare Tul. (= Cyathus crucibulum).
Gestreifter Teuerling, Cyathus striatus (Huds.) Willd. – Bild S. 174 unten.

Sclerodermataceae:

Scleroderma: Gleba reif violett, violettbraun bis violettschwarz	**Kartoffelbovist, Schweinetrüffel,** Bild S. 171 *Scleroderma aurantiacum Pers. (= Sc. vulgare)*
Pisolithus:	**Erbsenstreuling** *Pisolithus arenarius Alb. et Schw.*
Geastraceae: Peridie doppelt. Innenperidie an der Außenperidie haftend, beide zusammen sternförmig aufreißend . .	**Haarstern,** Trichaster
Innenperidie kugelig, mit Loch; Außenperidie sternförmig	**Gewimperter Erdstern** *Geastrum fimbriatum Fr. (= Geaster),* Bild S. 192 oben
Innenperidie auf mehreren Stielen stehend, mit etlichen Mündungen	**Siebförmiger Erdstern,** Myriostoma
Calostomataceae: Außenperidie dick, zäh, hygroskopisch	**Wetterstern** *Astraeus hygrometricus (Pers.) Morg.*

Lycoperdaceae: alle, solange innen weiß, eßbar.

a) **Calvatia,** Peridie zerbröckelnd, unregelmäßig zerfallend.
Hasenbovist, Getäfelter Bovist, Calvatia caelata (Bull.) Morg., im Herbst auf Matten und Weiden, faustförmig, reif mit getäfelter Oberfläche. Bis über 10 cm groß.
Riesenbovist, Calvatia maxima (Schff.) Morg., in sonnigen warmen Gegenden, Kugeln mitunter über 30 cm dick, mit glatter Oberfläche.

b) **Lycoperdon,** Peridie öffnet sich am Scheitel mit Porus.
Igelstäubling, Lycoperdon echinatum Pers., wie ein Igel, mit bräunlichen nicht abwischbaren Stacheln bedeckt. – Bild S. 174 oben
Perlstäubling, Lycoperdon perlatum Pers., mit leicht abwischbaren, spitzen, perligen Körnern bedeckt. Ähnlich ist der größere Flaschenstäubling (L. gemmatum). – Bild S. 173.
Körnchenstäubling, Lycoperdon granulosum Wall., mit mehligfeinen, kleiigen Körnchen bedeckt.
Birnenstäubling, Lycoperdon piriforme Schff., mit glatter, höchstens fein bestäubter, alt etwas rauhlicher Oberfläche. Riecht unangenehm. – Bild S. 172.

c) **Bovista,** eigroß und viel kleiner, ungestielt, dem Boden aufsitzend.
Eierbovist, Schwärzender Bovist, Bovista nigrescens Pers., etwa vogel- bis hühnereigroß, auf Alpweiden im Grase. Außenhülle läßt sich wie die Schale eines Eies ablösen.
Zwergbovist, Bovista plumbea Pers., nur 1–2 cm groß, innere Peridie meist bleigrau. Auf Alptriften.

VIII. Die Schlauchpilze (Ascomycetales)

Die Schlauchpilze bilden zweierlei Fruchtkörper aus, nämlich das Apothecium und das Perithecium. Erstere werden Discomyceten (Scheibenpilze), letztere Pyromyceten (Kernpilze) genannt. Wenden wir uns zuerst dem Apothecium zu.

Das Apothecium (Discomyceten)

Das Apothecium erkennen wir im erwachsenen Zustand an seiner becher-, napf- oder scheibenförmigen Gestalt. Jung stellt es häufig eine Hohlkugel dar, die oben etwas offen ist und sich allmählich zur Scheibe aufspannt. Ältere Apothecien haben gewöhnlich nicht mehr einen schön kreisförmigen Umriß, sondern ihr Rand ist eingerissen, unregelmäßig gewellt, in Lappen aufgespalten. Die Apothecien sind auf ihrer konkaven Innenseite (Oberseite) von der Fruchtschicht, dem Hymenium, bestehend aus sporenbildenden Schläuchen (Asci) und sterilen Stützschläuchen (Paraphysen), überzogen. Aber diese Feingebilde lassen sich nur unter dem Mikroskop, am besten in einem Längsschnitt, erkennen. Die Apothecien entstehen an Mycelsträngen. Sie sind deshalb auf der Unterseite mit dem Mycel verbunden. Man unterscheidet ungestielte, mehr oder weniger sitzende und gestielte Apothecien und infolgedessen sitzende und gestielte Becherlinge. Die großen Näpfe der Becherlinge stellen mustergültige Apothecien in verschiedenen Variationen dar. Es gibt aber auch Becherlinge, deren Apothecien nur einige Millimeter groß sind.

Wie früher schon erwähnt wurde, sind an der Flechtensymbiose fast ausschließlich Schlauchpilze beteiligt, weshalb die Fruchtform des Apotheciums bei den Flechten ganz besonders häufig zu sehen ist. Die Flechtenapothecien erreichen selten über 1 Zentimeter Durchmesser, aber sie fallen oft durch die schönen Farben der Scheibe, gelb, rosa, weiß oder schwarz, auf. Nicht selten stehen die Fruchtgehäuse in auffälligem Farbkontrast zum Thallus.

Bei den Pilzen weichen die Apothecien recht oft von der Normalform ab. Auch brauchen sie nicht in Einzahl aufzutreten, sondern es können mehrere auf einem gemeinsamen Fuß stehen. Betrachten wir zuerst einige gestaltliche Abweichungen. Da sind einmal die Öhrlinge (Onotis) zu erwähnen, bei denen die Apothecien sich einseitig, in der Gestalt eines Esels- oder Hasenohres, verlängern. Bei den Lorcheln nehmen die Apothecien lappenförmige oder wellige bis tütenförmige Form an, oder sie sind gehirnartig faltig-gewunden. Die Köpfe der Morcheln endlich sehen bienenwabenartig, grubig aus. Jede Grube ist gewissermaßen als ein einzelnes Apothecium aufzufassen. Der ganze Morchelhut entspricht einer Summe miteinander verwachsener kleiner Apothecien, welche auf einem gemeinsamen Stiel stehen. Im Grunde ist es auch bei den Lorcheln so. Nur sind bei diesen auf dem gemeinsamen Stiel wenig Apothecien, dafür aber große, miteinander vereint. Zugleich sind sie sehr unregelmäßig. Wir erkennen in dieser Vielfalt deutlich die engen Beziehungen zwischen Becherlingen, Morcheln und Lorcheln. Die ersteren zeigen uns das Grundorgan, das Apothecium, meist einzeln und wenig verändert, die letzteren präsentieren es uns in Mehrzahl, mit stärkeren Abwandlungen. Verbindend springen diejenigen Becherlinge ein, deren Stiel z. B. zwei oder drei Becher trägt.

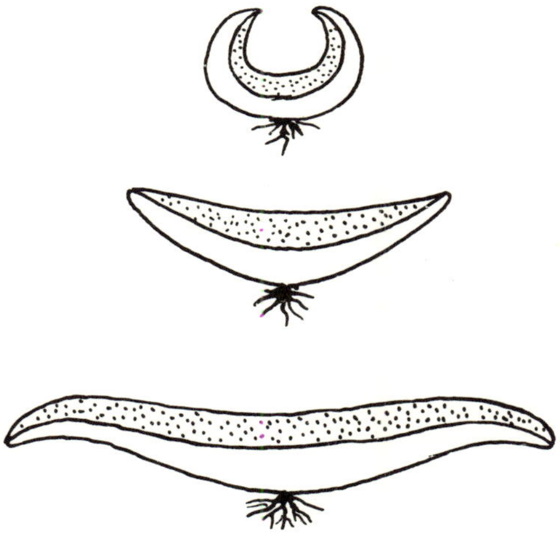

Entwicklung eines Apotheciums (im Längsschnitt), punktiert das Hymenium

Auch bei den knolligen, innen gekammerten Trüffelpilzen sind die Apothecien am Bau beteiligt. Nur sind sie als rundliche oder labyrinthische, gangartige Kammern ins Fruchtkörperinnere verlegt. Sie sind so besser geschützt. Das Schnittbild einer Trüffel zeigt uns deshalb Kammern und andersfarbige Kammerwände. Die Kammern sind mit dem Ascohymenium austapeziert. Parallelformen zu den Trüffeln haben wir unter den zu den Basidienpilzen zählenden Bauchpilzen kennengelernt. Dort sind die Kammern mit dem Basidiohymenium ausgekleidet. Diese Unterschiede zeigt uns natürlich nur das Mikroskop. Damit die Sporen ins Freie, wenigstens in den Erdboden gelangen können, müssen die Trüffelknollen eine oder mehrere Öffnungen ausbilden, oder wenn dies nicht der Fall ist, werden die Sporen erst frei, wenn die Knolle verfault.

Man unterscheidet auf Grund der Ausgänge und des inneren Baues sowie anderer Merkmale verschiedene Trüffeltypen. Das Kontingent der Scheintrüffeln, mit denen wir schon bei den Bauchpilzen Bekanntschaft schlossen, wird durch zahlreiche den Schlauchpilzen angehörige Trüffelformen noch erhöht. Gemeinsam ist allen Scheintrüffeln, ob sie nun den Basidien- oder Schlauchpilzen zugehören, die Ungenießbarkeit. Die genießbaren echten

Trüffeln umfassen somit ganz wenige Arten, so daß unsere Freude über einen Trüffelfund meistens einen Dämpfer erfährt, weil es bei genauerer Untersuchung eine Scheintrüffel ist. Als ungenießbare Scheintrüffeln bieten uns die Schlauchpilze zum Beispiel folgende an: die gehirnartig gewundene Lorcheltrüffel (Hydnobolites), die grubige Morcheltrüffel (Hydnotria), die blasenförmige, innen oft fast leere Blasentrüffel (Genea), die überreif widrig riechende Balsamtrüffel (Balsamia), die darmartig-wulstige Löchertrüffel (Geopora), die am Scheitel kraterartig vertiefte Kratertrüffel (Pachyphloeus) und schließlich die hornharten oder holzigen Harttrüffeln (Aschion).

Das Perithecium (Pyrenomyceten)

Unter den größern Schlauchpilzen, für die sich der Pilzfreund gewöhnlich allein interessiert, tritt das Perithecium nur bei den fleischigen und holzigen Kernkeulen (Cordyceps und Xylaria) auf. Dagegen ist diese Fruchtkörperform bei vielen kleinen, meistens nur mit dem Mikroskop bestimmbaren Pilzen weit verbreitet. Auf diese können wir aber nicht eintreten.

In typischer Ausbildung ist das Perithecium ein krug-, flaschen- oder mehr oder weniger kugeliger Behälter mit am Oberende winziger, porenförmiger Öffnung (Porus, Ostiolum). Man unterscheidet Perithecien mit harter, krustiger und zugleich schwarzer Wandung und solche mit weichen, fleischigen, schön rot (Nectria), weiß oder gelblich gefärbten Wänden. Nach der Wandstruktur lassen sich verschiedene Pilzgruppen auseinanderhalten.

Der Innenbau der Perithecien stimmt mit dem der Apothecien insofern überein, als auch sie sporenbildende Schläuche und sterile Stützschläuche (Paraphysen) enthalten. Die Schläuche stehen häufig in knäuelartigen Gruppen beisammen.

Im Gegensatz zu den Apothecien, welche uns zum Beispiel bei den Becherlingen in großer, schöner Gestalt als Einzelfruchtkörper entgegentreten, treffen wir die immer kleinen Perithecien nur in verhältnismäßig wenigen Fällen einzeln und freistehend an. Gewöhnlich sind sie als kernartige Körperchen einem aus Hyphen gebildeten Grundgewebe (Stroma) eingesenkt. Dieses Stroma, das wir als den eigentlichen Pilzkörper betrachten, kann keulenförmig sein (Kernkeulen) oder stiftförmig oder geweihartig verzweigt (Xylosphaera hypoxylon). Man kann in diesen Fällen dann am Pilzkörper eine sterile (perithecienfreie) und eine fertile (perithecientragende) Partie unterscheiden. Das gelingt gewöhnlich schon von bloßem Auge, indem die perithecientragende Zone wie punktiert aussieht. Die Pünktchen sind nichts anderes als die nach außen mündenden Poren. Manchmal sieht die fertile Partie, im Gegensatz zur glatten sterilen, höckerig aus, weil die Poren auf vulkankegelartigen Wärzchen oder in kraterartigen Vertiefungen münden.

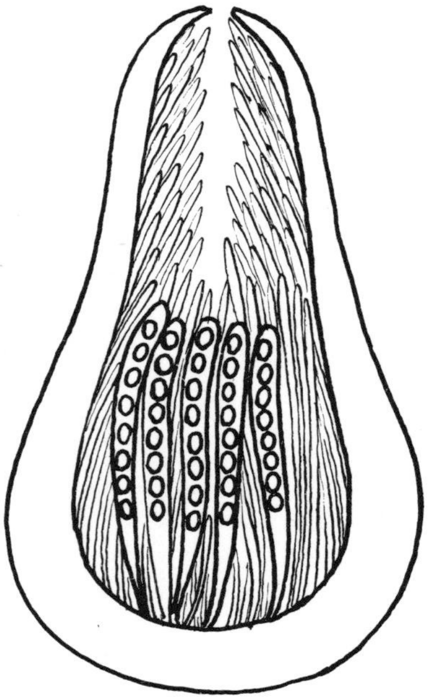

Perithecium, bewandet, mit Paraphysen und sporenhaltigen Schläuchen

Schlüsselartiger Überblick über die aufgeführten Schlauchpilze:

I. Pilz als goldgelber Staub auf Röhrlingen oder als kleine zinnoberrote Pusteln an abgestorbenen Hölzern	**Nectriaceae,** Seite 247
II. Pilz, aus Getreide- oder Grasähren hervorbrechend oder auf toten Puppen, Raupen oder unterirdischen Hirschtrüffeln lebend	**Clavicipitaceae,** Seite 247
III. Pilz auf Erde oder im Boden oder an morschen Hölzern vorkommend.	
a) Fruchtkörper knollig, unterirdisch.	
* Fruchtkörper im reifen Zustand von der dunklen Sporenmasse erfüllt, die von helleren, spinnwebeartigen Fasern durchzogen ist	**Elaphomycetaceae,** Seite 247
** Fruchtkörper hartfleischig, weißlich, glatt oder rissig, innen weiß, braunaderig . . .	**Choiromyces** (Tuberaceae), Seite 247
*** Fruchtkörper hartfleischig, dunkelfarbig, Oberfläche warzig, innen von dunkleren und helleren Adern durchzogen	**Tuber** (Tuberaceae), Seite 247
b) Fruchtkörper hohlkugelig, becher- oder schüsselförmig	**Pezizaceae,** Seite 248
c) Fruchtkörper gestielt, gehirnartig gewunden, lappig, gehörnt	**Helvellaceae,** Seite 248
d) Fruchtkörper gestielt, wabig-grubig oder felderig gezeichnet	**Morchellaceae,** Seite 247

e) Fruchtkörper keulenförmig, spatelartig, gallertkopfig, geweihförmig oder kugelig bis krustig.

* Fruchtkörper hart, holzig, lederig, an Holz, geweihartig oder keulig . . . . **Xylariaceae**, siehe unten

** Fruchtkörper weich, keulig . . . . **Geoglossaceae**, siehe unten

Ausgewählte Familien, Gattungen und Arten der Schlauchpilze:

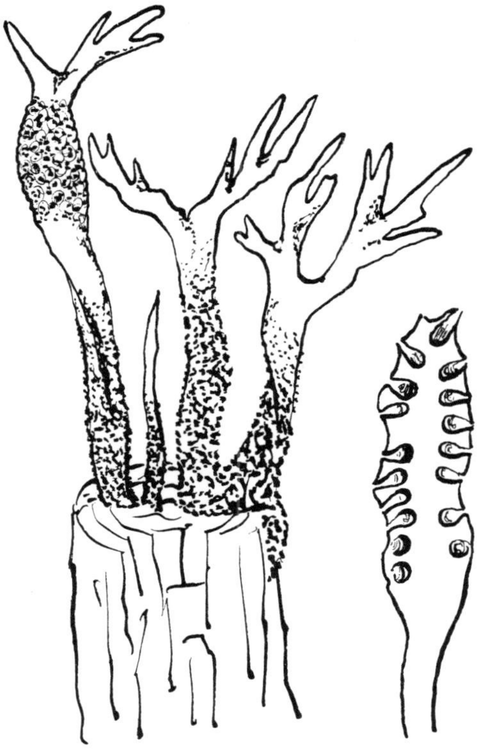

Geweihförmige Kernkeule, rechts ein perithecientragender Ast, längsgeschnitten und vergrößert, sichtbar die ins Pilzgewebe (Stroma) eingesenkten Perithecien

Elaphomycetaceae:

Warzige Hirschtrüffel, Elaphomyces granulatus Fr. (= E. cervinus) – Unterirdisch, kugelig, derbschalig. Peridie gelblich, ocker, gelbbraun, warzig. Reif innen mit braun- bis purpurschwarzer Sporenmasse. In Föhrenwäldern, oft durch Tiere aus dem Boden gewühlt.

Nectriaceae:

Goldschimmel, Hypomyces chrysospermus (Bull.) Tul. – Überzieht den Steinpilz und ähnliche Röhrlinge zuerst mit weißem Überzug, dann mit einem goldgelben, staubigen Belag aus runden, warzig-stacheligen Chlamydosporen (siehe Figur S. 49).

Rotpustelpilz, Nectria cinnabarina Tode. – Bildet auf absterbenden Ästen zuerst zinnoberrote Pusteln, welche oft von Konidiosporen weiß bestäubt sind. Dann entstehen auf den Stromapusteln kugelige, etwa halbmillimetergroße, ebenfalls zinnoberrote Perithecien. Sie sitzen wie Körnchen auf den 1 bis 2 mm großen Stromapusteln. Häufig.

Xylariaceae:

Rötlicher Kugelpilz, Hypoxylon coccineum Bull. (= H. fragiforme). – Auf abgestorbenen Buchenästen bis 1 cm große, ziegelrote, alt schwärzliche kugelige Warzen mit rauher Oberfläche bildend. Meistens scharenweise an den befallenen Hölzern.

Brauner Kugelpilz, Hypoxylon fuscum (Pers.) Fr. – Halbkugelig oder krustenförmig, durch Zusammenfließen der kugeligen Stromata. Braunpurpurn bis graubraun. Häufig.

Kohliger Kugelpilz, Daldinia concentrica (Bolt.) Ces. et de Not. (Hypoxylon concentricum) – Halbkugelig bis kugelig, bis 4 cm groß, innen konzentrisch geschichtet. Hauptsächlich an abgestorbenen Erlen- und Eschenästen.

Geweihförmige Kernkeule (oder Holzkeule), Xylosphaera hypoxylon (L.) Dumerier (= Xylaria hypoxylon) – Schwarz, geweihartig, lederig, oft mit weißbestäubten Spitzen, 1–6 cm. Auf Holzstrünken häufig.

Vielgestaltige Kernkeule (oder Holzkeule), Xylosphaera polymorpha (Pers.) Dum. (Xylaria polymorpha) – Fast holzighart, außen schwarz, innen weiß, unregelmäßig keulig bis schaufelartig verbreitert bis knollig. An Baumstrünken, häufig.

Clavicipitaceae:

Mutterkorn, Claviceps purpurea (Fr.) Tul. – Entwickelt sich aus dem Fruchtknoten des Roggens. Die schwarzvioletten, länglichen Mutterkörner in den Roggenähren stellen Sclerotien, d.h. überwinternde Dauerstadien dar, welche aus Mutterkornmycel bestehen.

Kopfige Kernkeule, Cordyceps capitata (Holmsk.) Link. – Bild S. 191.

Orangegelbe Puppenkernkeule, Cordyceps militaris (L.) Link. – Bild S. 190 unten.

Geoglossaceae:

Grüne Erdzunge, Microglossum viride (Pers.) Gill. – Bild S. 190 oben.

Grünes Gallertkäppchen, Leotia lubrica Pers. (= L. gelatinosa Hill.) – Bild S. 192 unten.

Dottergelber Spatheling, Spathularia flavida Pers. (= Sp. clavata) – Gestielt, wellig-spatelförmig, gelb. In Nadelwäldern.

Tuberaceae: Nebst den Scheintrüffeln die folgenden echten Trüffeln umfassend:

Wintertrüffel, Tuber brumale Vitt. – Fruchtkörper knollig, erst rötlichbraun, dann schwarzbraun bis schwarz. Peridie mit kleinen, etwa 2–3 mm großen Warzen. Sporen elliptisch, braun, dicht mit spitzen Stachelchen besetzt. Laubwälder.

Périgordtrüffel, Tuber melanosporum Vitt. – Fruchtkörper knollig, schwarzbraunrot bis violettschwarz, ähnlich dem der vorigen Art. Sporen elliptisch, schwarz, dicht stachelig. Hauptsächlich unter Eichen.

Sommertrüffel, Tuber aestivum Vitt. – Fruchtkörper knollig, braunschwarz, mit etwa 6 mm großen, flachpyramidalen, strahlig gerippten Warzen. Sporen elliptisch, hellbraun, mit weitmaschigem Leistennetz. Unter Laubbäumen.

Weiße Trüffel, Choiromyces maeandriformis Vitt. – Fruchtkörper knollig, lehmfarben bis bräunlichgelb, oft rissig, innen weiß, von braunen Adern durchzogen.

Alle vier erwähnten Trüffelarten sind geschätzte Würzpilze.

Morchellaceae, Morchelpilze, alle eßbar.

Speisemorchel, Morchella esculenta Pers. – Bild S. 184. – Tritt in vielen groß- und kleinwüchsigen, heller oder dunkler gelben Formen auf, die bisweilen als Arten betrachtet werden, wie die Rundmorchel, die Graue (graugelbe) Morchel, die Zwergmorchel usw.

Spitzmorchel, Morchella conica Pers. – Bild S. 185 – Mit zahlreichen Formen, bald größer, bald kleiner, schwarz bis braun, spitzer oder stumpfer.

Hohe Morchel, Morchella elata Fr., wohl nur Form der obigen (Bild S. 185).
Käppchen- oder Glockenmorchel, Mitrophora semilibera (DC.) Lév. (= Mitrophora hybrida = Morchella rimosipes) – Bild S. 186.
Fingerhutverpel, Verpa digitaliformis Pers. (= Verpa conica = Verpa helvelloides) – Bild S. 187.

Helvellaceae, Lorchelpilze, wertlos, nur die Frühlingslorchel in gut gedörrtem Zustand eßbar. Frisch giftig.
Herbstlorchel, Helvella crispa (Scop.) Fr. – Bild S. 188.
Elastische Lorchel, Leptopodia elastica (Bull.) Bud. (= Helvella).
Frühjahrslorchel (fälschlich Speiselorchel), Gyromitra esculenta (Pers.) Fr. (= Helvella esculenta) – Bild S. 189. – Nur nach gutem Dörren und Lagern einwandfrei verwendbar. Frisch giftig.
Bischofsmütze, Gyromitra infula (Schff.) Fr. (= Helvella infula) – Hut zimt- oder kastanienbraun, zwei- bis vierhörnig.

Pezizaceae:
Schüsselbecherling, Pustularia catinus (Holmsk.) Fuckel – Bild S. 183.
Hasenohr, Otidea leporina (Pers.) Fuckel – Bild S. 181.
Eselsohr, Otidea onotica (Pers.) Fuckel – Innenseite orangerötlich, Außenseite blasser.
Kronbecherling, Sarcosphaera eximia (Dur. et Lev.) R. Maire (= Peziza coronaria) – Bild S. 178.
Milchbecherlinge, Galactinia, bei Verletzung milchend.
Gerippter Becherling, Paxina acetabulum (L.) Kuntze (= Peziza acetabulum – Acetabulum vulgaris) – Gestielt schüsselförmig. Stiel weiß, aufsteigend gabelig-grubig gerippt. Rippen ziehen oft fast bis zum Becherrand hinauf.
Blasenbecherling, Peziza vesiculosa Bull. – Sitzend, zuerst kugelig-blasenförmig, dann becherartig, mit wellig gekerbtem Rand. Innen gelbbraun bis braun, außen blasser, weißlich. Auf gedüngten Böden, Gärten, Parkanlagen.
Kastanienbrauner Becherling, Peziza badia Pers. – Sitzend, schüsselförmig, später unregelmäßig, lappig. Innen dunkelkastanienbraun, außen rötlichbraun. Auf sandigen Böden.
Gemeiner Orangebecherling, Aleuria aurantia (Fr.) Fuckel. – Bild S. 179.
Kohlenbecherling, Geopyxis carbonaria (Alb. et Schw.) Sacc. Ein Pilz der Brandstellen.
Zinnoberroter Kelchbecherling, Sarcoscypha coccinea (Fr.) Lambotte. – Bild S. 182.
Aderbecherling, Disciotis venosa (Pers.) Boud. = (Discina). – Bild S. 180.

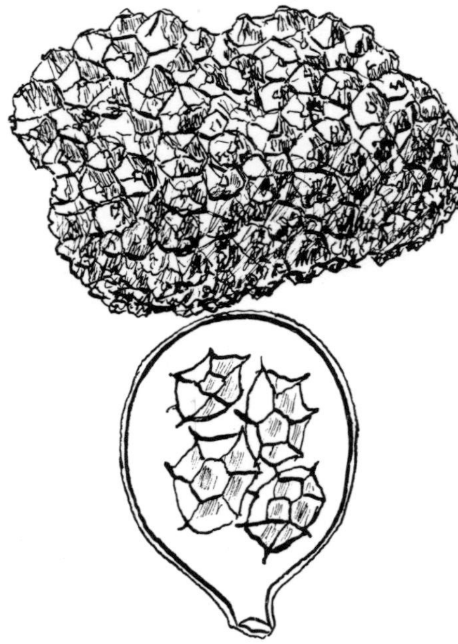

Sommertrüffel, Tuber aestivum, darunter Schlauch mit vier weitmaschig-genetzten Sporen

REGISTER

Die Sachbegriffe

*Kursiv*druck bei Seitenzahlen verweist auf Abbildungen im Textteil

Die lateinischen Gattungs- und Artnamen

*Kursiv*druck bei Namen
bedeutet Klassen, Reihen, Familien und Gattungen

*Kursiv*druck bei Seitenzahlen
verweist auf Abbildungen im Textteil

Fettdruck bei Seitenzahlen
verweist auf Abbildungen im Tafelteil

Die deutschen Gattungs- und Artnamen

*Kursiv*druck bei Namen
bedeutet Klassen, Reihen, Familien und Gattungen

*Kursiv*druck bei Seitenzahlen
verweist auf Abbildungen im Textteil

Fettdruck bei Seitenzahlen
verweist auf Abbildungen im Tafelteil

Die im Werk zitierten Autorennamen

A. et S.	Albertini und von Schweinitz
Batsch	Batsch
Beck	Beck
Berk.	Berkeley
Bolt.	Bolton
Boud.	Boudier
Branner	Branner
Bres.	Bresadola
Britz.	Britzelmayr
Bull.	Buillard
Cke.	Cooke
Cord.	Cordier, F.
Curt.	Curtis
DC.	de Candolle
Donk	Donk
Dur. et Lév.	Durien et Léveillé
Fay.	Fayod
Fl. Wett.	Flora der Wetterau von Gärtner, Meyer u. Scherbius
Fr.	Fries
Fuckel	Fuckel
Gill.	Gillet
Gray	Gray, S. F.
Haller	Haller, R.
Heim	Heim, Roger
Hry.	Henry, R.
Holmsk.	Holmskiold
Hooker	Hooker
Hornem.	Hornemann
Huds.	Hudson
Imbach	Imbach
Jacq.	Jacquin
Jungh.	Junghuhn
Karst.	Karsten
Klotzsch	Klotzsch
Konr.	Konrad
Konr. et Maubl.	Konrad und Maublanc
Krbh.	Krombholz
Kühn. (Kuhn.)	Kühner
Kummer	Kummer
Kuntze	Kuntze, O.
Lambotte	Lambotte
Lge.	Lange
Lenz	Lenz
Let.	Letellier, J. B.
Lév.	Léveillé
Leyss.	Leysser
Lindbl.	Lindblad
Link	Link
L.	Linné
Lund.	Lundell, S.
Mre.	Maire
Matt.	Mattirolo, O.
Métr.	Métroz, L.G.E.
Mich.	Micheli
Miller	Miller
Morg.	Morgan, A.
Mos.	Moser
Müll.	Müller
Murr.	Murrill
Opat.	Opatowski
Pat.	Patouillard
Paul.	Paulet
Pers.	Persoon
Pers. et Dennis	Persoon und Dennis
Pilat	Pilat
Quél.	Quélet
Relh.	Relhan
Ri.	Ricken
Roll.	Rolland
Roq.	Roques
Rostk.	Rostkovius
Sacc.	Saccardo
Schff. (Schaeff.)	Schaeffer, J. Ch.
Schrad.	Schrader, H.
Schulz	Schulz
Schum.	Schumacher, Chr.
Schw.	v. Schweinitz, L.
Scop.	Scopoli
Secr.	Secretan
Sing.	Singer
Sing. et Smith	Singer und Smith, A. H.
Snell	Snell
Sow.	Sowerby
Tode	Tode
Tourn.	de Tournefort, J. P.
Tul.	Tulasne
Vahl	Vahl, M.
Vaill.	Vaillant, S.
Vel.	Velenovsky
Vitt.	Vittadini
Watling	Watling
Weinm.	Weinmann
Willd.	Willdenow, G.
With.	Withering
Wulf.	Wulfen
Zell. et Dodge	Zellner und Dodge